CALCULUS

例題で学ぶ

微分積分学

阿部　剛久
井戸川知之
古城　知己
本澤　直房
共著

森北出版株式会社

まえがき

本書は大学理工系学部初年次の微分積分学の教科書，または参考書として書かれている．

内容的には，通例のように数列と級数の収束・発散 (第 1 章)，関数の定義，連続関数とその性質（第 2 章）から始め，1 変数の関数の微分積分 (第 3，4 章)，多変数の関数の微分積分 (第 5，6 章) の順で解説してある．高等学校における微分積分の学習内容との連絡をよくするため，特に最初の 2 章では入門的な解説から始めて，簡潔な素材を選び理解を容易にできるように配慮した．そのため，高等学校での記述と重複する部分もある．ただし，三角関数や指数関数，対数関数など初等関数の基礎的知識は仮定した．1 変数の関数を扱った第 4 章までは，いわば高校微積分の拡張と精密化であるが，第 5，6 章は高校課程では扱われることのなかった新しい内容である．ここで学習する多変数の関数に関する微分積分学が理工学の諸分野で果たす役割は，1 変数の関数の場合以上に大きいといってよい．大学での微分積分の醍醐味でもある．

ところで，数列や級数の収束・発散や関数の連続性などを正確に理解するには，極限に関する厳密な理論づけが必要である．極限の理論を記述するのはいわゆる ε–δ 論法であるが，その習得には相当の努力が必要とされる．一方で，工学系の学科などでは時間的制約と計算重視の立場からこれを省略せざるをえない状況もある．第 1，2 章では「限りなく近づく」という直感的判断をたよりに議論を進めているが，数理科学系など理論を特に重視する学科においては，ε–δ 論法は必須である．そこで本書では，付録においてその入門部分を補足的に解説してある．厳密な極限の理論展開に関心のある読者は，第 1，2 章の学習に際してこの付録を参照されたい．ただし，紙数の関係で付録の内容は限定的であるので，より詳細な議論については参考文献 [1]，[2] などを併読することをすすめる．

本書の記述はオーソドックスなものであると思うが，第 4 章においては積分の計算技法を比較的幅広く解説していること，第 5 章では接平面の方程式をパラメータ表示されたベクトル関数の偏微分とその外積を通して解説し，全微分との関連を明快にしたこと，第 6 章では図形的な問題や物理学への重積分の応用を多く述べたことなどが特徴としてあげられるかと思う．また，◆**注意**◆を多くして解説の補充とするとともに，適宜脚注もつけて参考的な解説を行った．

問題演習に関しては，項目ごとに典型的な例題を配置し，丁寧な解説を行った．そのすぐあとに，問をおき理解を確実なものとするよう配慮してある．問の内容もやさしいものから中程度のものまで，バランスよく配置することに留意した．これらの問と各章末の演習問題をマスターできれば，理工系の専門科目を学ぶ際に必要とされる計算力は十分に保証されると考える．

なお，例題の解答の終わりは□マークで，定理の証明の終わりは■マークで示した．

最後に，本書の企画から完成まで十全な配慮をいただいた，森北出版の利根川和男氏，森崎満氏，加藤義之氏，上村紗帆氏に深甚の感謝を申し上げる．

2011 年 4 月

阿部剛久・井戸川知之・古城知己・本澤直房

目　次

第1章 数列と級数

本章では，集合とその記法および数の体系を確認したのち，微分積分学における基本事項である数列とその極限について解説する．さらに，級数を取り扱い，正項級数に関する基本的なことがらを述べる．

1.1 集合

ある条件を満たすものの集まりを**集合**といい，集合を構成する個々のものをその**要素**（または**元**）という．要素の個数が有限個である集合を**有限集合**，無限に多くの要素をもつ集合を**無限集合**という．a が集合 A の要素であることを $a \in A$（または $A \ni a$）と表し，a は A に**属する**ともいう．a が A に属さないとき，$a \notin A$（または $A \not\ni a$）と表す．

集合を数式を用いて表現するときは，その要素を中括弧でくくる．たとえば，正の偶数の全体を表す集合 A は

$$A = \{2, 4, 6, 8, \cdots\} \tag{1.1}$$

である．一方，同じ集合 A を

$$A = \{n \mid n = 2m, \quad m\text{ は自然数 }\} \tag{1.2}$$

と表すこともある．式 (1.1) を外延的記法，式 (1.2) を内包的記法という．内包的記法は一般に

$$X = \{x \mid P(x)\}$$

と表現され，‘X は条件 $P(x)$ を満たす x の集合’ という意味である．

集合 B のすべての要素が集合 A に属するとき，B は A の**部分集合**であるといい，記号 $B \subset A$ (または $A \supset B$) で表す．$A \subset B$ かつ $B \subset A$ であるとき，A と B は**等しい**といい，$A = B$ と表す．

二つの集合 A, B に対し，$A \cup B = \{x \mid x \in A \text{ または } x \in B\}$ をその**和集合**といい，$A \cap B = \{x \mid x \in A \text{ かつ } x \in B\}$ をその**共通部分**という．また，$A \backslash B = \{x \mid x \in A \text{ かつ } x \notin B\}$ を A と B の**差**という（図 1.1）．

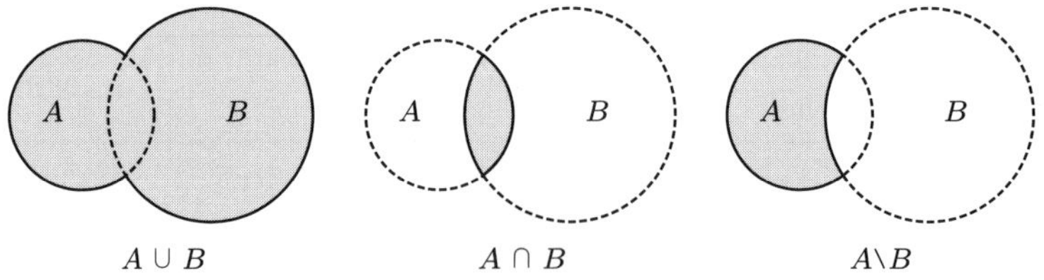

図 1.1　和集合，共通部分，差

例 1.1

$A=\{1,2,3,4,5\}$, $B=\{2,4,6,8\}$ のとき，

(1) $5\in A$, $5\notin B$

(2) $A\cup B=\{1,2,3,4,5,6,8\}$

(3) $A\cap B=\{2,4\}$

(4) $A\backslash B=\{1,3,5\}$

便宜上，「要素をまったく含まない集合」を考え，これを**空集合**とよび，記号 ϕ で表す．

例 1.2

(1) $A=\{x\mid x^2+1=0$ を満たす実数 $\}$ のとき，$A=\phi$.

(2) $A=\{n\mid n=2m,\ m$ は整数 $\}$，$B=\{n\mid n=2m+1,\ m$ は整数 $\}$ のとき，$A\cap B=\phi$.

1.2　数　列

ものの個数を数えるときに用いる数を**自然数**といい，その全体を $\mathbb{N}$ で表す：$\mathbb{N}=\{1,2,3,\cdots\}$．一方，**整数**の全体を $\mathbb{Z}$ で表す：$\mathbb{Z}=\{\cdots-3,-2,-1,0,1,2,3,\cdots\}$．整数どうしの比で表される数を**有理数**といい，その全体を $\mathbb{Q}$ で表す：$\mathbb{Q}=\left\{\dfrac{q}{p}\ \middle|\ p,\ q\in\mathbb{Z},\ p\neq 0\right\}$.
有理数以外の数，たとえば $\sqrt{2}$ や π などを**無理数**といい，有理数と無理数をあわせて**実数**とよぶ．実数の全体を $\mathbb{R}$ で表す．したがって，数の集合としてみた場合，次の包含関係がある：$\mathbb{N}\subset\mathbb{Z}\subset\mathbb{Q}\subset\mathbb{R}$ (図 1.2).

◆注意 1◆　x が実数であることを $x\in\mathbb{R}$ と表現することもある．同様に，p が整数であることを $p\in\mathbb{Z}$，などと表現する．

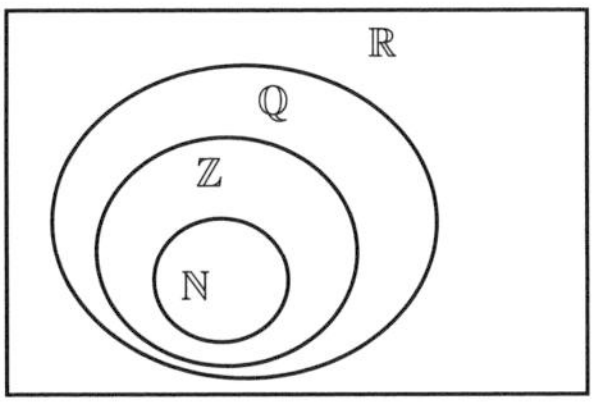

図 1.2 数の集合の包含関係

さて，

$$1,\ \frac{1}{2},\ \frac{1}{3},\ \frac{1}{4},\ \frac{1}{5},\ \cdots$$

のように，数をある規則に従って並べたものを（無限）**数列**という．数列を一般的に表すには，文字 a などを用いて

$$a_1, a_2, a_3, \cdots, a_n, \cdots \tag{1.3}$$

と書くと便利である．ここで，a_1 をこの数列の**初項**，a_n を**第 n 項**（または**一般項**）とよぶ．数列 (1.3) を $\{a_1, a_2, a_3, \cdots\}$, $\{a_n\}_{n=1}^{\infty}$ などと表すが，単に $\{a_n\}$ と略記することが多い．

例 1.3

(1) $\{1, 2, 3, \cdots\} = \{n\}$

(2) $\left\{1, \frac{1}{2}, \frac{1}{3}, \cdots\right\} = \left\{\frac{1}{n}\right\}$

(3) a，r を実数として，$\{a, ar, ar^2, \cdots\} = \{ar^{n-1}\}$ （等比数列）

(4) $\{1, -1, 1, -1, 1, \cdots\} = \{(-1)^{n-1}\} = \{\cos(n-1)\pi\}$

番号 n を大きくしていったときの一般項 a_n の値の変化に注目しよう．数列 $\{a_n\}$ において，n を限りなく大きくするとき a_n がある一定の実数 α に限りなく近づく (すなわち，$|a_n - \alpha|$ が 0 に限りなく近づく) ならば，数列 $\{a_n\}$ は α **に収束する**といい，

$$\lim_{n\to\infty} a_n = \alpha \quad \text{あるいは} \quad a_n \to \alpha \quad (n \to \infty) \tag{1.4}$$

と表す．このとき，α を数列 $\{a_n\}$ の**極限値**という．

一方，収束しない数列は**発散する**という．発散には 3 通りあって，n が限りなく大きくなるとき a_n が限りなく大きくなる場合，数列 $\{a_n\}$ は**正の無限大に発散**するといい，

$$\lim_{n\to\infty} a_n = +\infty \quad \text{あるいは} \quad a_n \to +\infty \quad (n \to \infty) \tag{1.5}$$

と表す[1)]．n が限りなく大きくなるとき a_n が限りなく小さくなる場合，数列 $\{a_n\}$ は**負の無限大に発散**するといい，

$$\lim_{n\to\infty} a_n = -\infty \quad \text{あるいは} \quad a_n \to -\infty \quad (n \to \infty) \tag{1.6}$$

と表す．

発散する数列が正の無限大にも負の無限大にも発散しないとき，**振動する**という．

たとえば次のことがわかるであろう．

例 1.4

(1) $\displaystyle\lim_{n\to\infty} \frac{1}{n} = 0$　(2) $\displaystyle\lim_{n\to\infty} 2^n = +\infty$　(3) 数列 $\{(-1)^n\}$ は振動する

極限の考え方は微分積分学では最も基本となるものであるが，その際「限りなく近づく」という表現は直感に訴える力は大きいものの，極限に関する諸性質を厳密に論証するためには不十分なものである．本書第1，2章では，極限に関する結果を直感的に認め，数列の収束・発散 (第1章) や関数の極限・連続性 (第2章2，3節) を記述するが，これらに関する厳密な取り扱いは，付録および参考文献 [1]，[2] などを参照してほしい．

数列の収束に関する以下の性質は，高等学校で学んだ．

定理 1.1　数列 $\{a_n\}$, $\{b_n\}$ が収束するとき，数列 $\{a_n+b_n\}$, $\{ka_n\}$ (k は定数), $\{a_nb_n\}$ および $\left\{\dfrac{a_n}{b_n}\right\}$ も収束して，次式が成り立つ．

(1) $\displaystyle\lim_{n\to\infty}(a_n+b_n) = \lim_{n\to\infty} a_n + \lim_{n\to\infty} b_n.$

(2) $\displaystyle\lim_{n\to\infty} ka_n = k\lim_{n\to\infty} a_n$　(k は定数).

(3) $\displaystyle\lim_{n\to\infty} a_nb_n = \lim_{n\to\infty} a_n \cdot \lim_{n\to\infty} b_n.$

(4) $\displaystyle\lim_{n\to\infty} \frac{a_n}{b_n} = \frac{\displaystyle\lim_{n\to\infty} a_n}{\displaystyle\lim_{n\to\infty} b_n}$　（ただし，$b_n \neq 0$, $\displaystyle\lim_{n\to\infty} b_n \neq 0$ とする）.

例 1.5

次の数列の極限値を求めよ．

1) $+\infty$ を単に ∞ と表すこともある．∞ という数があるのではなく，限りなく大きくなる状態を示す記号である．

(1) $\left\{\dfrac{n}{3n-1}\right\}$ (2) $\left\{\dfrac{n^2-n+1}{2n^2+2n+3}\right\}$

解 (1) $\displaystyle\lim_{n\to\infty}\frac{n}{3n-1}=\lim_{n\to\infty}\frac{1}{3-\frac{1}{n}}=\frac{\lim_{n\to\infty}1}{\lim_{n\to\infty}\left(3-\frac{1}{n}\right)}=\frac{1}{3}.$

(2) $\displaystyle\lim_{n\to\infty}\frac{n^2-n+1}{2n^2+2n+3}=\lim_{n\to\infty}\frac{1-\frac{1}{n}+\frac{1}{n^2}}{2+\frac{2}{n}+\frac{3}{n^2}}=\frac{\lim_{n\to\infty}\left(1-\frac{1}{n}+\frac{1}{n^2}\right)}{\lim_{n\to\infty}\left(2+\frac{2}{n}+\frac{3}{n^2}\right)}=\frac{1}{2}.$ □

問 1.1 次の数列の収束，発散を調べよ．

(1) $\left\{\dfrac{n^3+10n^2}{4n^3+n^2+2n-1}\right\}$ (2) $\left\{\dfrac{1+2+\cdots+n}{n^2}\right\}$ (3) $\{n-n^3\}$

(4) $\left\{\dfrac{2^n}{2^n+5^n}\right\}$ (5) $\left\{\dfrac{1}{1\cdot 2}+\dfrac{1}{2\cdot 3}+\cdots+\dfrac{1}{n(n+1)}\right\}$

以下の諸性質もよく使われる．

定理 1.2 (1) $a_n>0$ で $\displaystyle\lim_{n\to\infty}a_n=0$ ならば，$\displaystyle\lim_{n\to\infty}\frac{1}{a_n}=\infty.$

(2) $a_n<0$ で $\displaystyle\lim_{n\to\infty}a_n=0$ ならば，$\displaystyle\lim_{n\to\infty}\frac{1}{a_n}=-\infty.$

(3) $a_n\neq 0$ かつ $\displaystyle\lim_{n\to\infty}a_n=\infty$ ならば，$\displaystyle\lim_{n\to\infty}\frac{1}{a_n}=0.$

例 1.6

$\displaystyle\lim_{n\to\infty}(\sqrt{n+1}-\sqrt{n})=0$ を示せ．

解 $\sqrt{n+1}-\sqrt{n}=\dfrac{1}{\sqrt{n+1}+\sqrt{n}}$ であり，$\displaystyle\lim_{n\to\infty}\sqrt{n}=\infty$ より $\displaystyle\lim_{n\to\infty}\left(\sqrt{n+1}+\sqrt{n}\right)=\infty$ であるから，定理 1.2 (3) を用いて

$$\lim_{n\to\infty}(\sqrt{n+1}-\sqrt{n})=\lim_{n\to\infty}\frac{1}{\sqrt{n+1}+\sqrt{n}}=0.$$ □

問 1.2 次の数列 $\{a_n\}$ の極限を求めよ．

(1) $a_n=\dfrac{n}{n^2+1}$ (2) $a_n=\sqrt{n^2+1}-\sqrt{n^2-1}$

定理 1.3　数列 $\{a_n\}, \{b_n\}$ があり，十分大きい n について $a_n \leqq b_n$ であるとする．このとき，次式が成り立つ．

(1) $\{a_n\}, \{b_n\}$ が収束するならば，$\displaystyle\lim_{n\to\infty} a_n \leqq \lim_{n\to\infty} b_n$.

(2) $\displaystyle\lim_{n\to\infty} a_n = \infty$ ならば，$\displaystyle\lim_{n\to\infty} b_n = \infty$.

(3) $\displaystyle\lim_{n\to\infty} b_n = -\infty$ ならば，$\displaystyle\lim_{n\to\infty} a_n = -\infty$.

定理 1.4（はさみうちの原理）　数列 $\{a_n\}, \{b_n\}, \{c_n\}$ があり，十分大きい n について $a_n \leqq c_n \leqq b_n$ であるとする．数列 $\{a_n\}, \{b_n\}$ が収束し $\displaystyle\lim_{n\to\infty} a_n = \lim_{n\to\infty} b_n = \alpha$ ならば，数列 $\{c_n\}$ も収束し $\displaystyle\lim_{n\to\infty} c_n = \alpha$ である．

次の例題や，以下のさまざまな場面で登場する，二項定理を復習しよう．

定理 1.5（二項定理）　x, y を実数とし n を自然数とするとき，

$$
\begin{aligned}
(x+y)^n &= {}_nC_0 x^n + {}_nC_1 x^{n-1}y + {}_nC_2 x^{n-2}y^2 + \cdots + {}_nC_{n-1} xy^{n-1} + {}_nC_n y^n \\
&= \sum_{r=0}^{n} {}_nC_r x^{n-r} y^r
\end{aligned}
$$

である．ここで，${}_nC_r = \dfrac{n!}{(n-r)!r!}$ を**二項係数**とよぶ[2]．ただし，${}_nC_n = {}_nC_0 = 1$ と約束する．

例 1.7

$|a| < 1$ のとき，$\displaystyle\lim_{n\to\infty} a^n = 0$ を示せ．

解　$b = \dfrac{1}{|a|}$ とおく．$b > 1$ であるから $b = 1 + h\ (h > 0)$ とおくと，二項定理より

$$b^n = (1+h)^n = 1 + nh + {}_nC_2 h^2 + \cdots + h^n > nh$$

である．したがって，$0 < \dfrac{1}{b^n} < \dfrac{1}{nh}$．ここで，$\displaystyle\lim_{n\to\infty} \frac{1}{n} = 0$ とはさみうちの原理 (定理 1.4) より，$\displaystyle\lim_{n\to\infty} |a|^n = \lim_{n\to\infty} \frac{1}{b^n} = 0$．よって，$\displaystyle\lim_{n\to\infty} a^n = 0$．　□

問 1.3　$\displaystyle\lim_{n\to\infty} a^n = \infty \quad (a > 1)$ を示せ．

---

2) 二項係数を ${}_nC_r = \dbinom{n}{r}$ と書くこともある．

定数 M が存在してすべての n に対して $a_n \leqq M$ であるとき，数列 $\{a_n\}$ は**上に有界**であるといい，定数 L が存在してすべての n に対して $L \leqq a_n$ であるとき，数列 $\{a_n\}$ は**下に有界**であるという．数列 $\{a_n\}$ が上に有界かつ下に有界であるとき，**有界**であるという．

一方，数列 $\{a_n\}$ について

$$a_1 \leqq a_2 \leqq a_3 \leqq \cdots \leqq a_n \leqq \cdots \tag{1.7}$$

が成り立っているとき，$\{a_n\}$ を**単調増加数列**といい，

$$a_1 \geqq a_2 \geqq a_3 \geqq \cdots \geqq a_n \geqq \cdots \tag{1.8}$$

のとき，$\{a_n\}$ を**単調減少数列**という[3)]．両者をあわせて**単調数列**という．

次の事実が知られている．

定理 1.6　上（下）に有界な単調増加（減少）数列は収束する．

例 1.8

$a > 0$ ならば，$\displaystyle\lim_{n\to\infty} \sqrt[n]{a} = 1$ であることを示せ．

解　(i)　$a = 1$ のときは自明．

(ii)　$a > 1$ のとき：任意の $n \in \mathbb{N}$ に対し，$a > \sqrt{a} > \sqrt[3]{a} > \cdots > \sqrt[n]{a}$，$\sqrt[n]{a} > 1$ であるから，数列 $\{\sqrt[n]{a}\}$ は下に有界な単調減少数列である．よって，定理 1.6 により収束する．その極限値を α とすれば，定理 1.3 (1) より $\alpha \geqq 1$ である．もし $\alpha > 1$ と仮定すると，$\sqrt[n]{a} > \alpha = 1 + h \quad (h > 0)$ とできるから $a > (1+h)^n > nh$ となるが，$\displaystyle\lim_{n\to\infty} nh = \infty$ であるから矛盾である．よって，$\alpha = 1$ でなければならない．

(iii)　$0 < a < 1$ のとき：$b = \dfrac{1}{a} \quad (> 1)$ とおくと，(ii) の結果より $\displaystyle\lim_{n\to\infty} \sqrt[n]{b} = 1$ である．よって，定理 1.1 (4) より $\displaystyle\lim_{n\to\infty} \sqrt[n]{a} = \lim_{n\to\infty} \frac{1}{\sqrt[n]{b}} = \frac{1}{\displaystyle\lim_{n\to\infty} \sqrt[n]{b}} = 1.$ □

問 1.4　例 1.8 の結果をはさみうちの原理（定理 1.4）を用いて示せ．

---

3) $a_1 < a_2 < a_3 < \cdots < a_n < \cdots$ の場合，**狭義単調増加数列**ということもある．**狭義単調減少数列**に関しても同様．

例 1.9　自然対数の底 e

数列 $\{a_n\} = \left\{\left(1+\dfrac{1}{n}\right)^n\right\}$ は収束する．

解　まず，$\{a_n\}$ が単調増加であることを示す．二項定理より，

$$
\begin{aligned}
a_n &= \left(1+\frac{1}{n}\right)^n = \sum_{k=0}^{n} {}_nC_k \left(\frac{1}{n}\right)^k = \sum_{k=0}^{n} \frac{n(n-1)\cdots(n-k+1)}{k!}\left(\frac{1}{n}\right)^k \\
&= \sum_{k=0}^{n} \frac{1}{k!}\cdot\frac{n}{n}\cdot\frac{n-1}{n}\cdot\frac{n-2}{n}\cdots\frac{n-k+1}{n} \qquad \cdots(*) \\
&= \sum_{k=0}^{n} \frac{1}{k!}\cdot 1\left(1-\frac{1}{n}\right)\left(1-\frac{2}{n}\right)\cdots\left(1-\frac{k-1}{n}\right) \\
&\leqq \sum_{k=0}^{n} \frac{1}{k!}\cdot 1\left(1-\frac{1}{n+1}\right)\left(1-\frac{2}{n+1}\right)\cdots\left(1-\frac{k-1}{n+1}\right) \\
&= \sum_{k=0}^{n} \frac{1}{k!}\frac{n+1}{n+1}\cdot\frac{n}{n+1}\cdot\frac{n-1}{n+1}\cdots\frac{n-k+2}{n+1} \\
&\leqq \sum_{k=0}^{n+1} \frac{1}{k!}\frac{n+1}{n+1}\cdot\frac{n}{n+1}\cdot\frac{n-1}{n+1}\cdots\frac{n-k+2}{n+1} \\
&= \sum_{k=0}^{n+1} \frac{1}{k!}(n+1)n(n-1)(n-2)\cdots(n-k+2)\left(\frac{1}{n+1}\right)^k \\
&= \sum_{k=0}^{n+1} \frac{1}{k!}\frac{(n+1)!}{(n+1-k)!}\left(\frac{1}{n+1}\right)^k \\
&= \sum_{k=0}^{n+1} {}_{n+1}C_k\left(\frac{1}{n+1}\right)^k = \left(1+\frac{1}{n+1}\right)^{n+1} = a_{n+1}.
\end{aligned}
$$

次に，$\{a_n\}$ の有界性を示す．$(*)$ より

$$a_n \leqq \sum_{k=0}^{n}\frac{1}{k!} = 1+1+\sum_{k=2}^{n}\frac{1}{k!}.$$

一方，$k \geqq 2$ のとき $k! = k(k-1)\cdots 3\cdot 2 \geqq 2^{k-1}$ だから

$$a_n \leqq 2+\sum_{k=2}^{n}\frac{1}{2^{k-1}} < 3.$$

よって，定理 1.6 により $\{a_n\}$ は収束する．　□

◆**注意 2**◆　例 1.9 における極限値を文字 e で表し，**自然対数の底**あるいは**ネピアの数**とよぶ．e は $e = \lim_{n\to\infty}\left(1+\dfrac{1}{n}\right)^n = 2.71828\cdots$ なる無理数であることが知られている．

1.3 級 数

数列 $\{a_n\}$ のすべての項を $+$ の記号で結んだもの

$$a_1 + a_2 + a_3 + \cdots + a_n + \cdots \tag{1.9}$$

を，**無限級数**（または単に**級数**）という．

一方，数列 $\{a_n\}$ に対して，初項から第 n 項までの和を S_n と書いて，$\{a_n\}$ の（第 n）**部分和**という．

$$S_n = a_1 + a_2 + a_3 + \cdots + a_n = \sum_{k=1}^{n} a_k$$

さて，S_n を項とする数列 $\{S_n\}$ を考える．

$$\begin{aligned} S_1 &= a_1, \\ S_2 &= a_1 + a_2, \\ S_3 &= a_1 + a_2 + a_3, \\ &\ \vdots \end{aligned}$$

数列 $\{S_n\}$ が極限値 S をもつ $\left(S = \lim_{n\to\infty} S_n = \lim_{n\to\infty} \sum_{k=1}^{n} a_k\right)$ ならば，級数 (1.9) は**収束する**といい，S をその**和**という．このとき，

$$S = a_1 + a_2 + a_3 + \cdots + a_n + \cdots = \sum_{n=1}^{\infty} a_n$$

と表す．数列 $\{S_n\}$ が収束しないとき，級数 (1.9) は**発散する**という[4]．

例 1.10

$\sum_{n=1}^{\infty} \dfrac{1}{n(n+1)} = 1$ であることを示せ．

解 $S_n = \sum_{k=1}^{n} \dfrac{1}{k(k+1)} = \left(1 - \dfrac{1}{2}\right) + \left(\dfrac{1}{2} - \dfrac{1}{3}\right) + \left(\dfrac{1}{3} - \dfrac{1}{4}\right) + \cdots + \left(\dfrac{1}{n} - \dfrac{1}{n+1}\right) = 1 - \dfrac{1}{n+1}$．よって，$\lim_{n\to\infty} S_n = 1$． □

4) 記号 $\sum_{n=1}^{\infty} a_n$ は，本来この級数の（有限な）極限値に用いるものであるが，便宜上，「級数 $\sum_{n=1}^{\infty} a_n$ が発散する」といういい回しもする．

例 1.11　等比級数

初項 a，公比 $r\ (\neq 1)$ の等比数列 $\{a_n\} = \{ar^{n-1}\}$ からつくられる級数

$$a + ar + ar^2 + \cdots + ar^{n-1} + \cdots = \sum_{n=1}^{\infty} ar^{n-1}$$

を**等比級数**という．この場合，$S_n = \sum_{k=1}^{n} ar^{k-1} = \dfrac{a(1-r^n)}{1-r}$ であるから，

$$|r| < 1 \quad \text{のとき} \quad \sum_{n=1}^{\infty} ar^{n-1} = \frac{a}{1-r},$$

$$|r| \geqq 1 \quad \text{のとき} \quad \sum_{n=1}^{\infty} ar^{n-1} \quad \text{は発散する．}$$

なお，例 1.11 より，$a = 1$，$r = x$ とおけば，次のような「展開式」

$$\frac{1}{1-x} = 1 + x + x^2 + \cdots + x^n + \cdots \quad (|x| < 1)$$

が得られる．

例 1.12　べき級数

一般に，

$$a_1 + a_2x + a_3x^2 + \cdots + a_nx^{n-1} + \cdots$$

の形の級数を（x の）**べき級数**といい，以下の議論において重要なものである[5]．なお，等比級数（例 1.11）は，上のべき級数において $a_i = a$（任意の i），$x = r$ の場合に相当する．

例 1.13　循環小数

循環小数 $0.\dot{6}\dot{4} = 0.646464\cdots$ を既約分数で表せ．ここで，「64」を循環部といい，頭に「˙ ˙」をつけてこの循環小数を表すこととする．

解　$0.\dot{6}\dot{4} = 0.64 + 0.0064 + 0.000064 + \cdots$

$$= \frac{64}{100} + \frac{64}{100^2} + \frac{64}{100^3} + \cdots = \frac{\dfrac{64}{100}}{1 - \dfrac{1}{100}} = \frac{64}{99}.$$

□

5) 第3章3.3，3.4節をみよ．

以下，級数に関するいくつかの性質を述べる．

定理 1.7 級数 $\sum_{n=1}^{\infty} a_n$ が収束するならば，$\lim_{n\to\infty} a_n = 0$.

証明 $\lim_{n\to\infty} a_n = \lim_{n\to\infty}(S_n - S_{n-1}) = \lim_{n\to\infty} S_n - \lim_{n\to\infty} S_{n-1} = S - S = 0.$ ■

◆**注意** 3◆ 定理 1.7 の逆は成り立たない．次に反例を示す．

例 1.14 **調和級数**

$1 + \frac{1}{2} + \frac{1}{3} + \cdots + \frac{1}{n} + \cdots$ を**調和級数**という．調和級数は発散することを示せ．

解 第 2^n 項までの和をとると，

$$\begin{aligned} S_{2^n} &= 1 + \frac{1}{2} + \frac{1}{3} + \frac{1}{4} + \cdots + \frac{1}{2^n} \\ &> 1 + \frac{1}{2} + \left(\frac{1}{4} + \frac{1}{4}\right) + \left(\frac{1}{8} + \frac{1}{8} + \frac{1}{8} + \frac{1}{8}\right) + \cdots + \left(\frac{1}{2^n} + \cdots + \frac{1}{2^n}\right) \\ &= 1 + \frac{1}{2} + \frac{1}{2} + \frac{1}{2} + \cdots + \frac{1}{2} = 1 + \frac{n}{2} \end{aligned}$$

であり，$S_{2^n} \to \infty \quad (n \to \infty)$ となるので，この級数は発散する． □

問 1.5 次の級数の収束，発散を調べよ．

(1) $1 + \frac{2}{3} + \frac{3}{5} + \frac{4}{7} + \cdots$　　(2) $\sum_{n=1}^{\infty} \log\left(1 + \frac{1}{n}\right)$

定理 1.8 数列 $\{a_n\}$ が 0 に収束しないならば，級数 $\sum_{n=1}^{\infty} a_n$ は発散する．

証明 定理 1.7 の対偶[6)]である． ■

定理 1.9 級数 $\sum_{n=1}^{\infty} a_n$，$\sum_{n=1}^{\infty} b_n$ が収束するとき，

(1) $\sum_{n=1}^{\infty} ka_n = k\sum_{n=1}^{\infty} a_n \quad (k$ は定数$)$.

(2) $\sum_{n=1}^{\infty} (a_n + b_n) = \sum_{n=1}^{\infty} a_n + \sum_{n=1}^{\infty} b_n$.

---

6) 命題 $p \Rightarrow q$ に対し，命題 $\bar{q} \Rightarrow \bar{p}$ をその**対偶**という（$\bar{p}$，$\bar{q}$ はそれぞれ条件 p，q の否定を表す）．もとの命題とその対偶の真偽は一致する．

証明　数列の極限に関する定理 1.1 より，すぐにわかる．■

級数 $\sum_{n=1}^{\infty} a_n$ の各項が 0 以上 $(a_n \geqq 0)$ であるとき，これを**正項級数**とよぶ．たとえば，例 1.14 の調和級数は正項級数である．正項級数に関しては，以下のような性質がある[7]．

定理 1.10　正項級数 $\sum_{n=1}^{\infty} a_n$ が収束する　⇔　部分和の数列 $\{S_n\}$ が有界

証明　(⇒)　定理 A.1（付録）をみよ．(⇐)　$\{S_n\}$ は単調増加数列であるから，もしこれが有界であれば，定理 1.6 より，この正項級数は収束する．■

定理 1.11（比較判定法）　正項級数 $\sum_{n=1}^{\infty} a_n$，$\sum_{n=1}^{\infty} b_n$ に対し，

(1)　$a_n \leqq b_n$（任意の n）で $\sum_{n=1}^{\infty} b_n$ が収束するならば，$\sum_{n=1}^{\infty} a_n$ も収束する．

(2)　$a_n \geqq b_n$（任意の n）で $\sum_{n=1}^{\infty} b_n$ が発散するならば，$\sum_{n=1}^{\infty} a_n$ も発散する．

証明　(1)　$\sum_{n=1}^{\infty} a_n$，$\sum_{n=1}^{\infty} b_n$ の部分和をそれぞれ S_n，T_n とする．$\lim_{n\to\infty} T_n = T$ とすれば，仮定より $S_n \leqq T_n < T$，すなわち $\{S_n\}$ は有界である．よって，定理 1.10 より，$\sum_{n=1}^{\infty} a_n$ は収束する．■

問 1.6　定理 1.11 (2) を示せ．

例 1.15

正項級数 $\dfrac{1}{1^2}+\dfrac{1}{2^2}+\dfrac{1}{3^2}+\dfrac{1}{4^2}+\cdots$ は収束する．このことを示せ．

解

$$\begin{aligned}
&\frac{1}{1^2}+\frac{1}{2^2}+\frac{1}{3^2}+\frac{1}{4^2}+\cdots+\frac{1}{7^2}+\frac{1}{8^2}+\cdots+\frac{1}{15^2}+\cdots \\
&\leqq \frac{1}{1^2}+(\frac{1}{2^2}+\frac{1}{2^2})+\left(\frac{1}{4^2}+\cdots+\frac{1}{4^2}\right)+\left(\frac{1}{8^2}+\cdots+\frac{1}{8^2}\right)+\cdots \\
&= 1+\frac{1}{2}+\frac{1}{4}+\frac{1}{8}+\cdots = 2
\end{aligned}$$

である．よって，$S_n \leqq 2$（任意の n）であるから，定理 1.10 より，この級数は収束する．□

[7] ⇔ は，同値であること（必要十分条件）を表す記号．

定理 1.12（ダランベールの比テスト）　正項級数 $\sum_{n=1}^{\infty} a_n$ に対し，$\lim_{n\to\infty} \frac{a_{n+1}}{a_n} = k$ が存在するとする．このとき，

(1) $k < 1$ ならば，この級数は収束する．

(2) $k > 1$ ならば，この級数は発散する．

証明　(1) $k < k_1 < 1$ なる k_1 をとると，ある番号 N より先のすべての n に対し，$\frac{a_{n+1}}{a_n} < k_1$ となる．したがって，$n \geqq N$ ならば $a_n = \frac{a_n}{a_{n-1}} \cdot \frac{a_{n-1}}{a_{n-2}} \cdot \cdots \cdot \frac{a_{N+1}}{a_N} \cdot a_N < a_N k_1^{n-N} = (a_N k_1^{-N}) k_1^n$ である．$k_1 < 1$ であるから，等比級数 $\sum_{n \geqq N}^{\infty} (a_N k_1^{-N}) k_1^n$ は収束する．よって，定理 1.11 (1) より，$\sum_{n=1}^{\infty} a_n$ は収束する．

(2) ある番号 N より先のすべての n に対し，$\frac{a_{n+1}}{a_n} > 1$ となる．よって，$a_{n+1} > a_n > 1$（任意の $n \geqq N$）となり，$\{a_n\}$ は 0 に収束しない．よって，定理 1.8 により，$\sum_{n=1}^{\infty} a_n$ は発散する．■

例 1.16

正項級数 $\sum_{n=1}^{\infty} \frac{1}{n!}$ は収束する．このことを示せ．

解　$\lim_{n\to\infty} \frac{a_{n+1}}{a_n} = \lim_{n\to\infty} \frac{n!}{(n+1)!} = \lim_{n\to\infty} \frac{1}{n+1} = 0$ であるから，定理 1.12 により，この級数は収束する．□

問 1.7　次の級数の収束，発散を調べよ．

(1) $\frac{1}{1+\sqrt{2}} + \frac{1}{\sqrt{2}+\sqrt{3}} + \frac{1}{\sqrt{3}+\sqrt{4}} + \cdots$　　(2) $1 + \frac{1}{3} + \frac{1}{5} + \frac{1}{7} + \cdots$

(3) $1 + \frac{1}{\sqrt{3}} + \frac{1}{\sqrt{5}} + \frac{1}{\sqrt{7}} + \cdots$　　(4) $1 + \frac{1}{2} + \frac{1}{3^2} + \frac{1}{4^3} + \cdots$

演習問題 1

1. 次の数列 $\{a_n\}$ の収束，発散を調べよ．

(1) $a_n = \sqrt{n^2+n+1} - \sqrt{n^2-n-1}$

(2) $a_n = \frac{1}{1\cdot 2\cdot 3} + \frac{1}{2\cdot 3\cdot 4} + \cdots + \frac{1}{n(n+1)(n+2)}$

(3) $a_n = \dfrac{1^2+2^2+\cdots+n^2}{n^3}$　　(4) $a_n = \dfrac{\sin n}{n}$

2. 次の条件を満たす数列 $\{a_n\}$，$\{b_n\}$ の例をつくれ．

(1) $\lim_{n\to\infty} b_n = 0$ だが，$\left\{\dfrac{a_n}{b_n}\right\}$ が収束する．

(2) $\{a_n\}$ は収束し $\{b_n\}$ は発散するが，$\{a_n b_n\}$ が収束する．

3. 漸化式 $a_1 = 2$，$a_{n+1} = \dfrac{1}{2}\left(a_n + \dfrac{2}{a_n}\right)$ $(n = 1, 2, 3, \cdots)$ で定められた数列 $\{a_n\}$ に対し，

(1) すべての n について，$a_n > \sqrt{2}$ を示せ．

(2) $\{a_n\}$ は単調減少数列であることを示せ．

(3) $\lim_{n\to\infty} a_n$ を求めよ．

4. 漸化式 $a_{n+1} = \dfrac{a_n + b_n}{2}$，$b_{n+1} = \sqrt{a_n b_n}$ $(n = 1, 2, 3, \cdots)$ によって数列 $\{a_n\}$，$\{b_n\}$ を定義するとき，これらは同じ値（算術幾何平均という）に収束することを示せ．ただし，$a_1 > b_1 > 0$ とする．

5. 次の級数の収束，発散を調べよ．

(1) $\sum_{n=1}^{\infty} \dfrac{n^k}{n!}$ (k は自然数)　　(2) $\sum_{n=1}^{\infty} \dfrac{2^n n!}{n^n}$　　(3) $\sum_{n=1}^{\infty} \dfrac{3^n n!}{n^n}$

6. 一般調和級数 $1 + \dfrac{1}{2^\alpha} + \dfrac{1}{3^\alpha} + \cdots + \dfrac{1}{n^\alpha} + \cdots$ （α は定数）の収束，発散を調べよ．

7. 正項級数 $\sum_{n=1}^{\infty} a_n$ が収束すれば，$\sum_{n=1}^{\infty} \sqrt{a_n a_{n+1}}$ も収束することを示せ．

8. 二つの正項級数 $\sum_{n=1}^{\infty} a_n$，$\sum_{n=1}^{\infty} b_n$ に対して，極限値 $\lim_{n\to\infty} \dfrac{b_n}{a_n} = k\ (> 0)$ が存在するならば，これら二つの級数の収束，発散は一致することを示せ．

第2章 連続関数

関数の概念は，数列と並んで微分積分学の基礎をなすものである．特に，連続関数は重要であるので，本章では中間値の定理などの主要な性質を述べる．最後の節では，高等学校で学んだ指数関数，対数関数を復習するとともに，逆三角関数と双曲線関数を導入する．

2.1 関数とそのグラフ

実数 x に対して，以下の集合を総称して**区間**という（図 2.1）．

$(a,b)=\{x \mid a<x<b\}$: **開区間**

$[a,b]=\{x \mid a \leqq x \leqq b\}$: **閉区間**

$[a,b)=\{x \mid a \leqq x<b\}$: **半開区間**

$(a,b]=\{x \mid a<x \leqq b\}$: **半開区間**

$(-\infty,a)=\{x \mid x<a\}$

$[b,\infty)=\{x \mid b \leqq x\}$

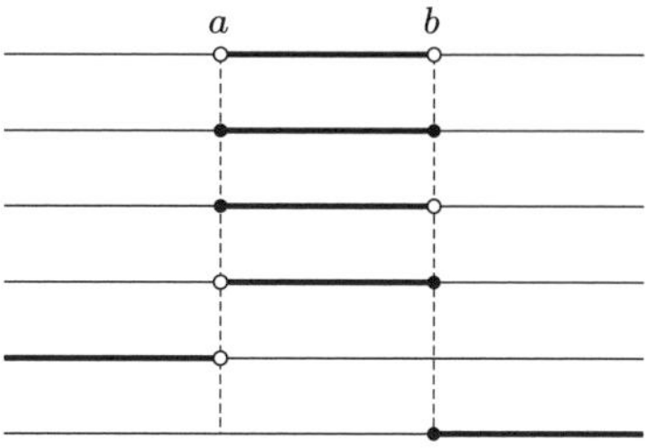

図 2.1　区間

同様にして，$(-\infty,a]$ や (b,∞) も定義される．なお，区間 $(-\infty,\infty)$ とは，実数の全体のことである：$(-\infty,\infty)=\mathbb{R}$.

実数のある区間 I $(I \subset \mathbb{R})$ に属する各 x に対して，一つの実数 y が対応するとき，この対応の規則 f を区間 I で定義された**関数** (function) という．関数を表現するには $y=f(x)$ と書くのが普通である[1]．このとき，x を**独立変数**，y を**従属変数**という．また，I を f の**定義域** (domain) といい記号 $D(f)$ で表し，集合 $R(f)=\{f(x) \mid x \in D(f)\}$ を**値域** (range) とよぶ．関数 f を次のように表現することもある．

$$f: D(f) \to R(f) \quad (x \mapsto y). \tag{2.1}$$

式 (2.1) において，記号 $x \mapsto y$ は変数の対応関係を表している．

---

[1] 本来，関数とは f 自身のことで，$f(x)$ は関数 f の x における値である．ただし，関数 $f(x)$ とか関数 $y=f(x)$ というういい方もする．また，$y=f(x)$ の代わりに $y=y(x)$ と書くこともある．

具体的な関数 $y = f(x)$ を考えるとき，特に指定がなければ，$f(x)$ が意味をもつような x の最大範囲を定義域と考えるのが普通である．

例 2.1

(1) $f(x) = \sqrt{x}$ のとき，$D(f) = [0, \infty)$ であり $R(f) = [0, \infty)$ である．

(2) $f(x) = x^2$ のとき，$D(f) = (-\infty, \infty)$ であり $R(f) = [0, \infty)$ である．

(3) $f(x) = \dfrac{1}{x+1}$ のとき，$D(f) = \mathbb{R}\backslash\{-1\} = \{x \in \mathbb{R} \mid x \neq -1\}$ であり $R(f) = \mathbb{R}\backslash\{0\} = \{y \in \mathbb{R} \mid y \neq 0\}$ である．

(4) $f(x) = |x|$ のとき，$D(f) = (-\infty, \infty)$ であり $R(f) = [0, \infty)$ である．

(5) $f(x) = \begin{cases} 0 & (x \leqq 0) \\ 1 & (x > 0) \end{cases}$ のとき，$D(f) = (-\infty, \infty)$ であり $R(f) = \{0, 1\}$ である[2]．

(6) $f(x) = [x]$ のとき，$D(f) = (-\infty, \infty)$ であり $R(f) = \mathbb{Z}$ である[3]．

(7) $f(x) = \operatorname{sgn} x = \begin{cases} -1 & (x < 0) \\ 0 & (x = 0) \\ 1 & (x > 0) \end{cases}$ のとき，$D(f) = (-\infty, \infty)$ であり $R(f) = \{-1, 0, 1\}$ である[4]．

問 2.1　次の関数の定義域と値域をいえ．

(1) $f(x) = \tan x$　(2) $f(x) = e^x$　(3) $f(x) = \log(x+1)$

(4) $f(x) = \dfrac{1}{\sqrt{1-x^2}}$

$y = f(x)$ を満たす点 (x, y) の集合を関数のグラフということはすでに学んだ．これを少し精密にいいかえると，次のようになる．$\mathbb{R}^2$ の部分集合

$$G(f) = \{(x, y) \mid y = f(x),\ x \in D(f)\}$$

を関数の**グラフ** (graph) という．グラフは方程式を満たす点の集合であるから，座標平面上の**曲線**を表す．グラフを描くと，関数の増減，値域などの様子がわかりやすくなる．

---

2) この関数 $f(x)$ を，**ヘビサイドの関数**といい，$H(x)$ で表すことが多い．

3) $[x]$ は**ガウス記号**といい，$[x] =$「x を越えない最大の整数」を表す．

4) この関数 $f(x)$ を**符号関数**という．

例 2.2

例 2.1 における各関数のグラフは，図 2.2 のようである．

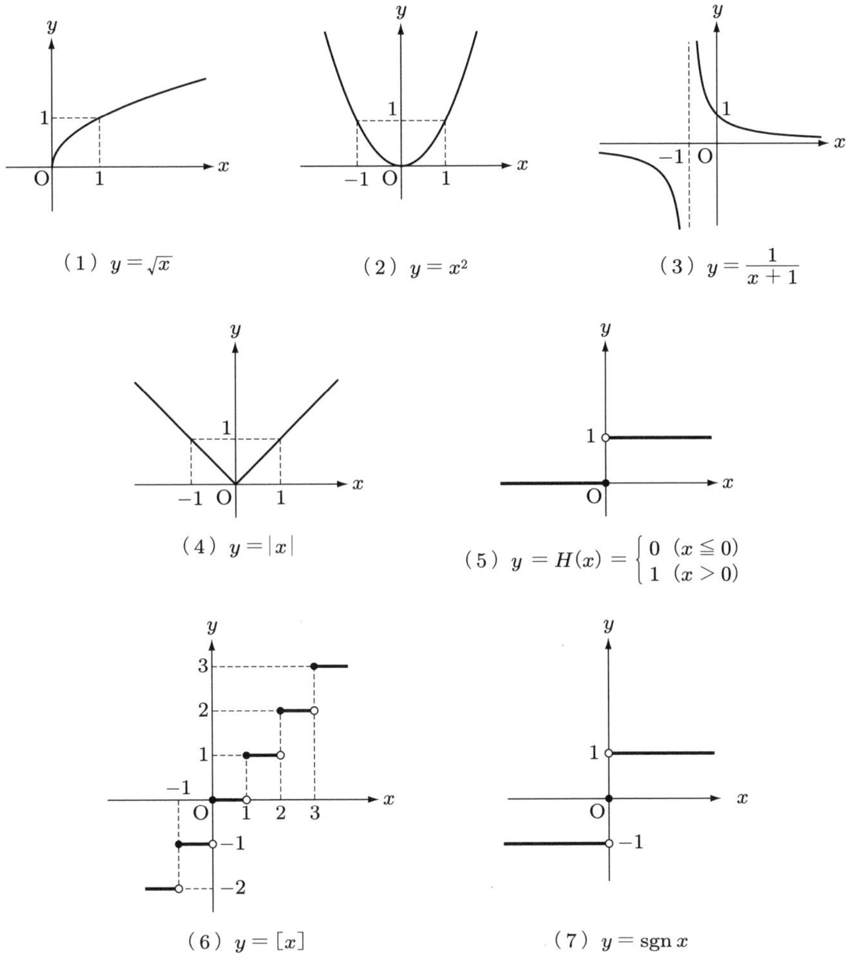

（1） $y=\sqrt{x}$　（2） $y=x^2$　（3） $y=\dfrac{1}{x+1}$

（4） $y=|x|$　（5） $y=H(x)=\begin{cases}0 & (x\leqq 0)\\ 1 & (x>0)\end{cases}$

（6） $y=[x]$　（7） $y=\operatorname{sgn}x$

図 2.2

問 2.2　問 2.1 で与えられた関数のグラフを描け．

問 2.3　次の関数のグラフを描け．

(1) $f(x)=x^{\frac{1}{3}}$　(2) $f(x)=x^{-3}$　(3) $f(x)=\cos 2x$　(4) $f(x)=\tan\left(x-\dfrac{\pi}{4}\right)$

(5) $f(x)=\dfrac{2x+1}{x-1}$　(6) $f(x)=\dfrac{1}{x^2+1}$　(7) $f(x)=e^{-x^2}$

二つの関数 $y=f(t)$ と $t=g(x)$ があるとき，$y=f(t)$ に $t=g(x)$ を代入して得られる関数 $y=h(x)=f(g(x))$ をそれらの**合成関数**といい，$h=f\circ g$ と表す．

$$(f\circ g)(x)=f(g(x)),\quad x\in D(g).$$

ただし，$D(f\circ g)=\{x\in D(g)\mid g(x)\in D(f)\}$ とする．

例 2.3

$y=f(t)=\sqrt{t}$, $t=g(x)=1+\sin x$ の合成関数は $y=(f\circ g)(x)=\sqrt{1+\sin x}$ であり，$D(f\circ g)=(-\infty,\infty)$，$R(f\circ g)=[0,\sqrt{2}]$ である．

例 2.4

$f(t)=H(t)$，$g(x)=\mathrm{sgn}(x)$ のとき，$(f\circ g)(x)=H(x)$ である．

問 2.4　次の関数の合成関数を求め，その定義域，値域を述べよ．また，そのグラフを描け．

(1) $y=\log t$，$t=1+x^2$　(2) $y=\sin t$，$t=x^2$

(3) $y=e^t$，$t=-x^2$　(4) $y=\dfrac{1}{t}$，$t=x^2-x-2$

区間 I で定められた関数 $f(x)$ が

$$x_1<x_2\Rightarrow f(x_1)\leqq f(x_2)\quad(\forall x_1,x_2\in I)\tag{2.2}$$

であるとき[5)]，$f(x)$ は区間 I で**単調増加**であるといい，

$$x_1<x_2\Rightarrow f(x_1)\geqq f(x_2)\quad(\forall x_1,x_2\in I)\tag{2.3}$$

であるとき，$f(x)$ は区間 I で**単調減少**であるという[6)]．

なお，$f(x)$ が区間 I で単調であるかどうかは，その導関数 $f'(x)$ の I における符号を調べることにより判定できる（定理 3.16 参照）．

例 2.5

(1) $f(x)=\log x$ の定義域は $I=(0,\infty)$ であり，$x_1<x_2$ $\left(\text{すなわち } \dfrac{x_2}{x_1}>1\right)$ ならば $f(x_2)-f(x_1)=\log\dfrac{x_2}{x_1}>0$ であるから，$\log x$ は $(0,\infty)$

5) $\forall$ は「任意の (Any)」を表す記号．

6) 単調増加関数と単調減少関数をまとめて**単調関数**とよぶこともある．また，$x_1<x_2\Rightarrow f(x_1)<f(x_2)$ $(\forall x_1,x_2\in I)$ であるとき，**狭義単調増加**ということもある．**狭義単調減少**に関しても同様．

で単調増加である.

(2) $f(x) = e^{-x}$ の定義域は $I = (-\infty, \infty)$ であり，この区間で $f'(x) = -e^{-x} < 0$ であるから，e^{-x} は $(-\infty, \infty)$ で単調減少である.

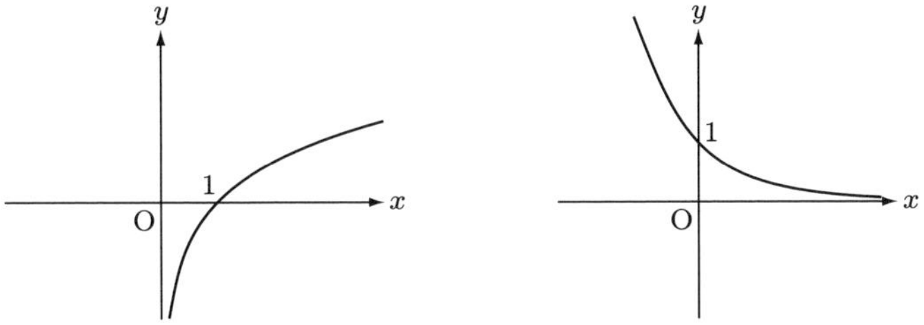

(1) $y = \log x$　　(2) $y = e^{-x}$

図 2.3

連続な関数 $f(x)$ が区間 I で単調であるとき，その値域内の任意の y に対して，$y = f(x)$ を満たす x が I 内にただ一つ定まる．これによって x は y の関数とみなすことができ，この関係を $x = f^{-1}(y)$ と表す．対応 $f^{-1} : y \mapsto x$ を f の**逆関数**という[7]．したがって，次のことがいえる．

$$f^{-1}(f(x)) = x \quad (\forall x \in D(f)),$$

$$f(f^{-1}(x)) = x \quad (\forall x \in D(f^{-1}) = R(f)).$$

関数 $f^{-1} \circ f$ および $f \circ f^{-1}$ を**恒等関数**といい，記号 id で表す[8]．ただし，これらの定義域は異なるので，正確には $f^{-1} \circ f = id|_{D(f)}$，$f \circ f^{-1} = id|_{R(f)}$ と定義域を明示して書くべきである．

例 2.6

(1) $y = x^2 \quad (x \geqq 0)$ は単調増加であり，その逆関数は $y = \sqrt{x}$ である．

(2) $f(x) = e^x$ は $(-\infty, \infty)$ で単調増加であり，その逆関数は $f^{-1}(x) = \log x$，$D(f^{-1}) = (0, \infty)$ である．

$$(f^{-1} \circ f)(x) = \log e^x = x \quad (x \in D(f) = (-\infty, \infty)),$$

$$(f \circ f^{-1})(x) = e^{\log x} = x \quad (x \in R(f) = (0, \infty)).$$

---

[7] 通常は，変数 x と y を入れかえて $y = f^{-1}(x)$ と表す．

[8] identity（恒等的）の頭文字．

◆**注意 1**◆　$y = x^2\ (-\infty < x < \infty)$ は単調ではないので，この区間で逆関数は存在しない．

問 2.5　次の関数は定義域内で単調であることを示し，その逆関数を求めよ．

(1) $y = x + 1$　(2) $y = \dfrac{x+2}{x+1}$　(3) $y = \sqrt{x-1}$　(4) $y = x + \sqrt{x+1}$

$G(f^{-1}) = \{(y,x) \mid y \in R(f),\ x \in D(f)\}$ であるから，点 (a,b) が f のグラフ $G(f) = \{(x,y) \mid x \in D(f),\ y \in R(f)\}$ 上にあることと，点 (b,a) が f^{-1} のグラフ $G(f^{-1})$ 上にあることとは同値である．点 (a,b) と点 (b,a) は直線 $y = x$ に関して対称であるから，関数 $y = f(x)$ とその逆関数 $y = f^{-1}(x)$ のグラフは，直線 $y = x$ に関して対称である（図 2.4）．

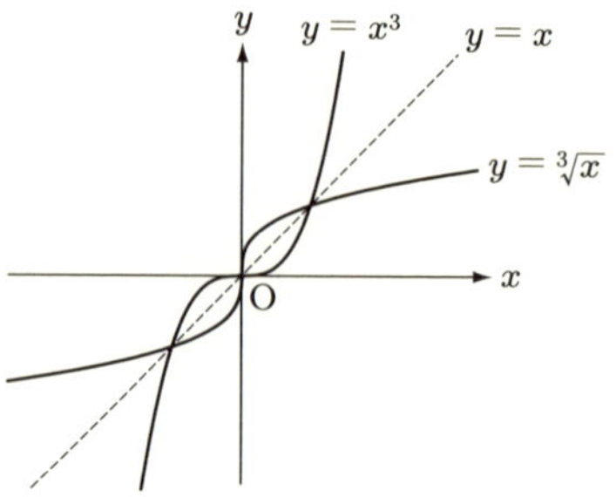

図 2.4　逆関数のグラフの例

2.2　関数の極限

変数 x が a 以外の値をとりながら a に限りなく近づくことを，$x \to a$ と表す．$x \to a$ のとき関数 $f(x)$ の値が一定の値 α に限りなく近づくことを，$x \to a$ のとき $f(x)$ は α に**収束する**といい，

$$\lim_{x \to a} f(x) = \alpha \quad \text{あるいは} \quad f(x) \to \alpha\ (x \to a) \tag{2.4}$$

と表す．このとき，α を $x \to a$ のときの $f(x)$ の**極限値**という．

一方，開区間 $a < x < x_0$ で定義されている関数 $f(x)$ に対して，この区間の点 x が（a より大きい値をとりながら）点 a に限りなく近づくとき $f(x)$ がある値 α に限りなく近づくならば，$f(x)$ は a において**右極限値** α をもつといい，

$$\alpha = \lim_{x \to a+0} f(x) \tag{2.5}$$

と表す．同様に，開区間 $y_0 < x < a$ で定義されている関数 $f(x)$ に対して，この区間の点 x が点 a に限りなく近づくとき $f(x)$ がある値 β に限りなく近づくならば，$f(x)$

は a において**左極限値** β をもつといい，

$$\beta = \lim_{x \to a-0} f(x) \tag{2.6}$$

と表す[9]（図 2.5）．

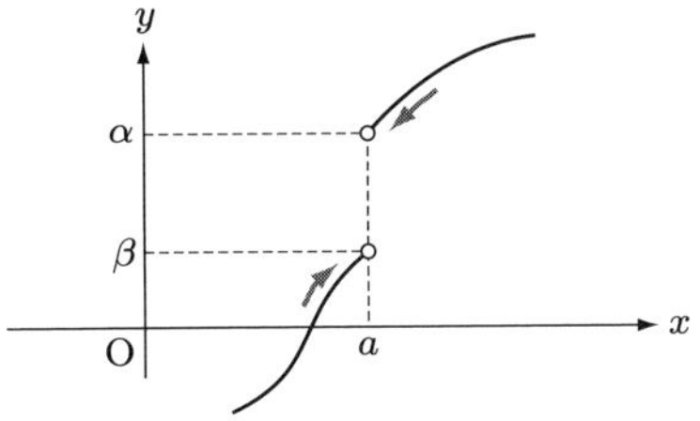

図 2.5 右極限値 α，左極限値 β

したがって，関数 $f(x)$ が $x = a$ で極限値をもつということは，$x = a$ における右極限と左極限が存在し，これらが一致することにほかならない．

$$\lim_{x \to a} f(x) = \alpha \quad \Leftrightarrow \quad \lim_{x \to a+0} f(x) = \lim_{x \to a-0} f(x) = \alpha.$$

例 2.7

ヘビサイドの関数（例 2.1 (5)）$H(x)$ に対し，$\displaystyle\lim_{x \to +0} H(x) = 1$，$\displaystyle\lim_{x \to -0} H(x) = 0$ を示せ．

解 例 2.2 (5) のグラフをみよ． □

例 2.8

$$f(x) = \frac{x^2 - 1}{|x - 1|} \quad (x \neq 1)$$ の $x = 1$ における右極限値，左極限値を求めよ．

解 $f(x) = x + 1 \ (x > 1)$，$f(x) = -x - 1 \ (x < 1)$ であるから，$\displaystyle\lim_{x \to 1+0} f(x) = \lim_{x \to 1+0} (x + 1) = 2$，$\displaystyle\lim_{x \to 1-0} f(x) = \lim_{x \to 1-0} (-x - 1) = -2$ である． □

---

9) $\displaystyle\lim_{x \to a+0} f(x) = f(a+0)$，$\displaystyle\lim_{x \to a-0} f(x) = f(a-0)$ と表すことも多い．特に $a = 0$ のときは，$\displaystyle\lim_{x \to +0} f(x) = f(+0)$，$\displaystyle\lim_{x \to -0} f(x) = f(-0)$ と簡略化して書く．

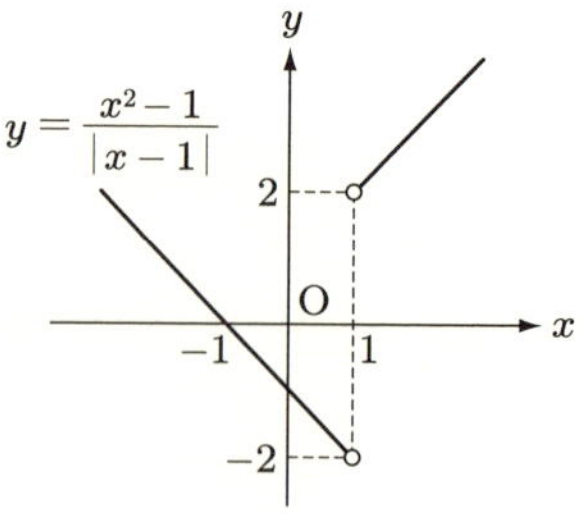

図 2.6

問 2.6　次の極限値を求めよ．

(1) $\displaystyle\lim_{x\to+0}\frac{e^{\frac{1}{x}}-1}{e^{\frac{1}{x}}+1}$　　(2) $\displaystyle\lim_{x\to-0}\frac{|x|}{\sqrt{a+x}-\sqrt{a-x}}$

関数の極限に関して，数列の極限に関する定理 1.1 に対応する結果が得られる．

定理 2.1　$x\to a$ のとき，$f(x)$，$g(x)$ がともに収束するとする．このとき，

(1) $\displaystyle\lim_{x\to a}\{f(x)+g(x)\}=\lim_{x\to a}f(x)+\lim_{x\to a}g(x)$.

(2) $\displaystyle\lim_{x\to a}kf(x)=k\lim_{x\to a}f(x)$　（k は定数）.

(3) $\displaystyle\lim_{x\to a}f(x)g(x)=\lim_{x\to a}f(x)\cdot\lim_{x\to a}g(x)$.

(4) $\displaystyle\lim_{x\to a}g(x)\neq 0$ ならば，$\displaystyle\lim_{x\to a}\frac{f(x)}{g(x)}=\frac{\lim_{x\to a}f(x)}{\lim_{x\to a}g(x)}$.

◆注意 2◆　上の結果は，$f(x)$，$g(x)$ が極限をもてば，$a=\pm\infty$ の場合にも成り立つ．

例 2.9

次の極限値を求めよ．

(1) $\displaystyle\lim_{x\to1}\frac{x^2+x-2}{x^2-1}$　　(2) $\displaystyle\lim_{x\to\infty}\frac{2x^2-2x+3}{3x^2+x-1}$

解　(1) $\displaystyle\lim_{x\to1}\frac{x^2+x-2}{x^2-1}=\lim_{x\to1}\frac{x+2}{x+1}=\frac{\lim_{x\to1}(x+2)}{\lim_{x\to1}(x+1)}=\frac{3}{2}.$

(2) $\displaystyle\lim_{x\to\infty}\frac{2x^2-2x+3}{3x^2+x-1}=\lim_{x\to\infty}\frac{2-\frac{2}{x}+\frac{3}{x^2}}{3+\frac{1}{x}-\frac{1}{x^2}}=\frac{\lim_{x\to\infty}\left(2-\frac{2}{x}+\frac{3}{x^2}\right)}{\lim_{x\to\infty}\left(3+\frac{1}{x}-\frac{1}{x^2}\right)}=\frac{2}{3}.$　□

問 2.7 次の極限を求めよ．

(1) $\displaystyle\lim_{x\to 0}\frac{\sqrt{1+x}-\sqrt{1-x}}{x}$　　(2) $\displaystyle\lim_{x\to\infty}\left(\sqrt{x^2+1}-x+1\right)$

関数の極限に関しても，数列のはさみうちの原理（定理 1.4）に対応する結果が得られる．

定理 2.2（関数の極限に関するはさみうちの原理） $x\to a$ のとき，$f(x)$，$g(x)$ は収束するとする．このとき，次が成り立つ．

(1) $x=a$ の近くで $f(x)\leqq g(x)$ ならば，$\displaystyle\lim_{x\to a}f(x)\leqq\lim_{x\to a}g(x)$

(2) $x=a$ の近くで $f(x)\leqq h(x)\leqq g(x)$ とする．このとき，

$$\lim_{x\to a}f(x)=\lim_{x\to a}g(x)=\alpha \quad \text{ならば，}\quad \lim_{x\to a}h(x)=\alpha$$

例 2.10

$\displaystyle\lim_{x\to a}f(x)=\alpha$ ならば，$\displaystyle\lim_{x\to a}|f(x)|=|\alpha|$ であることを示せ．

解 $0\leqq\big|\,|f(x)|-|\alpha|\,\big|\leqq|f(x)-\alpha|$（三角不等式）および定理 2.2 (2) より，ただちにわかる． □

例 2.11

$\displaystyle\lim_{x\to 0}\frac{\sin x}{x}=1$ を示せ．

解 $0<x<\dfrac{\pi}{2}$ のとき，図 2.7 より $\overline{\mathrm{DA}}=\sin x$，$\overset{\frown}{\mathrm{DB}}=x$，$\overline{\mathrm{CB}}=\tan x$ であるから，$\sin x<x<\tan x$ がわかる．よって，$1<\dfrac{x}{\sin x}<\dfrac{1}{\cos x}$，すなわち

$$\cos x<\frac{\sin x}{x}<1 \tag{2.7}$$

である．$-\dfrac{\pi}{2}<x<0$ のときは，$0<-x<\dfrac{\pi}{2}$ と考えることによりやはり式 (2.7) が得られる．ここで，$\displaystyle\lim_{x\to 0}\cos x=1$ と定理 2.2 により，$\displaystyle\lim_{x\to 0}\frac{\sin x}{x}=1$ となる． □

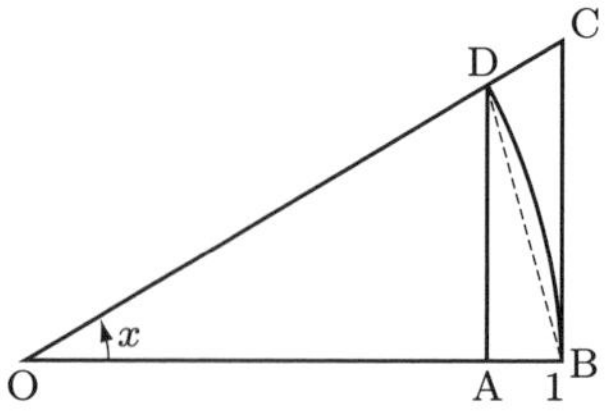

図 2.7

問 2.8　$\lim_{x\to\pm\infty}\left(1+\frac{1}{x}\right)^x = \lim_{x\to 0}(1+x)^{\frac{1}{x}} = e$ を示せ．

2.3　連続関数とその性質

この節では関数の**連続性**について学ぶ．関数が連続であるというのは，直感的にはそのグラフが切れていないということであるが，ここでは次のように定義する．

定義 2.1（1 点での右連続性，左連続性）　関数 $f(x)$ は a を含む区間で定義されているとする．このとき，$f(x)$ が**点 a で右連続**であるとは，右極限値 $\lim_{x\to a+0} f(x)$ が存在して $\lim_{x\to a+0} f(x) = f(a)$ となることである．点 a での**左連続性**も同様に定義される．

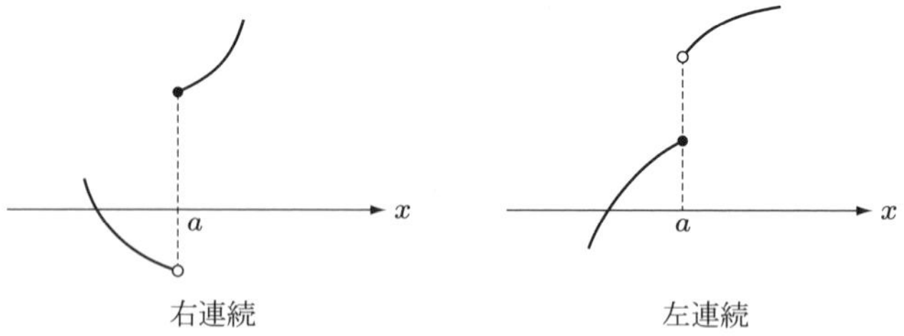

図 2.8　関数の右，左連続性

定義 2.2（1 点での連続性）　関数 $f(x)$ は a を含む区間で定義されているとする．このとき，$f(x)$ が**点 a で連続**とは，極限 $\lim_{x\to a} f(x)$ が存在し，$\lim_{x\to a} f(x) = f(a)$ となることである．

定義 2.3（区間での連続性）　関数 $f(x)$ は区間 I で定義されているとする．このとき，$f(x)$ が**区間 I 上で連続**とは，$f(x)$ が I のすべての点で連続であることである．

例 2.12

$f(x) = c$ (c は定数) や $f(x) = x$ は，$(-\infty, \infty)$ で連続である．

例 2.13

(1)　$f(x) = \sqrt{x}$ は $[0, \infty)$ で連続である．

(2)　$f(x) = \cos x$ は $(-\infty, \infty)$ で連続である．

定理 2.3　区間 I で定義されている二つの連続関数 $f(x)$，$g(x)$ に対し，関数

(1)　$f(x) \pm g(x)$　　(2)　$kf(x)$ (k は定数)　　(3)　$f(x)g(x)$

(4)　$\dfrac{f(x)}{g(x)}$ $(g(x) \neq 0,\ \forall x \in I)$

も I で連続である．

例 2.14

次を示せ．

(1)　**多項式**とは，$f(x) = a_0x^n + a_1x^{n-1} + \cdots + a_{n-1}x + a_n$ の形の関数である．多項式は区間 $(-\infty, \infty)$ で定義され，この区間で連続である．

(2)　**有理関数**（または**有理式**）とは，$f(x) = \dfrac{P(x)}{Q(x)}$（$P(x)$，$Q(x)$ は多項式）の形の関数である．有理関数は $Q(x)$ が 0 になる点を除いて定義され，その区間で連続である．

解　定理 2.3 と例 2.12 よりただちにわかる．□

次の二つの定理は，有界な閉区間における連続関数の，最も重要な性質を述べたものである．

定理 2.4（中間値の定理）　関数 $f(x)$ は閉区間 $[a,b]$ で連続であるとする．このとき，$f(a)$ と $f(b)$ の間の任意の数 k に対して，$a<c<b$ かつ $f(c)=k$ を満たす c が存在する．

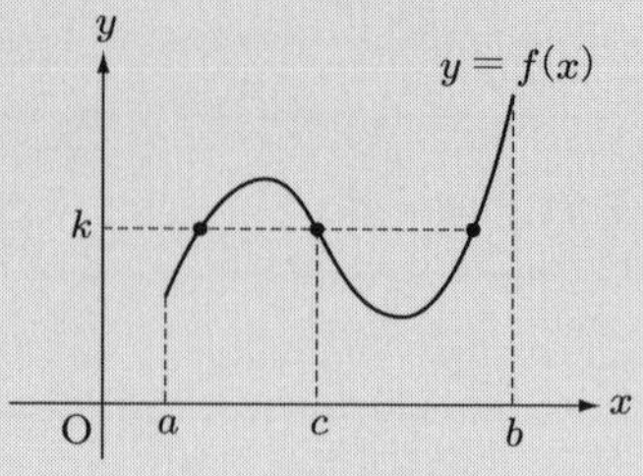

図 2.9　中間値の定理

例 2.15

方程式 $x=\cos x$ は，区間 $\left[0,\dfrac{\pi}{4}\right]$ の中に解をもつことを示せ．

解　$f(x)=x-\cos x$ とおくと，$f(x)$ は $\left[0,\dfrac{\pi}{4}\right]$ で連続であり，$f(0)=-1$，$f\left(\dfrac{\pi}{4}\right)=\dfrac{\pi-2\sqrt{2}}{4}>0$ である．よって，中間値の定理（定理 2.4）より結果が得られる．□

問 2.9　方程式 $x=e^{-x}$ は，区間 $[0,1]$ の中に解をもつことを示せ．

◆注意 3◆　中間値の定理は，考えている区間が閉区間のときにのみ成り立つ．図 2.10 は，半開区間で連続の場合の図であり，中間値の定理は成り立っていない．

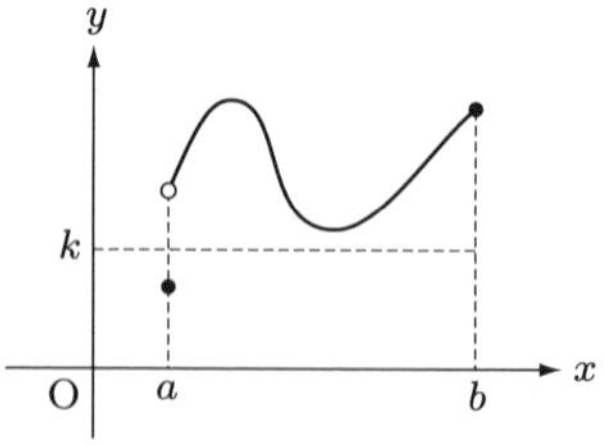

図 2.10　中間値の定理が成り立たない例

定理 2.5（最大値，最小値の存在[10]）　閉区間 $[a, b]$ 上で連続な関数は，$[a, b]$ 上で最大値と最小値をもつ（図 2.11（1））．

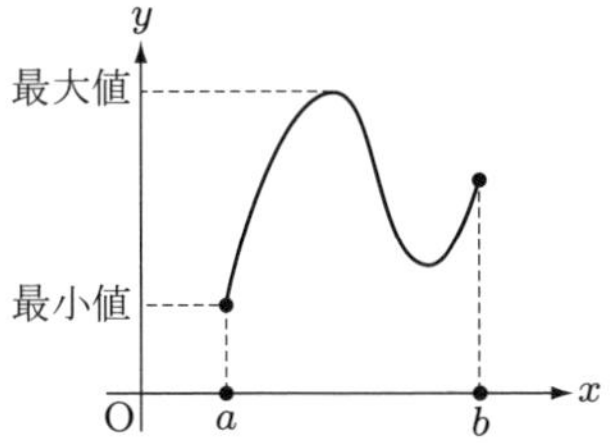

（1）最大値, 最小値の存在

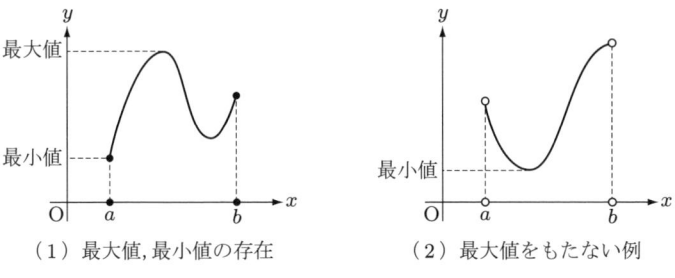

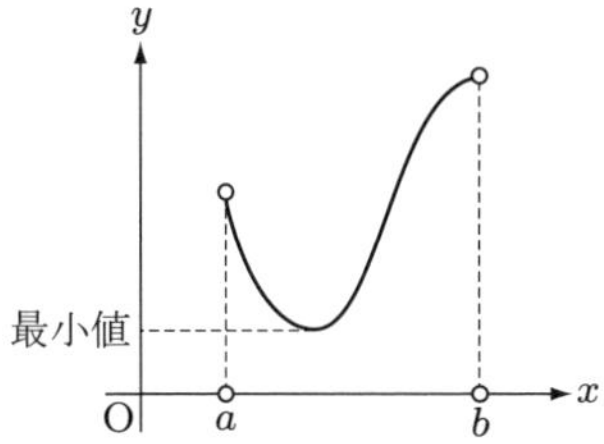

（2）最大値をもたない例

図 2.11　最大値，最小値

◆注意 4◆　考えている区間が閉区間でない場合は，定理 2.5 が成り立たないことがある（図 2.11（2））．

次に，連続な単調増加関数の逆関数の存在と連続性について考察する．$f(x)$ を $[a, b]$ で定義された連続な単調増加関数とすると，定理 2.5 より最大値 M と最小値 m をもち，$m = f(a)$，$M = f(b)$ である．$f(x)$ は $[a, b]$ から $[f(a), f(b)]$ の上への 1 対 1 の対応を与える関数であるから，2.1 節でみたように，その逆関数 $f^{-1} : [f(a), f(b)] \to [a, b]$ が存在する．

定理 2.6（単調関数の逆関数の連続性）　関数 $f(x)$ が閉区間 $[a, b]$ で連続かつ単調増加ならば，その逆関数は閉区間 $[f(a), f(b)]$ で連続かつ単調増加である．

2.4　初等関数

微分積分法を根拠とする解析学一般においてよく用いられる関数，たとえば有理関数，無理関数，三角関数，指数関数，対数関数などは，その性質が詳しくわかることから**初等関数**[11]とよばれることがある．これらの関数やその導関数，あるいは原始関数の性質については，高等学校でひととおり学んでいる．本節では，指数関数と対数関数を簡単に復習し，新たに逆三角関数と双曲線関数を初等関数の仲間として導入する．

10）この定理は，たとえばロルの定理（定理 3.8）などの証明に使われる．

11）正確には，関数 C（定数），x，e^x，$\sin x$ の間で四則演算，逆関数，合成関数をつくる操作を有限回組み合わせて得られる関数をいう．

(1) n 乗根

n を自然数としたとき，$f(x)=x^n$ は $(0,\infty)$ で連続な単調増加関数であり，その値域は $R(f)=(0,\infty)$ である．したがって，逆関数 $f^{-1}(x)$ が存在し，定理 2.6 により，これは $(0,\infty)$ で定義された連続な単調増加関数であり，その値域は $R(f^{-1})=(0,\infty)$ である．このようにして定まった逆関数を $f^{-1}(x)=\sqrt[n]{x}$ または $x^{\frac{1}{n}}$ と書き，x の n **乗根**という[12]．

以上をまとめると，次の定理を得る．

定理 2.7　$y=\sqrt[n]{x}$ は $(0,\infty)$ で定義された連続な単調増加関数であり，その値域は $(0,\infty)$ である．

次の性質は高等学校で学んだ．

定理 2.8（累乗根の性質）　$a,b>0$ で，$m,n,p\in\mathbb{N}$ とする．

(1) $\sqrt[n]{a}\,\sqrt[n]{b}=\sqrt[n]{ab}$　　(2) $\dfrac{\sqrt[n]{a}}{\sqrt[n]{b}}=\sqrt[n]{\dfrac{a}{b}}$

(3) $\left(\sqrt[n]{a}\right)^m=\sqrt[n]{a^m}$　　(4) $\sqrt[m]{\sqrt[n]{a}}=\sqrt[mn]{a}$　　(5) $\sqrt[n]{a^m}=\sqrt[np]{a^{mp}}$

問 2.10　定理 2.8 の内容を，$a^{\frac{1}{n}}$ の形で書き直せ．

(2) 指数関数

$a>0$，$a\neq 1$ とするとき，$f(x)=a^x$ なる形の関数を a **を底とする指数関数**とよぶ．指数 x が有理数のときは，a^x を次のように定義するのであった．

x が正の有理数 $\dfrac{q}{p}$ $(p,q\in\mathbb{N})$ のときは $a^{\frac{q}{p}}=(a^q)^{\frac{1}{p}}$，

x が負の有理数 $-\dfrac{q}{p}$ $(p,q\in\mathbb{N})$ のときは $a^{-\frac{q}{p}}=(a^{-q})^{\frac{1}{p}}$．

定理 2.9（指数法則 1）　$a,b>0$，$r,s\in\mathbb{Q}$ とするとき，

(1) $a^ra^s=a^{r+s}$　　(2) $\dfrac{a^r}{a^s}=a^{r-s}$　　(3) $(ab)^r=a^rb^r$　　(4) $(a^r)^s=a^{rs}$

◆注意 5◆　$a^0=1$ と定義する．定理 2.9 (2) で $r=s$ の場合を考えればわかりやすい．

---

[12] 2 乗根，3 乗根，4 乗根，…をまとめて**累乗根**という．

定理 2.10（単調性）　$r \in \mathbb{Q}$ とすると，
(1)　$y = a^r (a > 1)$ は r の単調増加関数である．
(2)　$y = a^r (0 < a < 1)$ は r の単調減少関数である．

以下で，実数全体を定義域とする連続関数として指数関数を定義しよう．次の事実が知られている．

定理 2.11（有理数の稠密性）　x が実数のとき，$\lim_{n \to \infty} x_n = x$ なる有理数の数列 $\{x_n\}$ が存在する．

この定理から，次のことが導かれる．

定理 2.12　$a > 1$ とする．任意の無理数 x に対し，$\{x_n\}$ を x に収束する有理数の列とすると，
(1)　数列 $\{a^{x_n}\}$ は収束する．
(2)　$\{x_n\}$ のとり方によらず，極限値 $\lim_{n \to \infty} a^{x_n} = a^x$ が一意的に定まる．

◆注意 6◆　定理 2.12 により，$a > 1$ のとき，すべての実数に対し a^x が定義できる．$0 < a < 1$ のときは $\frac{1}{a} > 1$ であるから，$a^x = \left(\frac{1}{a}\right)^{-x}$ と定義すればよい．なお，$a = 1$ のときは $a^x = 1^x = 1$ であるので，指数関数を考えるときは $a \neq 1$ とするのが普通である．

定理 2.13（指数法則 2）　$a, b > 0$ とする．$x, y \in \mathbb{R}$ に対し，
(1)　$a^x a^y = a^{x+y}$　(2)　$\frac{a^x}{a^y} = a^{x-y}$　(3)　$(ab)^x = a^x b^x$
(4)　$(a^x)^y = a^{xy}$
が成り立つ．

定理 2.14（$y = a^x$ の連続性）　$a > 0$ のとき，$f(x) = a^x$ は実数全体で定義された連続関数である．

証明　定理 2.13 (1) により，$a^{x+h} - a^x = a^x(a^h - 1)$ であり，$\lim_{n \to \infty} a^{\frac{1}{n}} = 1$（例 1.8）であるから，$\lim_{h \to \infty} (a^{x+h} - a^x) = 0$.　■

定理 2.15　指数関数 $y = a^x$ は $(-\infty, \infty)$ で定義された連続関数であり，

(1) $a > 1$ のときはこの区間で単調増加関数であり，$\displaystyle\lim_{x\to-\infty} a^x = 0$，$\displaystyle\lim_{x\to+\infty} a^x = \infty$.

(2) $0 < a < 1$ のときはこの区間で単調減少関数であり，$\displaystyle\lim_{x\to-\infty} a^x = \infty$，$\displaystyle\lim_{x\to+\infty} a^x = 0$（図 2.12 (1)）.

(3) 対数関数

定義 2.4（対数関数）　指数関数 $y = a^x$ $(a > 0,\ a \neq 1)$ の逆関数を，a **を底とする対数関数**といい，$y = \log_a x$ $(x > 0)$ で表す.

$$y = a^x \quad \Leftrightarrow \quad x = \log_a y.$$

◆注意 7◆　1. $y = \log_a x$ のとき，x を**真数**という．$x > 0$ を**真数条件**ということもある.
2. 特に $a = e$（e はネピアの数；例 1.9）のとき，$y = \log_e x$（すなわち，$y = e^x$ の逆関数[13]）を**自然対数**といい，e を省略して $y = \log x$ と書くのが通例である[14]．なお，$a = 10$ のとき，すなわち $y = 10^x$ の逆関数 $y = \log_{10} x$ を**常用対数**といって，実用面ではしばしば使われる.

指数関数と対数関数は互いに逆関数である[15]から，それらのグラフは直線 $y = x$ に関して対称である.

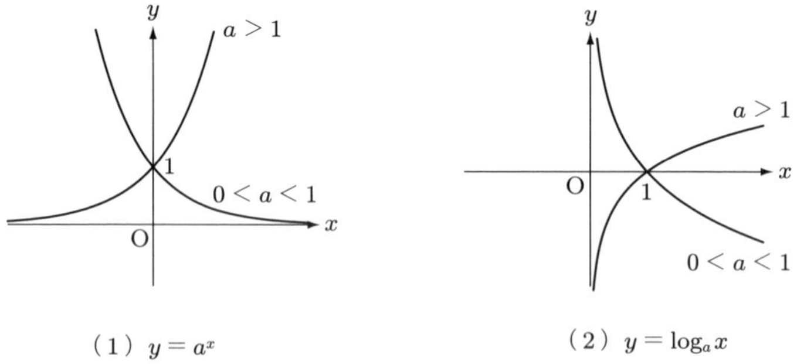

図 2.12　指数関数と対数関数のグラフ

問 2.11　$\log_a 1 = 0$，$\log_a a = 1$ を示せ.

---

13) e^x を $\exp(x)$ と表すこともある.
14) $\log x$ を $\ln x$ と書くこともある.
15) 例 2.6 (2) も参照せよ.

定理 2.16　関数 $y = \log_a x$ $(a > 0,\ a \neq 1)$ は $(0, \infty)$ で定義された連続関数であり，$a > 1$ のとき単調増加，$0 < a < 1$ のとき単調減少である．

証明　$y = a^x$ の連続性，単調性と定理 2.6 よりわかる．■

対数関数の基本性質は，以下のようである．

定理 2.17（対数関数の性質）　$x, y > 0$ に対し，

(1) $\log_a xy = \log_a x + \log_a y$.

(2) $\log_a \dfrac{y}{x} = \log_a y - \log_a x$　特に，$\log_a \dfrac{1}{x} = -\log_a x$.

(3) $\log_a x^r = r \log_a x$ $\quad (r \in \mathbb{R})$.

例 2.16

次を示せ．

(1) $\displaystyle\lim_{x \to 0} \frac{\log(1+x)}{x} = 1$　　(2) $\displaystyle\lim_{x \to 0} \frac{e^x - 1}{x} = 1$

解　(1) $y = \log x$ は連続関数である（定理 2.16）から，定理 2.17 (3) と問 2.7 も参考にすれば，

$$\lim_{x \to 0} \frac{\log(1+x)}{x} = \lim_{x \to 0} \log(1+x)^{\frac{1}{x}} = \log\left\{\lim_{x \to 0}(1+x)^{\frac{1}{x}}\right\} = \log e = 1.$$

(2) $e^x - 1 = y$ とおくと，$x = \log(1+y)$ であるから，(1) の結果を利用して

$$\lim_{x \to 0} \frac{e^x - 1}{x} = \lim_{y \to 0} \frac{y}{\log(1+y)} = 1.$$

□

(4) 逆三角関数

三角関数の逆関数を考えたい．定義域を適当に制限すれば，三角関数は連続な単調関数になるので逆関数が存在する．また，定理 2.6 により，これらは連続な単調関数となる．具体的には

$$y = \sin x \quad \left(-\frac{\pi}{2} \leqq x \leqq \frac{\pi}{2}\right) \quad \text{は連続で単調増加},$$

$$y = \cos x \quad (0 \leqq x \leqq \pi) \quad \text{は連続で単調減少},$$

$$y = \tan x \quad \left(-\frac{\pi}{2} \leqq x \leqq \frac{\pi}{2}\right) \quad \text{は連続で単調増加} \tag{2.8}$$

であるから，これらの逆関数をそれぞれ $y=\sin^{-1}x$，$y=\cos^{-1}x$，$y=\tan^{-1}x$ と書いて，**逆三角関数**という[16)]．

$$f(x)=\sin^{-1}x:\ \ [-1,1]\to\left[-\frac{\pi}{2},\frac{\pi}{2}\right],$$
$$f(x)=\cos^{-1}x:\ \ [-1,1]\to[0,\pi],$$
$$f(x)=\tan^{-1}x:\ \ (-\infty,\infty)\to\left(-\frac{\pi}{2},\frac{\pi}{2}\right).$$

逆三角関数のグラフは図 2.13 のようになる．

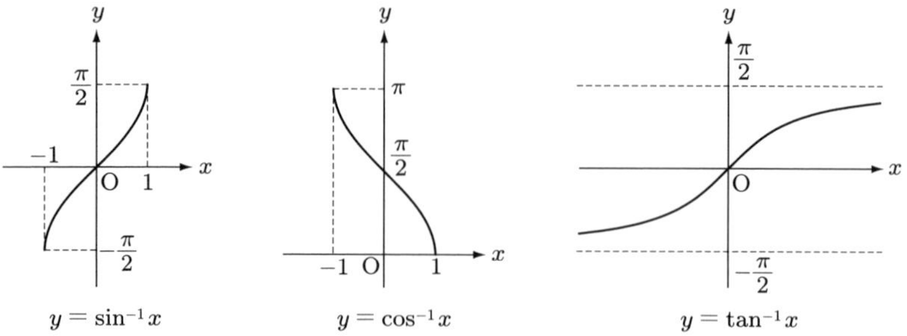

図 2.13　逆三角関数のグラフ

◆注意 8◆　1. $\sin^{-1}x$ を $\sin x$ の「逆数」$(\sin x)^{-1}=\dfrac{1}{\sin x}$ と混同しないこと．それもあって，逆三角関数をそれぞれ $\arcsin x$，$\arccos x$，$\arctan x$ と書くことも多い．なお，「逆数」を表す関数に関しては

$$\sec x=\frac{1}{\cos x},\quad \mathrm{cosec}\,x=\frac{1}{\sin x},\quad \cot x=\frac{1}{\tan x}$$

と表す[17)]．

2. 定義域を制限しなければ，$y\in[-1,1]$ に対して方程式 $y=\sin x$ を満たす x は無数にある．このような対応 $y\mapsto x$ を**多価**といい，これを $x=\sin^{-1}y$ と書いたとき，x は y の**多価関数**であるという．一般には，**関数は一価で考える**のが普通であるから，上のように定義域を制限するのである．記号の混乱を避けるために，式 (2.8) で定義した三角関数の逆関数（一価）をその**主値**といい，$\mathrm{Sin}^{-1}x$，$\mathrm{Cos}^{-1}x$，$\mathrm{Tan}^{-1}x$ と書くこともある．

例 2.17

$\sin^{-1}\dfrac{1}{2}$ の値（主値）を求めよ．

---

16) $\sin^{-1}x$，$\cos^{-1}x$，$\tan^{-1}x$ は，それぞれ「アークサイン x」，「アークコサイン x」，「アークタンジェント x」と読む．

17) $\sec x$，$\mathrm{cosec}\,x$，$\cot x$ は，それぞれ「セカント x」，「コセカント x」，「コタンジェント x」と読む．

解 $\theta = \sin^{-1}\dfrac{1}{2}$ とおくと，$\sin\theta = \dfrac{1}{2}$ $\left(-\dfrac{\pi}{2} \leqq \theta \leqq \dfrac{\pi}{2}\right)$．よって，$\theta = \dfrac{\pi}{6}$ すなわち $\sin^{-1}\dfrac{1}{2} = \dfrac{\pi}{6}$ である．□

問 2.12 次の値（主値）を求めよ．

(1) $\cos^{-1} 0$　(2) $\sin^{-1}(-1)$　(3) $\tan^{-1}\sqrt{3}$

例 2.18

$\sin^{-1} x + \cos^{-1} x = \dfrac{\pi}{2}$ となることを示せ．

解 $y = \sin^{-1} x$ とおくと，$x = \sin y$ $\left(-\dfrac{\pi}{2} \leqq y \leqq \dfrac{\pi}{2}\right)$．ここで，$\sin y = \cos\left(\dfrac{\pi}{2} - y\right)$ であるから，$x = \cos\left(\dfrac{\pi}{2} - y\right)$ $\left(-\dfrac{\pi}{2} \leqq y \leqq \dfrac{\pi}{2}\right)$．よって，$\dfrac{\pi}{2} - y = \cos^{-1} x$ $\left(0 \leqq \dfrac{\pi}{2} - y \leqq \pi\right)$．ゆえに，$\sin^{-1} x + \cos^{-1} x = y + \dfrac{\pi}{2} - y = \dfrac{\pi}{2}$．□

問 2.13 次の等式が成り立つことを示せ．

(1) $\sin^{-1} x + \sin^{-1}(-x) = 0$　(2) $\cos^{-1} x + \cos^{-1}(-x) = \pi$

(3) $\cos(\sin^{-1} x) = \sqrt{1 - x^2}$

(4) $\tan(\sin^{-1} x) = \dfrac{x}{\sqrt{1 - x^2}}$ $(-1 < x < 1)$

(5) 双曲線関数

双曲線関数とは，次の式で定義される関数のことである[18]．

$$\sinh x = \frac{e^x - e^{-x}}{2}, \quad \cosh x = \frac{e^x + e^{-x}}{2}, \quad \tanh x = \frac{\sinh x}{\cosh x}. \tag{2.9}$$

これらは実数全体で定義された連続関数であり，グラフは図 2.14 のようになる．

定義式 (2.9) より，次の関係式はすぐにわかる．

定理 2.18 (1) $\cosh^2 x - \sinh^2 x = 1$，$1 - \tanh^2 x = \dfrac{1}{\cosh^2 x}$

(2) $\sinh(x + y) = \sinh x \cosh y + \cosh x \sinh y$

(3) $\cosh(x + y) = \cosh x \cosh y + \sinh x \sinh y$

問 2.14 定理 2.18 を証明せよ．

---

18) $\sinh x$ は「ハイパボリックサイン x」と読む．他も同様である．

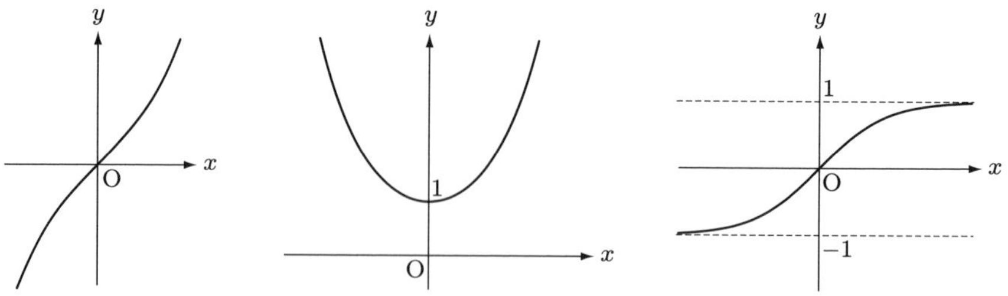

（1）$y = \sinh x$　　（2）$y = \cosh x$　　（3）$y = \tanh x$

図 2.14　双曲線関数のグラフ

◆注意 9◆　1. t を媒介変数（パラメータ）とする平面上の曲線

$$x = \cos t, \quad y = \sin t$$

が円 $x^2 + y^2 = 1$ を表しているのに対し,

$$x = \cosh t, \quad y = \sinh t \quad (-\infty < t < \infty)$$

は双曲線 $x^2 - y^2 = 1$ を表していることが定理 2.18 (1) よりわかる. これが双曲線関数という名前の由来である.

2. 電線のように密度が一様な糸の両端を固定して吊り下げたとき, その形状は双曲線関数 $y = \dfrac{e^{ax} + e^{-ax}}{2a}$ となることが知られている[19]. この曲線を**懸垂線**という（図 2.14 (2) を参照).

演習問題 2

1. 次の関数のグラフを描け.

(1) $f(x) = \sin \dfrac{1}{x}$　　(2) $y = e^{\frac{1}{x}}$　　(3) $y = \displaystyle\lim_{n \to \infty} \frac{1}{x^n + 1}$

2. 次の極限値を求めよ.

(1) $\displaystyle\lim_{x \to 0} \frac{\log_a(1+x)}{x} \quad (a > 0,\ a \neq 1)$　　(2) $\displaystyle\lim_{x \to 0} \frac{\sin bx}{\sin ax} \quad (a \neq 0)$

(3) $\displaystyle\lim_{x \to 0} \frac{\sqrt{1 + x^m} - \sqrt{1 - x^m}}{x^n} \quad (m, n \in \mathbb{N})$

3. 次の極限値を求めよ.

(1) $\displaystyle\lim_{x \to +0} \frac{e^{\frac{1}{x}} - 1}{e^{\frac{1}{x}} + 1}$　　(2) $\displaystyle\lim_{x \to -0} \frac{e^{\frac{1}{x}} - 1}{e^{\frac{1}{x}} + 1}$　　(3) $\displaystyle\lim_{x \to +0} x^x$

4. 関数 $f(x)$ の定義域 I が原点に関して対称であるとする. このとき, $\forall x \in I$ に対し $f(-x) = f(x)$ であるとき $f(x)$ を**偶関数**, $f(-x) = -f(x)$ であるとき $f(x)$ を**奇関数**という. 任意の関数 $f(x)$ に対して, 次を示せ.

---

[19] 詳しくは「力学」や「微分方程式」の教科書をみよ.

(1)　$g(x) = f(x) + f(-x)$ は偶関数，$h(x) = f(x) - f(-x)$ は奇関数.

(2)　$f(x)$ は偶関数と奇関数の和として，ただ 1 通りに表される.

5. $(-\infty, \infty)$ で定義された関数 $f(x)$ が，0 でない定数 T に対して $f(x+T) = f(x)$ $(\forall x \in (-\infty, \infty))$ を満たすとき，$f(x)$ を**周期** T をもつ**周期関数**という．T が周期なら mT（m は 0 以外の整数）もすべて $f(x)$ の周期であるが，正の周期の最小数を**基本周期**という．次の関数の（基本）周期を答えよ.

(1)　$f(x) = \tan x$　　　(2)　$f(x) = \sin x + \cos x$

6. ある区間 I で定義された連続関数 $f(x)$，$g(x)$ に対して次を示せ.
I 上のすべての有理数 x，y に対し $f(x) = g(x)$ ならば，I 上のすべての実数 x，y に対し $f(x) = g(x)$.

7. (1)　方程式 $x^n - a = 0$　$(a > 0,\ n \in \mathbb{N})$ は正の解をもつことを示せ.
(2)　実数を係数とする奇数次の代数方程式 $x^n + a_1x^{n-1} + \cdots + a_{n-1}x + a_n = 0$ は，少なくとも一つの実数解をもつことを示せ.

8. 次の式を示せ.

(1)　$\tan^{-1} x + \tan^{-1} \dfrac{1}{x} = \dfrac{\pi}{2}$　$(x > 0)$　　　(2)　$\displaystyle\lim_{x \to 0} \frac{\sin^{-1} x}{x} = 1$

9. 双曲線関数 $\sinh x$，$\cosh x$，$\tanh x$ の逆関数をそれぞれ $\sinh^{-1} x$，$\cosh^{-1} x$，$\tanh^{-1} x$ で表す．次の関係を示せ.

(1)　$\sinh^{-1} x = \log(x + \sqrt{x^2+1})$　$(x > 0)$

(2)　$\cosh^{-1} x = \pm\log(x + \sqrt{x^2-1})$　$(x \geqq 1)$

(3)　$\tanh^{-1} x = \dfrac{1}{2} \log \dfrac{1+x}{1-x}$　$(|x| < 1)$

第3章
微分法

本章において，前章の極限の考え方から，1 変数の関数に対して微分法 (微分に関する計算法) に必要な諸概念を定義する．そして，種々の微分演算を基礎に微分法の豊かな内容を学ぶ．特に，3.4 節以降の一連の平均値の定理とテイラーの定理は，微分法の応用面において基本的な役割を演じる重要な事項であることを強調しておきたい．

3.1 微分係数と導関数

本節では，微分係数を定義し，その基本的な意味，注意点などをまとめる．また，初等関数の導関数について述べる．

(1) 微分係数

$x=a$ を含む開区間で定義された関数 $f(x)$ に対して，極限値

$$\lim_{h\to 0}\frac{f(a+h)-f(a)}{h}=\alpha \tag{3.1}$$

が存在するとき，$f(x)$ は $x=a$ で**微分可能である**という．このとき，極限値 α を $f'(a)$ で表し，点 a における $f(x)$ の**微分係数**（または**微係数**）という．

$f(a+h)-f(a)$ は，x が a から $a+h$ まで変化する間の $f(x)$ の変化の量であるから，

$$\frac{f(a+h)-f(a)}{h} \tag{3.2}$$

は，x が a から $a+h$ まで変化する間の $f(x)$ の値の変化の割合を表し，**平均変化率**とよばれる．h を 0 に近づけたときの平均変化率の極限値が微分係数 $f'(a)$ である．幾何学的には，図 3.1 のように，点 $(a, f(a))$ における**接線の傾き**を表す．よって，この接線の方程式は，

$$y=f'(a)(x-a)+f(a) \tag{3.3}$$

で与えられる．

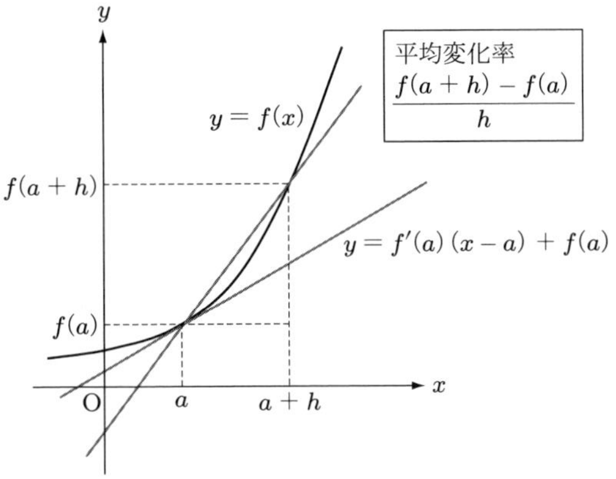

図 3.1　平均変化率と微分係数

例 3.1

$y = f(x) = x^2$ の $x = 3$ における微分係数，および接線の方程式を求めよ．

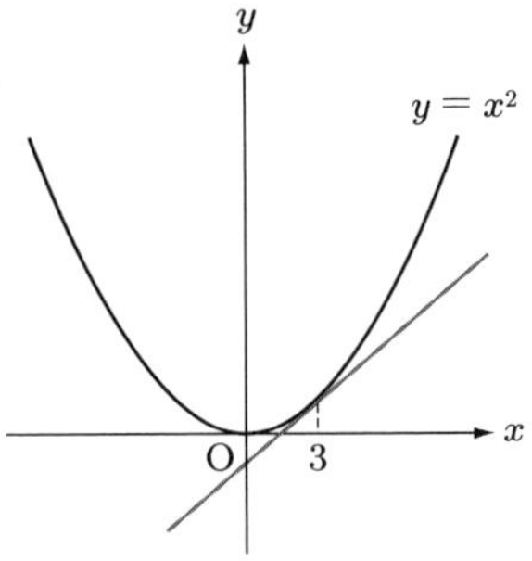

図 3.2

解　点 $x = 3$ における微分係数は，$f(3+h) - f(3) = (3+h)^2 - 3^2 = 2 \cdot 3h + h^2$ であるから，

$$f'(3) = \lim_{h \to 0} \frac{f(3+h) - f(3)}{h} = \lim_{h \to 0} \frac{2 \cdot 3h + h^2}{h} = \lim_{h \to 0}(2 \cdot 3 + h) = 2 \cdot 3 = 6$$

である．また，点 $(3, 3^2)$ における接線の方程式は，

$$y = 2 \cdot 3(x - 3) - 3^2 \quad \text{すなわち} \quad y = 6x - 9.$$

□

問 3.1　例 3.1 において，任意の点 a における微分係数および接線の方程式を求めよ．

例 3.2

$y = f(x) = |x|$ の微分可能性を調べよ．

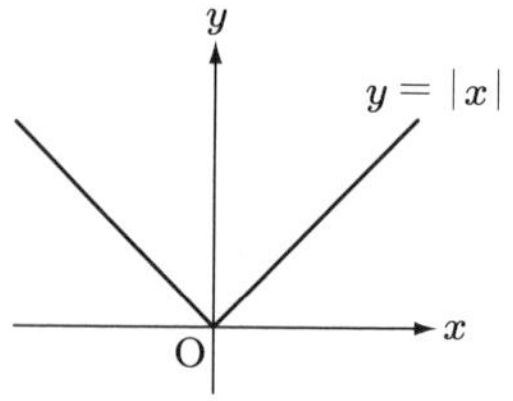

図 3.3

解　$x = 0$ における微分係数 $f'(0)$ は

$$f'(0) = \lim_{h \to 0} \frac{f(0+h) - f(0)}{h} = \lim_{h \to 0} \frac{|h| - |0|}{h} = \lim_{h \to 0} \frac{|h|}{h}$$

であるが，$\displaystyle\lim_{h \to +0} \frac{|h|}{h} = \lim_{h \to +0} \frac{h}{h} = 1$，$\displaystyle\lim_{h \to -0} \frac{|h|}{h} = \lim_{h \to -0} \frac{-h}{h} = -1$ となり $\displaystyle\lim_{h \to +0} \frac{|h|}{h} \neq \lim_{h \to -0} \frac{|h|}{h}$ であるから，$\displaystyle\lim_{h \to 0} \frac{|h|}{h}$ は存在しない．したがって，この関数は $x = 0$ で微分可能ではない．一方，$f(x)$ は $x = 0$ 以外の点では微分可能であり，$a > 0$ のとき $f'(a) = 1$，$a < 0$ のとき $f'(a) = -1$ となる．□

例 3.2 のように，$f(x)$ は必ずしも微分可能でないが，

$$\lim_{h \to +0} \frac{f(a+h) - f(a)}{h} \quad \text{あるいは} \quad \lim_{h \to -0} \frac{f(a+h) - f(a)}{h}$$

が存在するとき，これらの極限値をそれぞれ $f(x)$ の $x = a$ における右側微分係数，左側微分係数といって，$f'_+(a)$，$f'_-(a)$ などで表す．また，右側（左側）微分係数が存在するとき，関数は，**右側（左側）微分可能である**という．関数 $f(x)$ が $x = a$ で微分可能であるとは，$f(x)$ が a で右側および左側微分可能であって $f'_+(a) = f'_-(a)$ が成り立つ場合である，といいかえることができる．

(2) 導関数

区間 I で定義された関数 $f(x)$ が，I のすべての点で微分可能であるとき，$f(x)$ は区間 I で微分可能であるという．ただし，区間 I に右端点（左端点）が含まれるときには，この端点で左側（右側）微分可能であるとする．関数 $f(x)$ が区間 I で微分可能であるとき，区間 I の各点 x に対して微分係数 $f'(x)$ を対応させることにより，一つの関数が得られる．この関数を $f(x)$ の**導関数**といい，

$$f'(x),\quad y',\quad \frac{dy}{dx},\quad \frac{df}{dx},\quad \frac{df(x)}{dx},\quad \frac{df}{dx}(x)$$

などと表す．$f(x)$ の導関数を求めることを $f(x)$ を**微分する**という．

◆注意 1◆ 関数 $y=f(x)$ において，変数 x が，x から $x+h$ まで変わる間の x の値の変化 $\Delta x=(x+h)-x=h$ を x の**増分**といい，その変化にともなう y の値の変化 $\Delta y=f(x+h)-f(x)$ を y の**増分**という．このとき，導関数は，次のように定義することができる[1]．

$$f'(x)=\frac{dy}{dx}=\lim_{\Delta x\to 0}\frac{\Delta y}{\Delta x}=\lim_{h\to 0}\frac{f(x+h)-f(x)}{h}. \tag{3.4}$$

例 3.3　初等関数の導関数

次の関数の導関数は，それぞれ右側のようになることを確かめよ．

(1) $f(x)=c$ (c は定数) $\Rightarrow f'(x)=(c)'=0$ $(-\infty<x<\infty)$

(2) $f(x)=x^n$ (n は自然数) $\Rightarrow f'(x)=(x^n)'=nx^{n-1}$ $(-\infty<x<\infty)$

(3) $f(x)=\sin x$ $\Rightarrow f'(x)=(\sin x)'=\cos x$ $(-\infty<x<\infty)$

(4) $f(x)=\cos x$ $\Rightarrow f'(x)=(\cos x)'=-\sin x$ $(-\infty<x<\infty)$

(5) $f(x)=e^x$ $\Rightarrow f'(x)=(e^x)'=e^x$ $(-\infty<x<\infty)$

(6) $f(x)=\log x$ $\Rightarrow f'(x)=(\log x)'=\dfrac{1}{x}$ $(0<x<\infty)$

解 (1) $f'(x)=(c)'=\displaystyle\lim_{h\to 0}\frac{f(x+h)-f(x)}{h}=\lim_{h\to 0}\frac{c-c}{h}=0.$

(2) 任意の x に対する微分係数 $f'(x)$ は

$$\begin{aligned}f'(x)=(x^n)'&=\lim_{h\to 0}\frac{f(x+h)-f(x)}{h}=\lim_{h\to 0}\frac{(x+h)^n-x^n}{h}\\&=\lim_{h\to 0}\left\{(x+h)^{n-1}+(x+h)^{n-2}x+(x+h)^{n-3}x^2+\cdots\right.\\&\qquad\left.+(x+h)x^{n-2}+x^{n-1}\right\}\\&=\underbrace{x^{n-1}+x^{n-1}+x^{n-1}+\cdots+x^{n-1}+x^{n-1}}_{n\text{ 個}}=nx^{n-1}\end{aligned}$$

となる．ただし，$f(x)=x^n$ は連続関数であるから $\displaystyle\lim_{h\to 0}(x+h)^n=x^n$ であることを用いた．このように，$f'(x)=(x^n)'=nx^{n-1}$ を得る．

(3) 三角関数の加法定理により，$\sin x-\sin y=2\cos\dfrac{x+y}{2}\sin\dfrac{x-y}{2}$ を用いると，

$$\begin{aligned}f'(x)=(\sin x)'&=\lim_{h\to 0}\frac{f(x+h)-f(x)}{h}=\lim_{h\to 0}\frac{\sin(x+h)-\sin x}{h}\\&=\lim_{h\to 0}\frac{2}{h}\cos\left(x+\frac{h}{2}\right)\sin\frac{h}{2}\end{aligned}$$

---

1) $\dfrac{dy}{dx}$ は，ディー y，ディー x と読む．

$$= \lim_{h\to 0}\cos\left(x+\frac{h}{2}\right)\lim_{h\to 0}\frac{\sin(h/2)}{(h/2)}$$
$$= \cos x.$$

ここで，例 2.11 により $\lim_{x\to 0}\dfrac{\sin x}{x}=1$ を用いた．ゆえに，$f'(x)=(\sin x)'=\cos x$ を得る．

(4)　(3) と同様に，加法定理により $\cos x-\cos y=-2\sin\dfrac{x+y}{2}\sin\dfrac{x-y}{2}$ を用いると，

$$f'(x)=(\cos x)'=\lim_{h\to 0}\frac{\cos(x+h)-\cos x}{h}=-\lim_{h\to 0}\frac{2}{h}\sin\left(x+\frac{h}{2}\right)\sin\frac{h}{2}=-\sin x.$$

(5)　指数法則 $e^{x+h}=e^xe^h$ と $\lim_{h\to 0}\dfrac{e^h-1}{h}=1$（例 2.16 参照）を用いると，

$$f'(x)=(e^x)'=\lim_{h\to 0}\frac{f(x+h)-f(x)}{h}=\lim_{h\to 0}\frac{e^{x+h}-e^x}{h}=e^x\left(\lim_{h\to 0}\frac{e^h-1}{h}\right)=e^x.$$

(6)　$f'(x)=(\log x)'=\lim_{h\to 0}\dfrac{f(x+h)-f(x)}{h}=\lim_{h\to 0}\dfrac{\log(x+h)-\log x}{h}$

$$=\lim_{h\to 0}\frac{1}{h}\log\frac{x+h}{x}=\lim_{h\to 0}\log\left(1+\frac{h}{x}\right)^{\frac{1}{h}}=\log\left\{\lim_{h\to 0}\left(1+\frac{h}{x}\right)^{\frac{1}{h}}\right\}$$
$$=\log e^{\frac{1}{x}}=\frac{1}{x}.$$

ここで，$\log x$ が連続関数であることを用いた．また，$t=\dfrac{h}{x}$ とおくと $h\to 0$ のとき $t\to 0$ となるから，$\lim_{h\to 0}\left(1+\dfrac{h}{x}\right)^{\frac{1}{h}}=\left\{\lim_{t\to 0}(1+t)^{\frac{1}{t}}\right\}^{\frac{1}{x}}=e^{\frac{1}{x}}$（問 2.8 参照）．　□

◆注意 2◆　上記の計算結果は，各関数の定義域の任意の x について成立するから，初等関数は，その定義域全体において微分可能であるとわかる．この結果は，微分法の基礎となる重要な関係式であるから，よく理解してほしい．

問 3.2　次の関数を微分の定義に従って微分せよ．

(1)　$y=\sqrt{x}\quad(x>0)$　　(2)　$y=\dfrac{x}{2x+1}$　　(3)　$y=\dfrac{1}{\sqrt{x}}$

3.2　微分公式

ある関数が微分可能か否かを調べるには式 (3.4) の極限を調べればよいが，本節では，あらかじめ微分可能であることがわかっている関数の場合に，いかに導関数を求めるかを考える．この場合には，必ずしも式 (3.4) の定義に従って考える必要はなく，以下にあげる微分公式を利用することによって，よりやさしく導関数を求めることができる．本節の知識は導関数を求める上で不可欠である．

(1) 基本的な微分公式

定理 3.1 $y=f(x)$ が $x=a$ で微分可能であるならば，$f(x)$ は $x=a$ で連続である．

証明 $y=f(x)$ が $x=a$ で微分可能であるとすれば，

$$\begin{aligned}\lim_{h\to 0}\{f(a+h)-f(a)\} &= \lim_{h\to 0} h\cdot\frac{f(a+h)-f(a)}{h}\\ &= \left(\lim_{h\to 0} h\right)\lim_{h\to 0}\frac{f(a+h)-f(a)}{h} = 0\cdot f'(a) = 0\end{aligned}$$

である．したがって，$\displaystyle\lim_{h\to 0} f(a+h)=\lim_{x\to a} f(x)=f(a)$ が成り立ち，$y=f(x)$ は $x=a$ で連続である． ■

◆注意 3◆ この定理の逆は必ずしも成り立たない．すなわち，「連続な関数は微分可能であるとは限らない」．たとえば，$y=|x|$ は $\displaystyle\lim_{x\to 0}|x|=0=|0|$ となり $x=0$ で連続であるが，$x=0$ で微分可能ではない（例 3.2 参照）．

定理 3.2 $f(x)$ と $g(x)$ が微分可能であれば，$cf(x)$（c は定数），$f(x)\pm g(x)$，$f(x)g(x)$，$f(x)/g(x)$ $(g(x)\neq 0)$ は微分可能であり，次の公式が成り立つ．

(1) $\{cf(x)\}'=cf'(x)$

(2) $\{f(x)\pm g(x)\}'=f'(x)\pm g'(x)$ **（和・差の微分公式）**

(3) $\{f(x)g(x)\}'=f'(x)g(x)+f(x)g'(x)$ **（積の微分公式）**

(4) $\displaystyle\left\{\frac{f(x)}{g(x)}\right\}'=\frac{f'(x)g(x)-f(x)g'(x)}{\{g(x)\}^2}$ **（商の微分公式）**

証明 (1)，(2) については簡単であるから省略する[2]．

(3) については，$h\to 0$ のとき $g(x+h)\to g(x)$ であるから（定理 3.1 参照），

$$\begin{aligned}\{f(x)g(x)\}' &= \lim_{h\to 0}\frac{f(x+h)g(x+h)-f(x)g(x)}{h}\\ &= \lim_{h\to 0}\frac{f(x+h)g(x+h)-f(x)g(x+h)+f(x)g(x+h)-f(x)g(x)}{h}\\ &= \lim_{h\to 0}\left\{\frac{f(x+h)-f(x)}{h}g(x+h)\right\}+\lim_{h\to 0}\left\{f(x)\frac{g(x+h)-g(x)}{h}\right\}\\ &= f'(x)g(x)+f(x)g'(x).\end{aligned}$$

(4) についても同様に，

$$\left\{\frac{f(x)}{g(x)}\right\}'=\lim_{h\to 0}\frac{1}{h}\left\{\frac{f(x+h)}{g(x+h)}-\frac{f(x)}{g(x)}\right\}$$

---

[2] (1)，(2) が成り立っているとき，微分演算は線形性があるという．

$$= \lim_{h \to 0} \frac{1}{g(x+h)g(x)} \left\{ \frac{f(x+h)-f(x)}{h} g(x) - f(x) \frac{g(x+h)-g(x)}{h} \right\}$$

$$= \frac{f'(x)g(x)-f(x)g'(x)}{\{g(x)\}^2}. \qquad ■$$

◆注意4◆　(2) において，左辺は和をとってから微分し，右辺は微分した後に和をとっているとみなせるが，(2) は両方の結果が等しいことを示している．すなわち，和の演算と微分の演算では順序を逆に（交換）してもその結果が等しいことを示している．このような視点にたって (3) をみると，$(fg)' = f'g + fg' \neq f'g'$ であり，積の演算と微分の演算は順序が交換できないことを示している．このように，演算の順序の交換は必ずしも成り立たない．定理 3.2 は四則演算と微分演算の関係を示したものであり，重要な関係式である．

定理 3.3（合成関数の微分公式）　$y = f(u)$ が u について微分可能であり，$u = g(x)$ が x について微分可能であれば，合成関数 $y = f(g(x))$ は x について微分可能であって，次式が成り立つ．

$$\frac{dy}{dx} = \frac{dy}{du} \cdot \frac{du}{dx} = f'(g(x))g'(x).$$

証明　$g(x+h) - g(x) = k$ とおけば，
$k = 0$ ($g(x) =$ 一定) のときは

$$\frac{f(g(x+h)) - f(g(x))}{h} = \frac{f(g(x)) - f(g(x))}{h} = 0.$$

$k \neq 0$ のときは

$$\frac{f(g(x+h)) - f(g(x))}{h} = \frac{f(g(x)+k) - f(g(x))}{h} = \frac{f(u+k)-f(u)}{k} \cdot \frac{k}{h}$$
$$= \frac{f(u+k)-f(u)}{k} \cdot \frac{g(x+h)-g(x)}{h}.$$

ここで，$h \to 0$ とすれば，$g(x)$ の連続性（定理 3.1 参照）より，$k = g(x+h) - g(x) \to 0$ であるから，上式の右辺は $f'(g(x))g'(x)$ に収束する．したがって，定理は成り立つ．　■

◆注意5◆　高校で学んだ微分積分学に登場してきた関数は，そのほとんどが**初等関数の合成関数，もしくは，それらの四則演算による関数である**ことに気がついてほしい．大学において登場する関数についても，その多くは同様である．したがって，例 3.3 の**初等関数の微分，定理 3.2 および定理 3.3 を繰り返して用いる**ことで，一般に，多くの関数の導関数を求めることができる．これらの利用のしかたについての具体例を以下に述べることにする．

例 3.4

$y = (x^2 + a^2)^3$ を微分せよ．ただし，a は定数とする．

解　$y = (x^2 + a^2)^3$ は $y = u^3$ と $u = x^2 + a^2$ の合成関数とみなすことができる．し

たがって，導関数は定理 3.3 より，$y' = \dfrac{dy}{dx} = \dfrac{dy}{du} \cdot \dfrac{du}{dx}$ で計算できる．例 3.3 より，$\dfrac{dy}{du} = \dfrac{d}{du}u^3 = 3u^2 = 3(x^2 + a^2)^2$．また，定理 3.2 (2) と例 3.3 を用いて，$\dfrac{du}{dx} = (x^2 + a^2)' = (x^2)' + (a^2)' = 2x$．したがって，次式を得る．

$$y' = \frac{dy}{du} \cdot \frac{du}{dx} = 3(x^2 + a^2)^2 \cdot 2x = 6x(x^2 + a^2)^2.$$

□

例 3.5

次の関数を微分せよ．

(1) $\tan x$　(2) $\sinh x$　(3) $e^x \sin(x^2 + 1)$

解 (1) $y = \tan x = \dfrac{\sin x}{\cos x}$ であることに注意すると，定理 3.2 (4)，例 3.3 を用いて，

$$y' = \frac{(\sin x)' \cos x - \sin x (\cos x)'}{(\cos x)^2} = \frac{\cos x \cos x - \sin x(-\sin x)}{(\cos x)^2}$$
$$= \frac{1}{\cos^2 x} = \sec^2 x.$$

(2) $y = \sinh x = \dfrac{e^x - e^{-x}}{2}$ であるから，$y' = \left(\dfrac{e^x - e^{-x}}{2}\right)' = \dfrac{e^x - (-e^{-x})}{2}$
$= \dfrac{e^x + e^{-x}}{2}.$

したがって，$(\sinh x)' = \cosh x$．

(3) $y' = \{e^x \sin(x^2 + 1)\}' = (e^x)' \sin(x^2 + 1) + e^x \{\sin(x^2 + 1)\}' = e^x \{\sin(x^2 + 1) + 2x \cos(x^2 + 1)\}$．ただし，合成関数の微分法を用いて $t = x^2 + 1$ とおき，$\{\sin(x^2 + 1)\}' = \left(\dfrac{d}{dt} \sin t\right) \cdot \dfrac{d}{dx}(x^2 + 1) = 2x \cos(x^2 + 1)$ を用いた．

□

例 3.6

$$f(x) = \begin{cases} x^2 \sin \dfrac{1}{x} & (x \neq 0) \\ 0 & (x = 0) \end{cases}$$ の微分可能性を考えよ．

解 この場合は少し複雑である．$x \neq 0$ のとき，

$$f'(x) = \left(x^2 \sin \frac{1}{x}\right)' = (x^2)' \sin \frac{1}{x} + x^2 \left(\sin \frac{1}{x}\right)' = 2x \sin \frac{1}{x} - \cos \frac{1}{x}.$$

一方，$x = 0$ のときは（$f'(x)$ の原点の値は発散している），定義に従って考える必要がある．すなわち，

$$f'(0) = \lim_{h\to 0} \frac{f(0+h)-f(0)}{h} = \lim_{h\to 0} \frac{1}{h}\left(h^2 \sin\frac{1}{h} - 0\right) = \lim_{h\to 0} h\sin\frac{1}{h}.$$

ここで，$\left|\sin\frac{1}{h}\right| \leqq 1$ であるから，$h \to 0$ のとき $\left|h\sin\frac{1}{h}\right| \leqq |h| \to 0$ となる．ゆえに，$f'(0) = 0$ となる（$x \neq 0$ の場合の $f'(x)$ の原点の値と異なることに注意）．したがって，$f(x)$ は $(-\infty, \infty)$ で微分可能である． □

問 3.3　次の公式を証明せよ．

(1)　$(\log|x|)' = \dfrac{1}{x}$ $(x \neq 0)$

(2)　$f(x)$ が微分可能で $f(x) \neq 0$ ならば，$(\log|f(x)|)' = \dfrac{f'(x)}{f(x)}$

(2)　便利な微分公式

本項において，知っていると便利な定理および公式を紹介する．上手に利用すれば，微分することが効率的，かつ容易にできるようになる．

(A)　対数微分法

定理 3.4 の証明のように，関数の対数をとって微分することにより導関数を求める方法を，**対数微分法**という．べきを含む関数，有理関数，無理関数などに対して，系統的に微分する際に用いることが多い（例 3.7 参照）．

定理 3.4　α を任意の実数とするとき，$(x^\alpha)' = \alpha x^{\alpha-1}$ $(x > 0)$.

証明　$y = x^\alpha$ の両辺の対数をとれば，

$$\log y = \log x^\alpha = \alpha \log x$$

となる．この式の両辺を x について微分する．左辺の微分は合成関数の微分法より

$$\frac{d\log y}{dx} = \frac{d\log y}{dy}\cdot\frac{dy}{dx} = \frac{1}{y}\cdot y'$$

となる．また，右辺は $\dfrac{\alpha}{x}$．したがって，$\dfrac{y'}{y} = \dfrac{\alpha}{x}$ であるから，

$$y' = (x^\alpha)' = y\frac{\alpha}{x} = x^\alpha\frac{\alpha}{x} = \alpha x^{\alpha-1}.$$ ■

◆注意 6◆　対数をとることで，べきを含む関数の微分を積の微分に帰着することがポイントである．定理 3.4 は，例 3.3 (2) において，自然数 n から実数 α の場合に拡張したものである．微分の定義に従って導関数を求めてみれば，定理 3.4 の結果はそれほど自明ではないことに気がつくと思う．一般に，自然数の範囲で成り立つ結果が，必ずしも実数の範囲でも同様に成り立つとは限らない．注意して調べる必要がある．

例 3.7

次の関数を微分せよ.

(1) $y = x^x \quad (x > 0)$ (2) $y = \dfrac{x+2}{(2x+3)(x^2+1)}$

解 (1) 両辺の対数をとると, $\log y = \log x^x = x \log x$. この両辺を x について微分すると, $\dfrac{y'}{y} = (x\log x)' = \log x + x\dfrac{1}{x} = 1 + \log x$ を得る. したがって,

$$y' = (x^x)' = y(1+\log x) = x^x(1+\log x).$$

(2) 両辺の絶対値の対数をとって, 両辺を微分すると,

$$\log|y| = \log\left|\frac{x+2}{(2x+3)(x^2+1)}\right| = \log|x+2| - \log|2x+3| - \log(x^2+1)$$

$$\frac{y'}{y} = \frac{1}{x+2} - \frac{2}{2x+3} - \frac{2x}{x^2+1}$$

であるから,

$$y' = y\left(\frac{1}{x+2} - \frac{2}{2x+3} - \frac{2x}{x^2+1}\right) = -\frac{(x+1)(4x^2+11x+1)}{\{(2x+3)(x^2+1)\}^2}. \qquad \square$$

◆注意 7◆ 1. $(x^x)' = xx^{x-1} = x^x$ が誤りであることに注意せよ. 一般に, $y = x^{f(x)}$ の場合,

$$y' = \{x^{f(x)}\}' = f(x)x^{f(x)-1}\left\{1 + x\frac{f'(x)}{f(x)}\log x\right\}$$

となる. $f(x) = \alpha$ (= 一定) の場合, 定理 3.4 に一致する.

2. 有理関数に対数微分法を適用することは, 必ずしも簡単な方法となるとは限らない. しかし, 系統的に微分を実行することができるので, 単純な間違いを少なくできる可能性がある.

問 3.4 次の関数を対数微分法を用いて微分せよ.

(1) $y = \sqrt[3]{(x+1)(x-2)^2}$ (2) $y = (\tan x)^x$ (3) $y = \dfrac{(1+x)(1-2x)}{(1-x)(1+2x)}$

(B) 逆関数の微分公式

逆関数の微分法に関して次の定理が成り立つ.

定理 3.5 (逆関数の微分公式) $x = f(y)$ が微分可能な単調関数であるならば, その逆関数 $y = f^{-1}(x)$ は $f'(f^{-1}(x)) \neq 0$ を満たす点 x で微分可能であり, 次式が成り立つ.

$$\frac{dy}{dx} = \frac{1}{\dfrac{dx}{dy}}.$$

証明　$x=f(y)$ を x について微分すると，$1=\dfrac{d}{dx}f(y)=\dfrac{dy}{dx}\cdot\dfrac{d}{dy}f(y)$．また，$x=f(y)$ を y について微分すると，$\dfrac{dx}{dy}=\dfrac{d}{dy}f(y)$．したがって，$1=\dfrac{dy}{dx}\cdot\dfrac{dx}{dy}$．ゆえに，$\dfrac{dx}{dy}\neq 0$ をみたす点 x で $\dfrac{dy}{dx}=\dfrac{1}{\dfrac{dx}{dy}}$． ■

◆注意 8◆　$\dfrac{dy}{dx}$ は，y を x の関数として x で微分することを意味し，$\dfrac{dx}{dy}$ は，x を y の関数として y で微分することを意味する．

例 3.8

定理 3.5 の逆関数の微分公式を用いて，$y=\log x$ の導関数を求めよ．

解　$y=\log x\ (x>0)$ は $x=e^y$ の逆関数である．x を y の関数として y で微分すると，$\dfrac{dx}{dy}=\dfrac{d}{dy}e^y=e^y=x\neq 0$ である．したがって，定理 3.5（逆関数の微分公式）を用いて，

$$y'=(\log x)'=\frac{dy}{dx}=\frac{1}{\dfrac{dx}{dy}}=\frac{1}{e^y}=\frac{1}{x}$$

を得る．このように微分可能な関数を利用して，その逆関数の導関数を求めることができる． □

例 3.9　逆三角関数の微分

次の逆三角関数の導関数は，それぞれ右側のようになることを示せ．

(1)　$y=\sin^{-1}x\ \ (-1<x<1)\quad\Rightarrow (\sin^{-1}x)'=\dfrac{1}{\sqrt{1-x^2}}\ \ (-1<x<1)$

(2)　$y=\tan^{-1}x\ \ (-\infty<x<\infty)\Rightarrow (\tan^{-1}x)'=\dfrac{1}{1+x^2}\ \ (-\infty<x<\infty)$

解　(1)　定義域 $(-1<x<1)$ において，$y=\sin^{-1}x$ は $x=\sin y\ (-\pi/2<y<\pi/2)$ の逆関数である．したがって，定理 3.5 を用いると，$y=\sin^{-1}x$ は $-1<x<1$ で微分可能であり，

$$y'=(\sin^{-1}x)'=\frac{dy}{dx}=\frac{1}{\dfrac{dx}{dy}}=\frac{1}{\cos y}$$

を得る．ここで，y のとりうる範囲（主値）$-\pi/2<y<\pi/2$ を考慮すると，$\cos y>0$ であり，$\sin^2 y+\cos^2 y=1$ より，$\cos y=\sqrt{1-\sin^2 y}=\sqrt{1-x^2}$ を得る．ゆえに，求め

る導関数は

$$y' = (\sin^{-1} x)' = \frac{1}{\sqrt{1-x^2}} \quad (-1 < x < 1).$$

(2) 定義域 $(-\infty < x < \infty)$ において，$y = \tan^{-1} x$ は $x = \tan y$ の逆関数であるから，

$$\frac{dx}{dy} = \frac{d}{dy}\tan y = \frac{\cos^2 y + \sin^2 y}{\cos^2 y} = 1 + \tan^2 y = 1 + x^2$$

を得る．したがって，定理 3.5 より，$y = \tan^{-1} x$ は $-\infty < x < \infty$ で微分可能であり，

$$y' = (\tan^{-1} x)' = \frac{1}{1+x^2} \quad (-\infty < x < \infty).$$

□

◆**注意** 9◆　逆三角関数の導関数を求める場合には，その定義域と値域に注意する必要がある．

問 3.5　次の関数を微分せよ．ただし，a は定数とする．

(1) $y = \cos^{-1} x$　(2) $y = \cot^{-1} x$　(3) $y = \tan^{-1} \dfrac{x}{a}$

(4) $y = \left(\cos^{-1} \dfrac{x}{a}\right)^2$　(5) $y = \dfrac{1}{2}\left(x\sqrt{a^2 - x^2} + a^2 \sin^{-1} \dfrac{x}{a}\right)$

(C) パラメータ表示された関数の微分公式

半径 a の円の方程式は $x^2 + y^2 = a^2$ であるが，t をパラメータ（媒介変数）として $x = a\cos t$，$y = a\sin t$ のように表すことができる．このように，ある一つのパラメータによって関数を $x = \varphi(t)$，$y = \psi(t)$ と表すとき，**関数をパラメータ表示する**といい，以下の定理が成り立つ．

定理 3.6　$x = \varphi(t)$，$y = \psi(t)$ が微分可能であって，$\varphi(t)$ の逆関数が定義され $\varphi'(t) \neq 0$ であるとき，y は x の関数として微分可能で，次式が成り立つ．

$$\frac{dy}{dx} = \frac{\dfrac{dy}{dt}}{\dfrac{dx}{dt}} = \frac{\psi'(t)}{\varphi'(t)} \quad (\varphi'(t) \neq 0)$$

証明　$y = \psi(t)$，$t = \varphi^{-1}(x)$ であるから，合成関数の微分公式より，

$$\frac{dy}{dx} = \frac{dy}{dt} \cdot \frac{dt}{dx}.$$

ここで，逆関数の微分公式を用いると，

$$\frac{dt}{dx} = \frac{1}{\dfrac{dx}{dt}} = \frac{1}{\varphi'(t)} \qquad \therefore \ \frac{dy}{dx} = \frac{\dfrac{dy}{dt}}{\dfrac{dx}{dt}} = \frac{\psi'(t)}{\varphi'(t)}.$$

■

例 3.10

$$\begin{cases} x = r\cos t \\ y = r\sin t \end{cases} \quad (r > 0)\text{ のとき，}\ \frac{dy}{dx}\text{ を求めよ．}$$

解　$\dfrac{dx}{dt} = -r\sin t$，$\dfrac{dy}{dt} = r\cos t$ であるから，定理 3.6 を用いて

$$\frac{dy}{dx} = \frac{r\cos t}{-r\sin t} = -\cot t = -\frac{x}{y}.$$

□

問 3.6　次の式から $\dfrac{dy}{dx}$ を求めよ．

(1) $\begin{cases} x = t^2 - 2t + 2 \\ y = t - 1 \end{cases}$　(2) $\begin{cases} x = 2at \\ y = at^2 \end{cases}$ （放物線）

(3) $\begin{cases} x = t - \sin t \\ y = 1 - \cos t \end{cases}$ （サイクロイド曲線）

3.3　高階導関数

関数 $y = f(x)$ の導関数 $f'(x)$ は，x の関数である．$f'(x)$ が微分可能であるとき，これをさらに微分して $f'(x)$ の導関数 $\{f'(x)\}'$ が得られる．これを $f(x)$ の 2 階導関数といい，$f''(x)$ と書く．一般に，$n-1$ 階導関数の導関数を $f(x)$ の n **階導関数**といい，

$$y^{(n)},\quad f^{(n)}(x),\quad \frac{d^n y}{dx^n},\quad \frac{d^n f(x)}{dx^n}$$

などで表す．ここで，$f^{(0)}(x) = f(x)$ と約束し，2 階以上の導関数をまとめて**高階導関数**という．

高階導関数を求めるためには，次々に微分していくしかないことが多いが，関数の定数倍と和・差の高階導関数には，それぞれ，次の関係式が成り立つことが容易に確かめられる．

$$\{cf(x)\}^{(n)} = cf^{(n)}(x),$$

$$\{f(x) \pm g(x)\}^{(n)} = f^{(n)}(x) \pm g^{(n)}(x).$$

また，関数 $f(x)$，$g(x)$ の積の高階導関数を考えると，

$$(fg)' = f'g + fg',$$

$$(fg)'' = (f'g + fg')' = f''g + f'g' + f'g' + fg'' = f''g + 2f'g' + fg'',$$

$$(fg)^{(3)} = (f''g + 2f'g' + fg'')' = f^{(3)}g + 3f^{(2)}g^{(1)} + 3f^{(1)}g^{(2)} + fg^{(3)},$$
$$(fg)^{(4)} = f^{(4)}g + 4f^{(3)}g^{(1)} + 6f^{(2)}g^{(2)} + 4f^{(1)}g^{(3)} + fg^{(4)}$$

などを得る．ここで，$(fg)''$，$(fg)^{(3)}$，$(fg)^{(4)}$ の右辺の係数は，$(a+b)^2$，$(a+b)^3$，$(a+b)^4$ の展開式の係数（二項係数）と同じであることに注意すると，一般に次の定理を得る．

定理 3.7（ライプニッツの公式） $f(x)$，$g(x)$ がともに n 回微分可能であるとき，

$$\begin{aligned}\{f(x)g(x)\}^{(n)} &= f^{(n)}(x)g(x) + {}_nC_1 f^{(n-1)}(x)g^{(1)}(x) + \cdots \\ &\quad + {}_nC_{n-1} f^{(1)}(x)g^{(n-1)}(x) + f(x)g^{(n)}(x) \\ &= \sum_{r=0}^{n} {}_nC_r f^{(n-r)}(x)g^{(r)}(x)\end{aligned}$$

が成り立つ．ここで，${}_nC_r$ は二項係数を表す．

証明 数学的帰納法により証明する．

$(fg)' = f'g + fg'$ であるから，証明すべき式は $n = 1$ のとき成り立っている．

いま，証明すべき式が $n = k$ のとき成り立っていると仮定すれば，

$$\begin{aligned}\{f(x)g(x)\}^{(k)} &= f^{(k)}(x)g(x) + {}_kC_1 f^{(k-1)}(x)g^{(1)}(x) + \cdots \\ &\quad + {}_kC_r f^{(k-r)}(x)g^{(r)}(x) + \cdots + f(x)g^{(k)}(x)\end{aligned}$$

であり，両辺を微分すると

$$\begin{aligned}\{f(x)g(x)\}^{(k+1)} &= f^{(k+1)}(x)g(x) + (1 + {}_kC_1) f^{(k)}(x)g^{(1)}(x) \\ &\quad + ({}_kC_1 + {}_kC_2) f^{(k-1)}(x)g^{(2)}(x) + \cdots \\ &\quad + ({}_kC_{r-1} + {}_kC_r) f^{(k+1-r)}(x)g^{(r)}(x) + \cdots + f(x)g^{(k+1)}(x)\end{aligned}$$

となる．ところが，

$$\begin{aligned}{}_kC_{r-1} + {}_kC_r &= \frac{k!}{(r-1)!(k-r+1)!} + \frac{k!}{r!(k-r)!} \\ &= \frac{rk!}{r!(k-r+1)!} + \frac{(k+1-r)k!}{r!(k+1-r)!} = \frac{(k+1)!}{r!(k+1-r)!} = {}_{k+1}C_r\end{aligned}$$

であるから，これを上式に代入して，

$$\begin{aligned}\{f(x)g(x)\}^{(k+1)} &= f^{(k+1)}(x)g(x) + {}_{k+1}C_1 f^{(k)}(x)g^{(1)}(x) \\ &\quad + {}_{k+1}C_2 f^{(k-1)}(x)g^{(2)}(x) + \cdots \\ &\quad + {}_{k+1}C_r f^{(k+1-r)}(x)g^{(r)}(x) + \cdots + f(x)g^{(k+1)}(x).\end{aligned}$$

この式は，証明すべき式が $n = k + 1$ のときに成り立っていることを示している．したがって，証明すべき式は，任意の自然数 n に対して成り立つ． ■

◆**注意** 10◆　区間 I で $f(x)$ が n 回微分可能で $f^{(n)}(x)$ が連続であるとき，$f(x)$ は区間 I で C^n **級**であるという．連続関数を C^0 **級**，無限回微分可能な関数を C^∞ **級**という．C^0 級の関数と C^∞ 級の関数では，異なる性質をもっていることは容易に想像できると思う．一般に，このような観点で関数を分類すると，便利なことが多い．

例 3.11

$\sin x$ は，$(-\infty, \infty)$ で C^∞ 級の関数であることを示せ．

解　三角関数は，一般に，変形することが容易であり，微分の規則性を考慮すると

$$(\sin x)' = \cos x = \sin\left(x + \frac{\pi}{2}\right),$$

$$(\sin x)'' = \left\{\sin\left(x + \frac{\pi}{2}\right)\right\}' = \cos\left(x + \frac{\pi}{2}\right) = \sin\left(x + \frac{\pi}{2} + \frac{\pi}{2}\right)$$
$$= \sin\left(x + 2\cdot\frac{\pi}{2}\right),$$

$$(\sin x)^{(3)} = \cos\left(x + 2\cdot\frac{\pi}{2}\right) = \sin\left(x + 2\cdot\frac{\pi}{2} + \frac{\pi}{2}\right) = \sin\left(x + 3\cdot\frac{\pi}{2}\right)$$

であるから，n 階導関数は，

$$(\sin x)^{(n)} = \sin\left(x + n\cdot\frac{\pi}{2}\right) \quad (n = 0, 1, 2, \cdots)$$

と予想できる．厳密な証明は省略するが，数学的帰納法によって行うことができる．このように，$\sin x$ は $(-\infty, \infty)$ において無限回微分可能であるから，C^∞ 級の関数である．□

問 3.7　次の公式が成り立つことを示せ．

(1)　$(\cos x)^{(n)} = \cos\left(x + n\cdot\frac{\pi}{2}\right)$　　(2)　$(e^x)^{(n)} = e^x$

(3)　$(\log|x|)^{(n)} = (-1)^{(n-1)}(n-1)!\frac{1}{x^n}$

例 3.12

次の関数の n 階導関数をライプニッツの公式を用いて求めよ．

(1)　$y = x^2 e^x$　　(2)　$y = \sin x \cos x$

解　(1)　$f(x) = e^x$，$g(x) = x^2$ とおいて，ライプニッツの公式を用いると，$(e^x)^{(n)} = e^x$，$g' = 2x$，$g'' = 2$，$g^{(k)} = 0$ $(k \geqq 3)$ であるから，

$$(e^x x^2)^{(n)} = \sum_{r=0}^{n} {}_nC_r (e^x)^{(n-r)}(x^2)^{(r)} = {}_nC_0 e^x x^2 + {}_nC_1 e^x(2x) + {}_nC_2 e^x 2$$
$$= e^x\{x^2 + 2nx + n(n-1)\}.$$

(2) $f=\sin x$, $g=\cos x$ とおくと, $f^{(n-r)}=\sin\left\{x+(n-r)\cdot\dfrac{\pi}{2}\right\}$, $g^{(r)}=\cos\left(x+r\cdot\dfrac{\pi}{2}\right)$ であるから,

$$
\begin{aligned}
(\sin x\cos x)^{(n)} &= \sum_{r=0}^{n} {}_nC_r \sin\left\{x+(n-r)\cdot\frac{\pi}{2}\right\}\cos\left(x+r\cdot\frac{\pi}{2}\right) \\
&= \sum_{r=0}^{n} {}_nC_r \frac{1}{2}\left\{\sin\left(2x+n\cdot\frac{\pi}{2}\right)+\sin\left(n\cdot\frac{\pi}{2}-r\pi\right)\right\} \\
&= \sum_{r=0}^{n} {}_nC_r \frac{1}{2}\left\{\sin\left(2x+n\cdot\frac{\pi}{2}\right)+\left(\sin n\cdot\frac{\pi}{2}\right)(-1)^r\right\} \\
&= \frac{1}{2}\sin\left(2x+n\cdot\frac{\pi}{2}\right)\sum_{r=0}^{n} {}_nC_r + \sin n\cdot\frac{\pi}{2}\sum_{r=0}^{n} {}_nC_r(-1)^r.
\end{aligned}
$$

ここで, $(1+x)^n=\sum\limits_{r=0}^{n} {}_nC_r x^r$ において, $x=1$ および $x=-1$ とおくと, それぞれ $\sum\limits_{r=0}^{n} {}_nC_r=2^n$, $\sum\limits_{r=0}^{n} {}_nC_r(-1)^r=0$ を得る. ゆえに,

$$
(\sin x\cos x)^{(n)}=\left\{\frac{1}{2}\sin\left(2x+n\cdot\frac{\pi}{2}\right)\right\}2^n=2^{n-1}\sin\left(2x+n\cdot\frac{\pi}{2}\right).
$$

別解 三角関数の性質を用いて, $\sin x\cos x=\dfrac{1}{2}\sin 2x$ であることに注意すると,

$$
\begin{aligned}
(\sin x\cos x)' &= \left(\frac{1}{2}\sin 2x\right)'=\frac{1}{2}\cdot 2\cos 2x=\frac{1}{2}\cdot 2\sin\left(2x+\frac{\pi}{2}\right), \\
(\sin x\cos x)'' &= \left\{\frac{1}{2}\cdot 2\sin\left(2x+\frac{\pi}{2}\right)\right\}'=\frac{1}{2}\cdot 2^2\sin\left(2x+2\cdot\frac{\pi}{2}\right), \\
&\ \ \vdots \\
(\sin x\cos x)^{(n)} &= \frac{1}{2}2^n\sin\left(2x+n\cdot\frac{\pi}{2}\right)=2^{n-1}\sin\left(2x+n\cdot\frac{\pi}{2}\right)
\end{aligned}
$$

と求めることができる. 一般に, 公式は便利であるが, 公式を用いることが "最良" の方法であるとは限らないことに注意するべきである. □

例 3.13

$y=\sin^{-1}x$ の高階導関数について, 漸化式

$$
(1-x^2)y^{(n+2)}-(2n+1)xy^{(n+1)}-n^2y^{(n)}=0 \quad (n\geqq 0)
$$

が成り立つことを示せ.

解 $y'=\dfrac{1}{\sqrt{1-x^2}}$, $y''=\left\{(1-x^2)^{-\frac{1}{2}}\right\}'=\dfrac{1}{1-x^2}\dfrac{x}{\sqrt{1-x^2}}$ であるから, $(1-x^2)y''=$

xy' を得る．ライプニッツの公式を用いて，両辺を n 回微分すると，

$$(1-x^2)y^{(n+2)} + {}_nC_1(1-x^2)'y^{(n+1)} + {}_nC_2(1-x^2)''y^{(n)} = xy^{(n+1)} + {}_nC_1(x)'y^{(n)}.$$

したがって，$(1-x^2)y^{(n+2)} - (2n+1)xy^{(n+1)} - n^2y^{(n)} = 0$ $(n \geqq 0)$ を得る．ここで，$x=0$ とおけば，$y^{(n+2)}(0) = n^2y^{(n)}(0)$，また，$y(0) = \sin^{-1} 0 = 0, y'(0) = 1$ であるから，

$$y^{(n)}(0) = \begin{cases} (n-2)^2(n-4)^2 \cdots 3^2 \cdot 1^2 & (n：奇数) \\ 0 & (n：偶数). \end{cases}$$ □

問 3.8 次の関数の n 階導関数を求めよ．

(1) $\dfrac{1}{1-x^2}$ (2) $(x^2+1)e^x$ (3) $x \log x$ (4) $e^x \sin x$ (5) $\sin^2 x$

3.4 平均値の定理とその応用

平均値の定理は，関数の局所的な「ふるまい」と大域的なそれとをつなぐものであり，微積分学の応用や定理の証明（3.5 節，3.6 節参照）などでしばしば用いられる．その応用として，不定形の極限値を求める際に有用な方法を紹介する．

(1) 平均値の定理

定理 3.8（ロルの定理） 関数 $y = f(x)$ が閉区間 $[a,b]$ で連続，開区間 (a,b) で微分可能，かつ $f(a) = f(b)$ であるならば，$f'(c) = 0$ $(a < c < b)$ を満たす c が存在する．

証明 $f(x)$ は $[a,b]$ で連続で，$f(a) = f(b)$ であるから，定理 2.5 によって (a,b) 内の適当な点 c で最大値 M または最小値 m をとる．

$f(x)$ が定数なら，常に $f'(x) = 0$ だから，明らかに定理は成り立つ．$f(x)$ が定数でなければ，最大値，最小値の一方は $f(a)$ と異なる．これを $f(c)$ とすると，$c \neq a$，$c \neq b$ だから，$a < c < b$．また，(a,b) で微分可能だから $f'(c)$ が存在し，

$$f'(c) = \lim_{h \to +0} \frac{f(c+h) - f(c)}{h} = \lim_{h \to -0} \frac{f(c+h) - f(c)}{h}.$$

$f(c)$ が最大値であるときは，

$$\lim_{h \to +0} \frac{f(c+h) - f(c)}{h} \leqq 0, \quad \lim_{h \to -0} \frac{f(c+h) - f(c)}{h} \geqq 0$$

である．したがって，$f'(c) = f'_+(c) = f'_-(c) = 0$．また，$f(c)$ が最小値のときも同様である．

■

◆注意 11◆ 定理 3.8 は，図 3.4 (1) のように x 軸に平行な $f(x)$ のグラフの接線が引けることを意味する．c は 1 個とは限らず，また c の位置の特定はできない．条件を満たす c が 1 個以上存在するということを保証する存在定理である．図 3.4 (1) から，点 a，b では微分できなくてもよいことがわかり，図 3.4 (2) から，(a, b) で微分可能という仮定が必要なことがわかる．

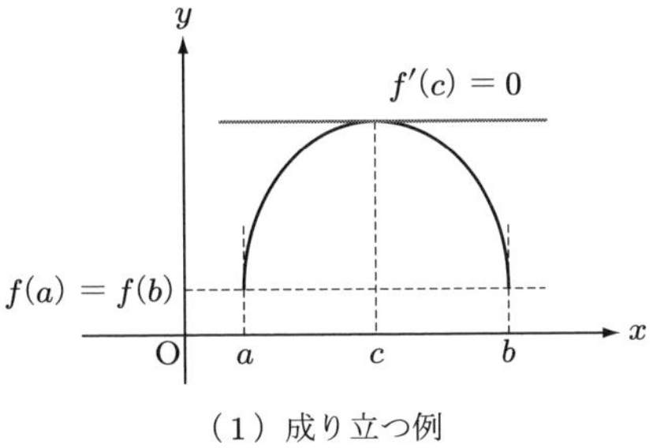

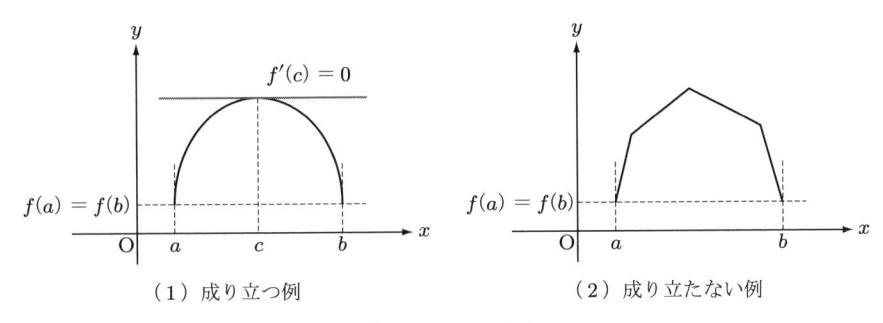

図 3.4 ロルの定理

定理 3.8 のロルの定理から，さらに二つの定理を得る．

定理 3.9（ラグランジュの平均値の定理） 関数 $y = f(x)$ が閉区間 $[a, b]$ で連続，開区間 (a, b) で微分可能であるならば，

$$\frac{f(b) - f(a)}{b - a} = f'(c) \quad (a < c < b)$$

を満たす c が存在する．

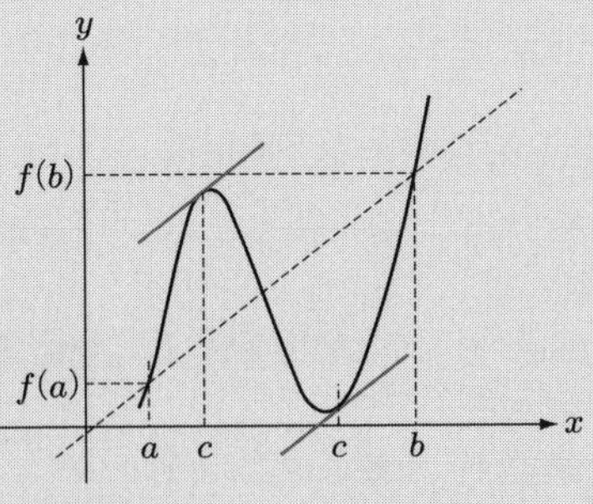

図 3.5 ラグランジュの平均値の定理

証明 $F(x) = f(x) - f(a) - k(x - a)$.

ただし，$k = \dfrac{f(b) - f(a)}{b - a}$ を考えると，$F(x)$ は $[a, b]$ で連続，(a, b) で微分可能であり，かつ，$F(a) = F(b) = 0$ であるから，定理 3.8 のロルの定理の条件をすべて満足する．

したがって，$F'(c) = 0$ $(a < c < b)$．つまり，$F'(c) = f'(c) - k = 0$ $(a < c < b)$ となる c が存在する． ■

◆注意 12◆　平均値の定理を以下のように変形しておくと，便利なことが多い．$b = a + h$ とおくと，c は $a < c < b$ なる数であるから，θ $(0 < \theta < 1)$ を用いて，$c = a + \theta h$ と書くことができる．したがって，平均値の定理は

$$f(a+h) = f(a) + f'(a+\theta h)h \quad (0 < \theta < 1) \tag{3.5}$$

と表すことができる．いったんこのように書くと，$b < a$ のときにも定理は成立し，$h < 0$ でもよい．

定理 3.10（コーシーの平均値の定理）　二つの関数 $f(x)$，$g(x)$ が $[a, b]$ で連続で，(a, b) で微分可能であるとする．また，(a, b) において $g'(x) \neq 0$ とすれば，

$$\frac{f(b) - f(a)}{g(b) - g(a)} = \frac{f'(c)}{g'(c)} \quad (a < c < b)$$

となる c が存在する．

証明　$g(b) - g(a) \neq 0$ であることに注意する（$g(b) = g(a)$ であるとすると，ロルの定理により $g'(c) = 0$ となる c $(a < c < b)$ が存在することになり $g'(x) \neq 0$ に反する）．ここで，$k = \dfrac{f(b) - f(a)}{g(b) - g(a)}$ とおいて $F(x) = f(x) - f(a) - k\{g(x) - g(a)\}$ を考える．$F(x)$ は $[a, b]$ で連続で，(a, b) で微分可能であり，かつ，$F(a) = F(b) = 0$ を満たすから，ロルの定理より

$$F'(c) = f'(c) - kg'(c) = 0 \quad (a < c < b)$$

となる c が存在する．したがって，定理は証明された．■

◆注意 13◆　$g(x) = x$ とすれば，通常の平均値の定理となる（定理 3.9 参照）．

(2)　不定形の極限値

関数 $f(x), g(x)$ が点 $x = a$ を含む小さな開区間（これを点 a の**近傍**という）で定義されていて，$x \to a$ のとき $f(x) \to 0$，$g(x) \to 0$ となるならば，$\dfrac{f(x)}{g(x)}$ は $x \to a$ のとき形式的に $\dfrac{0}{0}$ となる．このように，$x \to a$ のとき，極限値が形式的に

$$\frac{0}{0}, \quad \frac{\infty}{\infty}, \quad 0 \cdot \infty, \quad \infty - \infty, \quad 1^{\infty}, \quad 0^0, \quad \infty^0$$

などの形になるとき，これらの極限値を**不定形**という．不定形の極限値に対して，以下の定理は有用である．

定理 3.11（ロピタルの定理）　$f(x)$，$g(x)$ は a を含む区間で連続，$x \neq a$ で微分可能であり $g'(x) \neq 0$ とする．$x \to a$ のとき $f(x) \to 0$，$g(x) \to 0$ であり，$\displaystyle\lim_{x \to a} \frac{f'(x)}{g'(x)}$ が存在するならば，次の等式が成り立つ．

$$\lim_{x\to a}\frac{f(x)}{g(x)}=\lim_{x\to a}\frac{f'(x)}{g'(x)}.$$

証明 コーシーの平均値の定理（定理 3.10）より，

$$\frac{f(a+h)-f(a)}{g(a+h)-g(a)}=\frac{f'(a+\theta h)}{g'(a+\theta h)}\quad(0<\theta<1)$$

が成り立つ．また，$f(a)=g(a)=0$ であるから，

$$\frac{f(a+h)}{g(a+h)}=\frac{f'(a+\theta h)}{g'(a+\theta h)}\quad(0<\theta<1).$$

$x\to a$ のとき $h\to 0$ であるから，定理が成り立つ． ■

定理 3.11 のロピタルの定理は，$x\to a$ の代わりに $x\to a\pm 0$，$x\to\pm\infty$ とした場合にも成り立つ．また，$x\to a$ のとき $f(x)\to\infty$，$g(x)\to\infty$ と発散する場合，$\dfrac{f(x)}{g(x)}$ は $\dfrac{\infty}{\infty}$ の形の不定形になるが，この場合に対して，次の定理が成り立つ（証明は省略する）．

定理 3.12 $f(x)$，$g(x)$ は a を含む区間で連続，$x\neq a$ で微分可能であり，$g'(x)\neq 0$ とする，$x\to a$ のとき $f(x)\to\infty$，$g(x)\to\infty$ であり，$\displaystyle\lim_{x\to a}\frac{f'(x)}{g'(x)}$ が存在するならば，次の等式が成り立つ．

$$\lim_{x\to a}\frac{f(x)}{g(x)}=\lim_{x\to a}\frac{f'(x)}{g'(x)}.$$

例 3.14

次の極限値（不定形）を求めよ．

(1) $\displaystyle\lim_{x\to 0}\frac{1-\cos x}{x^2}$　　(2) $\displaystyle\lim_{x\to\infty}\frac{x^n}{e^x}$（$n$ は自然数）

(3) $\displaystyle\lim_{x\to 1}\left(\frac{1}{\log x}-\frac{x}{x-1}\right)$　　(4) $\displaystyle\lim_{x\to +0}x^x$

解 (1) $x\to 0$ のとき $1-\cos x\to 0$ であるから，$\dfrac{1-\cos x}{x^2}$ の極限値は $\dfrac{0}{0}$ の形の不定形である．したがって，定理 3.11 のロピタルの定理を適用することができ，

$$\lim_{x\to 0}\frac{1-\cos x}{x^2}=\lim_{x\to 0}\frac{(1-\cos x)'}{(x^2)'}=\lim_{x\to 0}\frac{\sin x}{2x}$$

を得る．ところが，$\displaystyle\lim_{x\to 0}\frac{\sin x}{2x}$ は再び $\dfrac{0}{0}$ の形の不定形の極限値である．ロピタルの定理は

条件（不定形）を満たす限り適用できるので，再び用いて

$$\lim_{x\to 0}\frac{1-\cos x}{x^2}=\lim_{x\to 0}\frac{\sin x}{2x}=\lim_{x\to 0}\frac{(\sin x)'}{(2x)'}=\lim_{x\to 0}\frac{\cos x}{2}=\frac{1}{2}.$$

(2) $\displaystyle\lim_{x\to\infty}\frac{x^n}{e^x}$ は $\dfrac{\infty}{\infty}$ の形の不定形である．定理 3.12 を用いて

$$\lim_{x\to\infty}\frac{x^n}{e^x}=\lim_{x\to\infty}\frac{(x^n)'}{(e^x)'}=\lim_{x\to\infty}\frac{nx^{n-1}}{e^x}.$$

これは再び不定形の極限値である．定理 3.12 を繰り返し用いて，

$$\lim_{x\to\infty}\frac{x^n}{e^x}=\lim_{x\to\infty}\frac{(x^n)'}{(e^x)'}=\lim_{x\to\infty}\frac{nx^{n-1}}{e^x}=\lim_{x\to\infty}\frac{n(n-1)x^{n-2}}{e^x}=\cdots$$
$$=\lim_{x\to\infty}\frac{n(n-1)\cdots 2\cdot 1}{e^x}=0.$$

(3) $\displaystyle\lim_{x\to 1}\left(\frac{1}{\log x}-\frac{x}{x-1}\right)$ は $\infty-\infty$ の形の不定形である．このような場合は，適当な変形を行って $\dfrac{0}{0}$，もしくは $\dfrac{\infty}{\infty}$ の形の不定形にしてロピタルの定理を用いる．この場合，たとえば通分して $\dfrac{0}{0}$ にし，

$$\lim_{x\to 1}\left(\frac{1}{\log x}-\frac{x}{x-1}\right)=\lim_{x\to 1}\frac{x-1-x\log x}{(x-1)\log x}=\lim_{x\to 1}\frac{(x-1-x\log x)'}{\{(x-1)\log x\}'}$$
$$=\lim_{x\to 1}\frac{-x\log x}{x-1+x\log x}=\lim_{x\to 1}\frac{(-x\log x)'}{(x-1+x\log x)'}$$
$$=-\lim_{x\to 1}\frac{1+\log x}{2+\log x}=-\frac{1}{2}.$$

(4) $\displaystyle\lim_{x\to+0}x^x$ は 0^0 の形の不定形である．この場合，$y=\displaystyle\lim_{x\to+0}x^x$ とおいて両辺の対数をとると，

$$\log y=\log\left(\lim_{x\to+0}x^x\right)=\lim_{x\to+0}\log x^x=\lim_{x\to+0}x\log x=\lim_{x\to+0}\frac{\log x}{\dfrac{1}{x}}$$

と変形でき，$\log y$ が $\dfrac{\infty}{\infty}$ の形の不定形の極限値になる．したがって，

$$\log y=\lim_{x\to+0}\frac{(\log x)'}{\left(\dfrac{1}{x}\right)'}=\lim_{x\to+0}\left(-\frac{x^2}{x}\right)=0.$$

ゆえに，$y=\displaystyle\lim_{x\to+0}x^x=e^0=1.$ □

問 3.9　次の極限値を求めよ．

(1) $\displaystyle\lim_{x\to 0}\frac{x-\log(1+x)}{x^2}$　(2) $\displaystyle\lim_{x\to 0}\frac{a^x-b^x}{x}$ $(a>0,\ b>0)$　(3) $\displaystyle\lim_{x\to 0}\frac{\sin^{-1}x}{x}$

(4) $\displaystyle\lim_{x\to+0}\left(\frac{1}{\sin^2 x}-\frac{1}{x^2}\right)$　(5) $\displaystyle\lim_{x\to 1}\frac{x^{\frac{1}{n}}-1}{x-1}$（$n$ は自然数）　(6) $\displaystyle\lim_{x\to 1}x^{\frac{1}{1-x}}$

3.5 テイラーの定理とその応用

テイラーの定理およびテイラー展開は，微分学および理工学の応用上，非常に重要である．まず，その意味について概略を述べる．

いま，公比 x $(x \neq 1)$，初項 1 の等比数列の和 S_n

$$S_n = 1 + x + x^2 + x^3 + \cdots + x^{n-1} = \sum_{k=0}^{n-1} x^k = \frac{1 - x^n}{1 - x}$$

を考える．これを

$$\begin{aligned}\frac{1}{1-x} &= 1 + x + x^2 + x^3 + \cdots + x^{n-1} + \frac{x^n}{1-x} \\ &= 1 + x + x^2 + x^3 + \cdots + x^{n-1} + R_n \end{aligned} \tag{3.6}$$

と書きかえると，関数 $f(x) = \dfrac{1}{1-x}$ が x^n の和，すなわち，多項式の和とその差分 R_n によって表されたとみなすことができる（定理 3.13 テイラーの定理を参照）．ここで，x が小さければ $(0 < x < 1)$，$x > x^2 > x^3 > \cdots > x^n$ であるから，n が大きければ大きいほど $|R_n| = \left|\dfrac{x^n}{1-x}\right|$ は小さくなる．すなわち，式 (3.6) は $f(x) = \dfrac{1}{1-x}$ の一つの**近似値（近似式）**を与える．たとえば，$x \ll 1$ の場合，

$$\frac{1}{1-x} \approx 1 + x \tag{3.7}$$

（$\approx$ は近似を表す記号である）のようにみなすことができ，関数の取り扱いが容易になる．これを，関数を**近似する**という（一定の条件の下で，妥当な近似値を求めることは，理工学における応用において重要な課題となる）．さらに，$n \to \infty$ の極限を考えると，

$$\lim_{n\to\infty} R_n = \lim_{n\to\infty} \frac{x^n}{1-x} = \begin{cases} 0 & (0 < x < 1) \\ \infty & (1 < x) \end{cases} \tag{3.8}$$

となるから，$0 < x < 1$ のとき，

$$\frac{1}{1-x} = 1 + x + x^2 + x^3 + \cdots + x^{n-1} + \cdots = \sum_{k=0}^{\infty} x^k \quad (0 < x < 1) \tag{3.9}$$

を得る．このように表されるとき，関数はテイラー展開可能であるという．すべての関数が式 (3.9) のように表されるわけではないが（実際，$x > 1$ では式 (3.9) は成立しない），どのような場合に式 (3.6)，(3.9) のようになるのかを以下に述べる．

◆注意 14◆　式 (3.9) において，右辺の無限個の和（無限級数）の収束は，$0 < x < 1$ の範囲でのみ成立する．このような範囲は重要であり，級数の**収束半径**という．

(1) テイラーの定理

定理 3.13（テイラーの定理）　関数 $y=f(x)$ について，$f^{(n-1)}(x)$ は閉区間 $[a,b]$ で連続で，開区間 (a,b) において $f^{(n)}(x)$ が存在するとき，

$$f(b)=f(a)+f'(a)(b-a)+\frac{f''(a)}{2!}(b-a)^2+\cdots$$
$$+\frac{f^{(n-1)}(a)}{(n-1)!}(b-a)^{n-1}+R_n$$

$$R_n=\frac{f^{(n)}(c)}{n!}(b-a)^n \quad (a<c<b)$$

となる c が存在する．

証明　いま，関数

$$F(x)=f(b)-\left\{f(x)+f'(x)(b-x)+\frac{f''(x)}{2!}(b-x)^2+\cdots\right.$$
$$\left.+\frac{f^{(n-1)}(x)}{(n-1)!}(b-x)^{n-1}+k(b-x)^n\right\}$$

を考える．ただし，k は定数である．明らかに，$F(b)=0$ である．ここで，$F(a)=0$ となるように k を定めることができる．このような k を用いることにすれば，$F(b)=F(a)=0$ であるから，定理 3.8 をあてはめれば，(a,b) 上に c が存在して，$F'(c)=0$ となる．ところが，

$$F'(x)=-f'(x)-\{-f'(x)+f''(x)(b-x)\}-\left\{-f''(x)(b-x)+\frac{f'''(x)}{2!}(b-x)^2\right\}-\cdots$$
$$-\left\{-\frac{f^{(n-1)}(x)}{(n-2)!}(b-x)^{n-2}+\frac{f^{(n)}(x)}{(n-1)!}(b-x)^{n-1}\right\}+nk(b-x)^{n-1}$$
$$=\left\{-\frac{f^{(n)}(x)}{(n-1)!}+nk\right\}(b-x)^{n-1}$$

であるから，$F'(c)=0$ によって $k=-\dfrac{f^{(n)}(c)}{n!}$ となる．ここで，$b-c\neq 0$ を利用した．この k を $F(a)=0$ を表す式に代入すれば，証明するべき式が得られる．■

◆注意 15◆　1. 定理 3.9 の平均値の定理は，テイラーの定理において $n=1$ とした場合である．

2. 式 (3.5) の平均値の定理と同様に，テイラーの定理を以下のように変形することができる．

$$f(a+h)=f(a)+f'(a)h+\frac{f''(a)}{2!}h^2+\cdots+\frac{f^{(n-1)}(a)}{(n-1)!}h^{n-1}+R_n,$$
$$R_n=\frac{f^{(n)}(a+\theta h)}{n!}h^n \quad (0<\theta<1). \tag{3.10}$$

ここで，R_n を**ラグランジュの剰余**という．

3. 式 (3.10) は，いつでも可能であるようにみえるが，剰余項 R_n が $f(x)$ の導関数のみで与えられていることが重要である．

4. 剰余項 R_n には，いくつかの表式がある．定積分（第 4 章参照）を用いて

$$R_n = \frac{1}{(n-1)!}\int_0^x (x-t)^{n-1} f^{(n)}(t)\,dt$$

と書くこともできる（演習問題 3 の 11 参照）．たとえば，$f(x) = \dfrac{1}{1-x}$ とすると，式 (3.6) と一致する．

定理 3.13 のテイラーの定理において $a = 0$ とした場合を，特に，**マクローリンの定理**といい，以下が成立する．

定理 3.14（マクローリンの定理）　関数 $f(x)$ が $x = 0$ の近傍で n 回微分可能であれば，この近傍内にある x に対して，次式が成立する．

$$f(x) = f(0) + f'(0)x + \frac{f''(0)}{2!}x^2 + \cdots + \frac{f^{(n-1)}(0)}{(n-1)!}x^{n-1} + R_n,$$

$$R_n = \frac{f^{(n)}(\theta x)}{n!}x^n \quad (0 < \theta < 1).$$

例 3.15

$f(x) = e^x$ にマクローリンの定理を適用せよ．

解　問 3.7 (2) より，$f^{(n)}(x) = e^x$ であるから，$f^{(n)}(0) = 1$．したがって，定理 3.14 を用いて

$$\begin{aligned} f(x) = e^x &= f(0) + f'(0)x + \frac{f''(0)}{2!}x^2 + \cdots + \frac{f^{(n-1)}(0)}{(n-1)!}x^{n-1} + R_n, \\ &= 1 + x + \frac{1}{2!}x^2 + \cdots + \frac{1}{(n-1)!}x^{n-1} + R_n, \end{aligned}$$

$$R_n = \frac{f^{(n)}(\theta x)}{n!}x^n = \frac{e^{\theta x}}{n!}x^n \quad (0 < \theta < 1).$$

したがって，マクローリンの定理を適用して，$|x| < \infty$ において次式を得る．

$$e^x = 1 + x + \frac{x^2}{2!} + \frac{x^3}{3!} + \cdots + \frac{x^{n-1}}{(n-1)!} + R_n, \quad R_n = \frac{e^{\theta x}}{n!}x^n \quad (0 < \theta < 1). \ \square$$

例 3.16

$f(x) = \sin x$ にマクローリンの定理を適用せよ．

解　$f^{(n)}(x) = \sin\left(x + n \cdot \dfrac{\pi}{2}\right)$ であることを考慮すると，$f^{(2n)}(\theta x) = \sin\left(\theta x + 2n \cdot \dfrac{\pi}{2}\right) =$

$(-1)^n \sin\theta x$. また，

$$f^{(2n+1)}(0) = \sin\left\{(2n+1)\cdot\frac{\pi}{2}\right\} = (-1)^n,$$

$$f^{(2n)}(0) = \sin(2n\pi) = 0 \quad (n = 0, 1, 2, \cdots)$$

となるから，マクローリンの定理によって，次式を得る．

$$\sin x = x - \frac{x^3}{3!} + \frac{x^5}{5!} + \cdots + (-1)^{n-1}\frac{x^{2n-1}}{(2n-1)!} + R_{2n} \quad (|x| < \infty),$$

$$R_{2n} = (-1)^n \frac{\sin\theta x}{(2n)!}x^{2n} \quad (0 < \theta < 1).$$

□

問 3.10　マクローリンの定理を適用して，次の関係式を示せ．

(1) $\cos x = 1 - \dfrac{x^2}{2!} + \dfrac{x^4}{4!} + \cdots + (-1)^{n-1}\dfrac{x^{2n}}{(2n)!} + R_{2n+1} \quad (|x| < \infty),$

$R_{2n+1} = (-1)^{n+1}\dfrac{x^{2n+1}}{(2n+1)!}\cos\left(\theta x + \dfrac{\pi}{2}\right) = (-1)^{n+1}\dfrac{x^{2n+1}}{(2n+1)!}\sin\theta x \quad (0 < \theta < 1).$

(2) $(1+x)^\alpha = 1 + \alpha x + \dfrac{\alpha(\alpha-1)}{2!}x^2 + \cdots + \dfrac{\alpha(\alpha-1)\cdots(\alpha-n+2)}{(n-1)!}x^{n-1} + R_n,$

$R_n = \dfrac{\alpha(\alpha-1)\cdots(\alpha-n+1)}{n!}(1+\theta x)^{\alpha-n}x^n \quad (0 < \theta < 1).$

ただし，$x > -1$，α は任意の実数とする．

(3) $\log(1+x) = x - \dfrac{x^2}{2} + \dfrac{x^3}{3} - \cdots + (-1)^{n-2}\dfrac{x^{n-1}}{n-1} + R_n \quad (x > -1),$

$R_n = \dfrac{(-1)^{n-1}}{n}\left(\dfrac{x}{1+\theta x}\right)^n \quad (0 < \theta < 1).$

(2)　テイラー展開とその応用

定理 3.13 のテイラーの定理において，もし，関数 $f(x)$ が $x = a$ を含む区間で無限回微分可能（C^∞ 級）で，かつ $\lim_{n\to\infty} R_n = \lim_{n\to\infty}\dfrac{f^{(n)}(c)}{n!}(x-a)^n = 0$ となるならば，

$$f(x) = f(a) + f'(a)(x-a) + \frac{f''(a)}{2!}(x-a)^2 + \cdots + \frac{f^{(n)}(a)}{n!}(x-a)^n + \cdots$$
$$= \sum_{n=0}^{\infty}\frac{f^{(n)}(a)}{n!}(x-a)^n$$

が得られる．ただし，$b = x$ とした．このとき，$f(x)$ は**点 a のまわり**（$x = a$ **を含む区間**）で**テイラー展開可能**または**べき級数展開可能**といい，上式の右辺を $f(x)$ の点 a のまわりでの**テイラー展開**または**べき級数展開**という．また，$a = 0$ とすると，

$$f(x) = f(0) + f'(0)x + \frac{f''(0)}{2!}x^2 + \cdots + \frac{f^{(n)}(0)}{n!}x^n + \cdots = \sum_{n=0}^{\infty}\frac{f^{(n)}(0)}{n!}x^n$$

を得る．これを特に，$f(x)$ の**マクローリン展開**という．次の定理が成り立つ．

定理 3.15 関数 $f(x)$ は $(-R, R)$ で無限回微分可能であるとする．x と n に無関係な M が存在して

$$|f^{(n)}(x)| \leqq M$$

が成り立てば，$f(x)$ はマクローリン展開可能である．

証明 ラグランジュの剰余 R_n について

$$|R_n| = \left| \frac{f^{(n)}(\theta x)}{n!} x^n \right| \leqq M \frac{|x|^n}{n!}$$

が成り立つ．ここで，$\displaystyle\lim_{n\to\infty} \frac{|x|^n}{n!} = 0$ を示す．自然数 N を $|x| \leqq N$ となるようにとる．$n \geqq N+1$ となる自然数 n に対して $n = N + m$（m は自然数）とおけば，

$$\frac{|x|^n}{n!} \leqq \frac{N^{N+m}}{(N+m)!} = \frac{N^{N+1} \cdot N^{m-1}}{(N+m)\underbrace{(N+m-1)\cdots(N+1)}_{m-1\text{ 個}}N!}$$

$$= \frac{1}{N+m} \frac{1}{\left(1 + \dfrac{m-1}{N}\right) \cdots \left(1 + \dfrac{1}{N}\right)} \frac{N^{N+1}}{N!}$$

$$< \frac{N^{N+1}}{N!} \frac{1}{n}.$$

したがって，$n \to \infty$ のとき $\dfrac{|x|^n}{n!} \to 0$ となる．以上より，$|R_n| \to 0$ $(n \to \infty)$ である．ゆえに，マクローリン展開可能である． ■

◆注意 16◆ 証明は省略するが，$f(x)$ が $x = a$ を含む区間でテイラー展開可能であるとき，その展開は**一意的である**．

例 3.17

指数関数 $f(x) = e^x$ のマクローリン展開を求めよ．

解 マクローリンの定理より，$f(x) = e^x$ は，

$$e^x = 1 + x + \frac{x^2}{2!} + \frac{x^3}{3!} + \cdots + \frac{x^{n-1}}{(n-1)!} + R_n, \quad R_n = \frac{e^{\theta x}}{n!} x^n \quad (0 < \theta < 1)$$

である（例 3.15 参照）．任意の正の数 R に対して，

$$|f^{(n)}(x)| = e^x < e^R \quad (|x| < R,\ n = 1, 2, \cdots)$$

が成り立つから，定理 3.15 より

$$R_n = \frac{e^{\theta x}}{n!} x^n \to 0 \quad (n \to \infty).$$

したがって，e^x は $(-R,R)$ でマクローリン展開可能であり，

$$e^x = 1+x+\frac{x^2}{2!}+\frac{x^3}{3!}+\cdots+\frac{x^n}{n!}+\cdots=\sum_{n=0}^{\infty}\frac{x^n}{n!}\quad(-\infty<x<\infty)\tag{3.11}$$

を得る．　□

◆注意 17◆　1. $x=1$ とおき，$e=\lim_{n\to\infty}\left(1+\frac{1}{n}\right)^n$ である（例 1.9 参照）ことを思い出すと，

$$e=\lim_{n\to\infty}\left(1+\frac{1}{n}\right)^n=1+1+\frac{1}{2!}+\frac{1}{3!}+\cdots+\frac{1}{n!}+\cdots=\sum_{n=0}^{\infty}\frac{1}{n!}\tag{3.12}$$

という関係式を得る．このように，e に関してまったく異なる関係式（計算方法）がテイラー展開によって導出された．

2. 指数関数のテイラー展開は，$f(x+a)=e^{x+a}=e^ae^x$ であることを用いて，マクローリン展開から得ることができる．

例 3.18

三角関数 $f(x)=\sin x$ のマクローリン展開を求めよ．

解　例 3.16 を考慮し，$|f^{(n)}(x)|=\left|\sin\left(x+n\cdot\frac{\pi}{2}\right)\right|\leqq 1$ $(|x|<\infty,\ n=1,2,\cdots)$ であるから，定理 3.15 より

$$|R_{2n}|=\left|\frac{\sin(\theta x+n\pi)}{(2n)!}x^{2n}\right|\leqq\frac{|x|^{2n}}{(2n)!}\to 0\quad(n\to\infty)$$

が成り立つ．したがって，$\sin x$ は $(|x|<\infty)$ でマクローリン展開可能で

$$\begin{aligned}\sin x&=x-\frac{x^3}{3!}+\frac{x^5}{5!}-\cdots+(-1)^n\frac{x^{2n+1}}{(2n+1)!}+\cdots\\&=\sum_{n=0}^{\infty}(-1)^n\frac{x^{2n+1}}{(2n+1)!}\quad(|x|<\infty)\end{aligned}\tag{3.13}$$

を得る．　□

同様にして，初等関数のマクローリン展開は，以下のようになる．

$$\begin{aligned}\cos x&=1-\frac{x^2}{2!}+\frac{x^4}{4!}+\cdots+(-1)^n\frac{x^{2n}}{(2n)!}+\cdots\\&=\sum_{n=0}^{\infty}(-1)^n\frac{x^{2n}}{(2n)!}\quad(|x|<\infty)\end{aligned}\tag{3.14}$$

$$(1+x)^\alpha=1+\alpha x+\frac{\alpha(\alpha-1)}{2!}x^2+\cdots+\frac{\alpha(\alpha-1)\cdots(\alpha-n+1)}{n!}x^n+\cdots$$

$$= \sum_{n=0}^{\infty} {}_{\alpha}C_n x^n \quad (|x| < 1) \tag{3.15}$$

$$\left(\text{ただし，} {}_{\alpha}C_n = \frac{\alpha(\alpha-1)\cdots(\alpha-n+1)}{n!}, \quad {}_{\alpha}C_0 = 1 \text{ とする．} \right)$$

$$\log(1+x) = x - \frac{x^2}{2} + \frac{x^3}{3} - \cdots + (-1)^{n-1}\frac{x^n}{n} + \cdots$$

$$= \sum_{n=1}^{\infty}(-1)^{n-1}\frac{x^n}{n} \quad (-1 < x \leqq 1). \tag{3.16}$$

◆注意 18◆ 式 (3.13) の両辺を微分すると，右辺の展開式が式 (3.14) に等しくなる．すなわち，

$$(\sin x)' = 1 - \frac{x^2}{2!} + \frac{x^4}{4!} + \cdots + (-1)^n \frac{x^{2n}}{(2n)!} + \cdots = \cos x$$

である．また，式 (3.16) を微分すると，式 (3.15) の $\alpha = -1$ の場合に等しくなる．このように，ある関数の一つの展開式を利用して，他の関数の展開式を求めることもできる．

例 3.19　オイラーの公式

$e^{i\theta} = \cos\theta + i\sin\theta$ を示せ．

解　θ を任意の実数，$i = \sqrt{-1}$ を虚数単位として，式 (3.11) に $x = i\theta$ を代入すると，形式的に

$$e^{i\theta} = 1 + i\theta + \frac{(i\theta)^2}{2!} + \frac{(i\theta)^3}{3!} + \frac{(i\theta)^4}{4!} + \frac{(i\theta)^5}{5!} + \frac{(i\theta)^6}{6!} + \frac{(i\theta)^7}{7!} + \cdots + \frac{(i\theta)^n}{n!} + \cdots$$

となり，右辺の項を実数部と虚数部に分けると，

$$e^{i\theta} = 1 - \frac{\theta^2}{2!} + \frac{\theta^4}{4!} - \frac{\theta^6}{6!} + \cdots + i\left(\theta - \frac{\theta^3}{3!} + \frac{\theta^5}{5!} - \frac{\theta^7}{7!} + \cdots\right)$$

となる．右辺を式 (3.13)，(3.14) と比較して

$$e^{i\theta} = \cos\theta + i\sin\theta \tag{3.17}$$

を得る．これを**オイラーの公式**という．

ここで，$e^{-i\theta} = \cos(-\theta) + i\sin(-\theta) = \cos\theta - i\sin\theta$ であるから，逆に

$$\sin\theta = \frac{e^{i\theta} - e^{-i\theta}}{2i}, \quad \cos\theta = \frac{e^{i\theta} + e^{-i\theta}}{2} \tag{3.18}$$

得る．また，式 (3.17) において $\theta = \pi$ とするとき，

$$e^{i\pi} + 1 = 0 \tag{3.19}$$

が導かれ，**オイラーの等式**とよばれる．この式は，まったく起源の異なる重要な 2 定数 π，e と，基本的な数 0，1，i との関係式であり，非常に興味深い．これらはテイラー展開の重要な帰結の一つである． □

問 3.11　指数法則 $e^{x+y} = e^x e^y$ とオイラーの公式を用いて，三角関数に関する加法定理を求めよ．

例 3.20

$x = 0$ のまわりのテイラー展開（マクローリン展開）を用いて，$\displaystyle\lim_{x\to 0}\frac{x - \sin x}{x^3}$ を求めよ．

解　式 (3.13) により，$\sin x = x - \dfrac{x^3}{3!} + \dfrac{x^5}{5!} - \dfrac{x^7}{7!} + \cdots$ を用いて

$$\lim_{x\to 0}\frac{x - \sin x}{x^3} = \lim_{x\to 0}\frac{1}{x^3}\left\{x - \left(x - \frac{x^3}{3!} + \frac{x^5}{5!} - \frac{x^7}{7!} + \cdots\right)\right\}$$

$$= \lim_{x\to 0}\left(\frac{1}{3!} - \frac{x^2}{5!} + \frac{x^4}{7!} + \cdots\right) = \frac{1}{3!} = \frac{1}{6}.$$

□

以上のように，関数 $f(x)$ を $x = a$ のまわりでテイラー展開することによって，$x \to a$ に対する極限値を求めることができる．すなわち，$x = a$ のまわりでテイラー展開することで関数，$f(x)$ の $x \to a$ での**ふるまい**を明らかにすることができる．

例 3.21　関数の近似

テイラーの定理において，もし，剰余項 $|R_n|$ が十分に小さいならば，R_n を除いた式は $f(x)$ の一つの近似値を与え，そのときの**誤差**は $|R_n|$ である．$x = a$ を含む区間で $|f^{(n)}(x)| \leqq M$ である正の数 M が存在すれば，式 (3.10) より，

$$|R_n| \leqq M\frac{|h|^n}{n!}$$

であって，$M\dfrac{|h|^n}{n!}$ は誤差の限界を与える．さらに，定理 3.15 より $\displaystyle\lim_{n\to\infty} R_n = 0$ であるから，n を十分大きくとることによって $f(x)$ のいくらでもよい近似値を得ることができる．例として，$\sin x = x - \dfrac{x^3}{3!} + \dfrac{x^5}{5!} - \cdots$ の近似式 $f_1(x) = x$，$f_2(x) = x - \dfrac{x^3}{3!}$，$f_3(x) = x - \dfrac{x^3}{3!} + \dfrac{x^5}{5!}$ を図 3.6 に示す．実際，f_1，f_2，f_3 の順で，より広い x の範囲に対して $\sin x$ に一致していることがわかる．

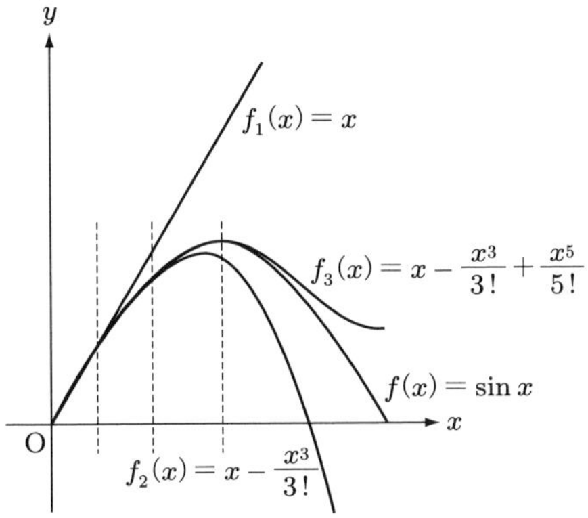

図 3.6

問 3.12　次の各問いに答えよ．

(1) 次の関数のマクローリン展開のはじめの 3 項までを求めよ．

① $\cosh x$　　② $\sin^{-1} x$　　③ $e^x \sin x$

(2) マクローリン展開を利用して次の極限値を求めよ．

① $\displaystyle\lim_{x \to 0} \frac{e^x - 1 - x}{x^2}$　　② $\displaystyle\lim_{x \to 0} \frac{\sin^{-1} x - x}{x^3}$　　③ $\displaystyle\lim_{x \to 0} \frac{\sinh 2x}{x}$

(3) h が十分小さいとき，$\log(a + h) \approx \log a + \dfrac{h}{a}$ の近似式が成り立つことを示せ．また，$\log 2.02$ を求め，誤差を評価せよ．

(3)　無限小とテイラー展開

関数 $f(x)$ が点 $x = a$ の近傍で定義されていて，$\displaystyle\lim_{x \to a} f(x) = 0$ であれば，$x \to a$ のとき $f(x)$ は**無限小**であるという．同様に $\displaystyle\lim_{x \to a-0} f(x) = 0$，$\displaystyle\lim_{x \to a+0} f(x) = 0$ であれば，それぞれ $x \to a - 0$，$x \to a + 0$ のとき $f(x)$ は無限小であるという．$x \to a$ のとき $f(x)$，$g(x)$ が無限小であるとする．このとき，$\displaystyle\lim_{x \to a} \frac{f(x)}{g(x)} = \alpha \neq 0$（有限の値）であれば，$x \to a$ のとき $f(x)$ と $g(x)$ とは**同位の無限小**であるという．また，$\displaystyle\lim_{x \to a} \frac{f(x)}{g(x)} = 0$ であれば，$x \to a$ のとき $f(x)$ は $g(x)$ より**高位の無限小**であるといい，$f(x) = o(g(x))$ と書く．たとえば，**不定形の極限値が収束する場合，分母，分子の関数は同位の無限小であるといえる**．

例 3.22

$\lim_{x \to 0} \dfrac{x^3}{x^2} = 0$ であるから，$x \to 0$ のとき x^3 は x^2 より高位の無限小であり，x^3 は x^2 より 0 に「収束する速さ」が速いと表現される．

例 3.23

$\lim_{x \to 0} \dfrac{\sin x}{x} = 1$ であるから，$x \to 0$ のとき $\sin x$ と x は同位の無限小である．

ここで，微分係数の定義を再検討してみよう．関数 $f(x)$ が点 x で微分可能であるとは，

$$f'(x) = \lim_{\Delta x \to 0} \frac{f(x + \Delta x) - f(x)}{\Delta x} \tag{3.20}$$

で $f'(x)$ が有限な値に収束するということであった．これは次のように書き直すことができる．

$$f(x + \Delta x) = f(x) + f'(x)\Delta x + \varepsilon(x, \Delta x), \qquad \lim_{\Delta x \to 0} \frac{\varepsilon(x, \Delta x)}{\Delta x} = 0. \tag{3.21}$$

ただし，$\varepsilon(x, \Delta x)$ は，ε が $x, \Delta x$ によって決まることを表す．このとき，ε は Δx より高位の無限小であって $\varepsilon = o(\Delta x)$ と表せる．したがって，式 (3.21) は

$$f(x + \Delta x) = f(x) + f'(x)\Delta x + o(\Delta x) \tag{3.22}$$

と書ける．関数 $f(x)$ が x で微分可能であるためには，式 (3.22) が成立するような $f'(x)$ が存在するということである．このとき，y の増分 $\Delta y = f(x + \Delta x) - f(x)$ の主要部分 $f'(x)\Delta x$ を y の**微分**といって，dy または df で表す．すなわち，$dy = f'(x)\Delta x$ である．ここで，$f(x) = x$ の場合を考えると，$f'(x) = 1$ であり，$dx = \Delta x$ となるから，

$$dy = f'(x)\, dx \tag{3.23}$$

と書くことができる（第5章の全微分を参照）．

また，式 (3.22) のように変形すると，微分可能な関数 $f(x)$ は，十分小さい $|\Delta x|$ に対して点 x での接線の方程式 $f(x) + f'(x)\Delta x$ で十分近似できる，というようにみなすこともできる．このとき，関数 $f(x)$ は**線形近似**（あるいは1次関数で近似）可能という．逆に，微分可能でない関数は式 (3.22) のようには表せない（図 3.7）．

いま，関数 $f(x)$ が C^∞ 級であるとし，$|\Delta x|$ を十分小さいものと考え（Δx は無限小として），式 (3.22) を形式的に

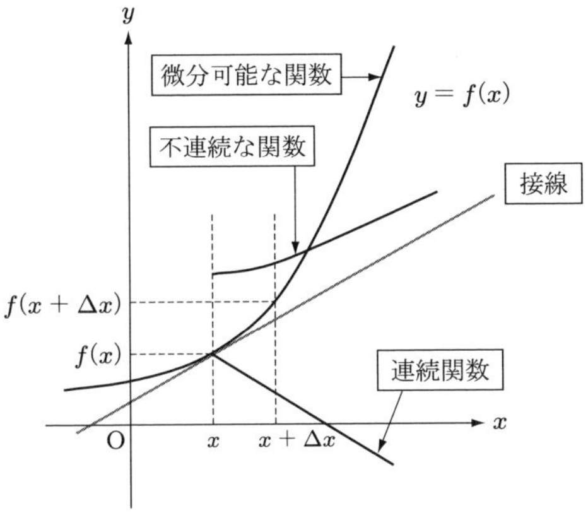

図 3.7 関数と線形近似

$$f(x+\Delta x) = f(x) + f'(x)\Delta x = f(x) + \Delta x \frac{df(x)}{dx} = \left(1 + \Delta x \frac{d}{dx}\right) f(x) \tag{3.24}$$

と書くことにする．式 (3.24) は $f(x)$ を $f(x+\Delta x)$ に変換したとみて，**無限小変換**という．さらに，

$$\begin{aligned} f(x+2\Delta x) &= f(x+\Delta x+\Delta x) = \left(1+\Delta x\frac{d}{dx}\right) f(x+\Delta x) \\ &= \left(1+\Delta x\frac{d}{dx}\right)\left(1+\Delta x\frac{d}{dx}\right) f(x) = \left(1+\Delta x\frac{d}{dx}\right)^2 f(x) \end{aligned} \tag{3.25}$$

と書ける．ただし，

$$\begin{aligned} \left(1+\Delta x\frac{d}{dx}\right)^2 f(x) &= \left\{1 + 2\Delta x\frac{d}{dx} + \left(\Delta x\frac{d}{dx}\right)^2\right\} f(x) \\ &= f(x) + 2\Delta x\frac{df}{dx} + (\Delta x)^2 \frac{d^2 f}{dx^2} \end{aligned}$$

と約束する．これを続けると，n を任意の自然数として

$$f(x+n\Delta x) = \left(1+\Delta x\frac{d}{dx}\right)^n f(x) \tag{3.26}$$

を得る．式 (3.26) は，点 x の関数の値から点 $x+n\Delta x$ の関数の値を求めることができることを示す[3]．さらに，a を任意の実数として，$n\Delta x \to a$ となるように $n \to \infty, \Delta x \to 0$

---

[3] 変数 x に「時間」の意味があるとすると，現在時刻の情報のみで未来の情報を知りえるというように考えられる．

の極限を考えると,

$$\begin{aligned} f(x+a) &= \lim_{\substack{n\to\infty \\ \Delta x\to 0}} f(x+n\Delta x) = \lim_{\substack{n\to\infty \\ \Delta x\to 0}} \left(1+\Delta x\frac{d}{dx}\right)^n f(x) \\ &= \lim_{\substack{n\to\infty \\ \Delta x\to 0}} \left(1+\frac{n\Delta x}{n}\frac{d}{dx}\right)^n f(x) = \lim_{n\to\infty} \left(1+\frac{a}{n}\frac{d}{dx}\right)^n f(x) \\ &= \sum_{n=0}^{\infty} \frac{1}{n!}\left(a\frac{d}{dx}\right)^n f(x) = \sum_{n=0}^{\infty} \frac{a^n}{n!}\frac{d^n}{dx^n} f(x) \end{aligned} \tag{3.27}$$

となる．ただし，最後の式は，$\lim_{n\to\infty}\left(1+\dfrac{A}{n}\right)^n = e^A$ と式 (3.11) を用いた．すなわち，

$$f(x+a) = \sum_{n=0}^{\infty} \frac{a^n}{n!}\frac{d^n}{dx^n} f(x) = f(x) + f'(x)a + \frac{f''(x)}{2!}a^2 + \frac{f^{(3)}(x)}{3!}a^3 + \cdots \tag{3.28}$$

を得る．これはテイラー展開にほかならない．すなわち，テイラー展開可能な関数は，完全に線形近似可能であり，関数 $f(x)$ の非常に小さな近傍の情報のみを使ってすべての区間の情報を得ることができるのである．以上のようにみると，**微分法とは，複雑な関数に対して線形近似をして（やさしく）とらえようとする考え方だということがいえる．**

3.6　関数の増減と極値

関数 $f(x)$ において，x の正の向きに $x=c$ を越えるとき，$f(x)$ が単調増加から単調減少になるならば，$f(x)$ は c において最大となる．すなわち，$c-\varepsilon < x < c+\varepsilon$ $(\varepsilon > 0)$ の点で

$$f(x) < f(c) \quad (x \neq c)$$

である．このとき，$f(x)$ は $x=c$ において**極大**であるといい，$f(c)$ を**極大値**という．

同様に，$x=c$ の近傍の点で

$$f(x) > f(c) \quad (x \neq c)$$

となれば，$f(x)$ は $x=c$ において**極小**であるといい，$f(c)$ を**極小値**という．極大値，極小値を総称して**極値**という（図 3.8）．

一般に，関数は，x の変化にともない極値をとりながら変化をする．したがって，極値を調べることによって関数の変化の様子を調べることができる．たとえば，図 3.8 のような場合，関数 $f(x)$ は $x=c_1, c_3$ で極大となり極大値 $f(c_1), f(c_3)$ をもち，$x=c_2$ で極小となり極小値 $f(c_2)$ をもつ．また，$[a,b]$ において関数 $f(x)$ は $x=c_1$ で最大と

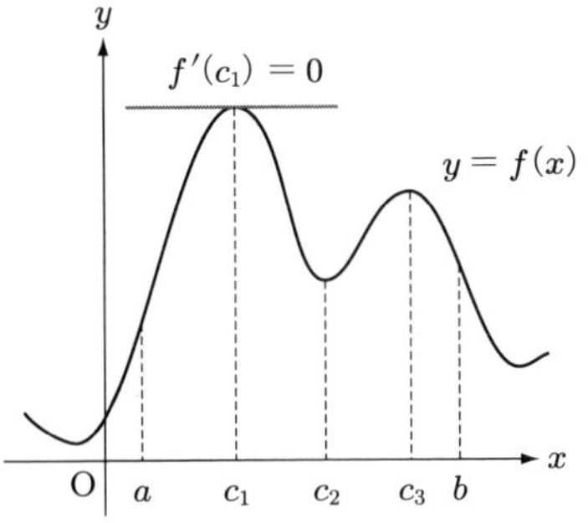

図 3.8 極大値と極小値

なり，最大値は $f(c_1)$ である．一方，$x=a$ で $f(x)$ は最小であり，最小値は $f(a)$ である．関数 $f(x)$ が極値をとるための条件を以下に述べる．

◆注意 19◆ 関数の最大値（最小値）は，極大値（極小値）と等しくなるとは限らないことに注意せよ．区間の端点の値を考慮する必要がある．また，極大値より大きい極小値もありえるし，その逆もありえることに注意せよ．

定理 3.16 $f(x)$ が $[a,b]$ で連続，(a,b) で微分可能であるとする．このとき，
(1) (a,b) で $f'(x)>0$ ならば，$f(x)$ は $[a,b]$ において単調増加関数である．
(2) (a,b) で $f'(x)<0$ ならば，$f(x)$ は $[a,b]$ において単調減少関数である．

証明 $f'(x)>0$ であるとき，x_1, x_2 が $[a,b]$ に属する任意の値で $x_1<x_2$ とする．定理 3.9 の平均値の定理により，

$$\frac{f(x_2)-f(x_1)}{x_2-x_1}=f'(c) \quad (x_1<c<x_2)$$

となる c が存在する．$f'(c)>0$，$x_1<x_2$ であるから，

$$f(x_2)-f(x_1)=f'(c)(x_2-x_1)>0$$

である．したがって，$f(x_2)>f(x_1)$ となり，$f(x)$ は $[a,b]$ において単調増加関数である．(2) についても同様に示すことができる． ■

例 3.24

$(0,\infty)$ で不等式 $1+x+\dfrac{x^2}{2}<e^x$ が成り立つことを証明せよ．

解 $F(x)=e^x-\left(1+x+\dfrac{x^2}{2}\right)$ とおき，$F(x)$ が単調増加関数であることを示せばよい．
$F'(x)=e^x-1-x$，$F''(x)=e^x-1$ である．$(0,\infty)$ で $F''(x)>0$，$F'(0)=0$，さ

らに $F'(x)$ は $[0,\infty)$ で連続である．したがって，$F'(x)$ に対して定理 3.16 を適用すると，$F'(x)$ は $(0,\infty)$ で単調増加関数であるから，$F'(x)>0$ を得る．また，$[0,\infty)$ で $F(x)$ は連続で $(0,\infty)$ で $F'(x)>0$，さらに $F(0)=0$．したがって，再び定理 3.16 により，$F(x)$ は $(0,\infty)$ で単調増加関数である．ゆえに，$(0,\infty)$ で $F(x)>0$ である．すなわち，$1+x+\dfrac{x^2}{2}<e^x$ である． □

問 3.13　$x>0$ において，次の不等式が成り立つことを証明せよ．

(1) $1-\dfrac{x^2}{2}<\cos x<1-\dfrac{x^2}{2}+\dfrac{x^4}{24}$　　(2) $x-\dfrac{x^3}{6}<\sin x<x$

(3) $\dfrac{x}{1+x}<\log(1+x)$

定理 3.17（極値をとるための必要条件）　$f(x)$ が c を含む区間で微分可能であるとする．このとき，$f(x)$ が $x=c$ で極値をとれば，$f'(c)=0$ である．

証明　$f(x)$ が $x=c$ で極大値をとるとする．このとき，c の十分に近くの点 x で $f(x)<f(c)$ が成立する．ゆえに，

$$f'_+(c)=\lim_{h\to+0}\frac{f(c+h)-f(c)}{h}\leqq 0,\quad f'_-(c)=\lim_{h\to-0}\frac{f(c+h)-f(c)}{h}\geqq 0$$

となる．一方，仮定より $f'(c)$ は存在しているので，$f'(c)=f'_+(c)=f'_-(c)$ である．したがって，

$$f'(c)=0$$

である．$f(x)$ が $x=c$ で極小値をとる場合でも同様に証明することができる． ■

◆注意 20◆　定理 3.17 の逆は必ずしも成り立たない．すなわち，$f'(c)=0$ であっても，$f(x)$ が $x=c$ で極値をとるとは限らないことに注意しよう．$f'(c)=0$ となる点 c において，極値をとる可能性があるということである．

定理 3.18（極値をとるための必要十分条件）　$f(x)$ が c を含む区間で 2 回微分可能であり，$f''(x)$ が c で連続であるとする．このとき，$f'(c)=0$ かつ $f''(c)\neq 0$ ならば，$f(x)$ は $x=c$ で極値をもち，

(1) $f''(c)>0$ ならば，$f(c)$ は極小値である．

(2) $f''(c)<0$ ならば，$f(c)$ は極大値である．

証明　テイラーの定理（式 (3.10)）において，$a=c$，$n=2$ とすると，

$$f(c+h)-f(c)=f'(c)h+\frac{f''(c+\theta h)}{2!}h^2\quad(0<\theta<1)$$

である．仮定より $f'(c)=0$ であるから，

$$f(c+h)-f(c)=\frac{f''(c+\theta h)}{2!}h^2\quad(0<\theta<1)$$

を得る．ここで，$f''(c) > 0$ ならば，$f''(x)$ の連続性から，$|h|$ が十分に小さい限り $f''(c+\theta h) > 0$ である．ゆえに，$f''(c) > 0$ のときは，$x = c$ の近傍で $f(x) > f(c)$．すなわち，$f(c)$ は $x = c$ で極小値をもつ．(2) についても同様に示すことができる． ■

◆注意 21◆ 定理 3.18 において $f''(c) \neq 0$ の仮定は重要である．証明からもわかるように，$f''(c) = 0$ となる場合には，極値であるかどうかは判定できない．

定理 3.18 を拡張して次の定理が成り立つ．

定理 3.19 $f(x)$ が c を含む区間で n 回微分可能であり，$f^{(n)}(x)$ が c で連続であって，

$$f'(c) = f''(c) = \cdots = f^{(n-1)}(c) = 0, \quad f^{(n)}(c) \neq 0$$

であるとする．

(1) n が偶数のとき，

$f^{(n)}(c) > 0$ ならば，$f(c)$ は極小値であり，

$f^{(n)}(c) < 0$ ならば，$f(c)$ は極大値である．

(2) n が奇数のとき，$f(c)$ は極値ではない．

証明 定理の条件の下では，

$$f(c+h) - f(c) = \frac{f^{(n)}(c+\theta h)}{n!}h^n \quad (0 < \theta < 1)$$

であり，$f^{(n)}(c)$ の連続性から $|h|$ が十分に小さい限り $f^{(n)}(c)$ と $f^{(n)}(c+\theta h)$ は同符号である．したがって，$f(c+h) - f(c)$ の符号は $f^{(n)}(c+\theta h)h^n$ の符号と同じである．

(2) n が偶数のときは，h の正負にかかわらず $h^n > 0$．したがって，$f^{(n)}(c) > 0$ ならば，$f^{(n)}(c+\theta h)h^n > 0$ であって $f(c+h) - f(c) > 0$ となり，$f(c)$ は極小値である．同様に，$f^{(n)}(c) < 0$ ならば $f(c+h) - f(c) < 0$ となり，$f(c)$ は極大値である．

(3) n が奇数のときは，$h < 0$ であれば $h^n < 0$，$h > 0$ であれば $h^n > 0$ であるから，$x = c$ の近傍で $f(c+h) - f(c)$ の符号が確定しない．ゆえに，$f(c)$ は極値ではない． ■

例 3.25

$f(x) = x^2$ は $x = 0$ において極小値をもつことを示せ．

解 $f'(x) = 2x$，$f''(x) = 2$ であるから，$f'(0) = 0$，$f''(0) = 2 > 0$ である．定理 3.18 より，$f(x) = x^2$ は $x = 0$ において極小値をもつ． □

例 3.26

$f(x) = x^3$ は $x = 0$ において極値をとらないことを示せ.

解　$f'(x) = 3x^2$ であるから, $x = 0$ において $f'(0) = 0$ となり, $f(0)$ は極値の候補である. しかし, $f''(0) = 0$ となるため定理 3.18 では判定できない. ところが, $f^{(3)}(0) = 6 \neq 0$ であるから, 定理 3.19 によって, $x = 0$ で $f(x) = x^3$ は極値をとらない. □

例 3.26 のような関数のようなふるまいについて, もう少し詳しく考える. 関数 $y = f(x)$ のグラフ（曲線）上に 1 点 P をとる. 点 P の近くでは, $y = f(x)$ のグラフが点 P における接線に重なるかまたはその上方にあるとき, 関数 $f(x)$ は点 P で**下に凸（もしくは, 上に凹）である**という. その逆に $y = f(x)$ のグラフが点 P における接線に重なるかまたはその下方にあるとき, 関数 $f(x)$ のグラフは点 P で**下に凹（もしくは, 上に凸）である**という.

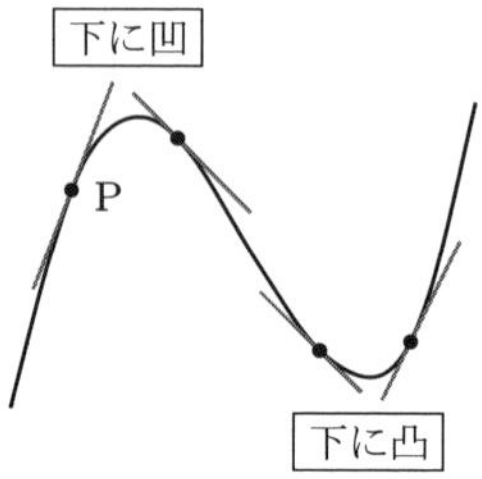

図 3.9　関数の凹凸

また, 凹凸の入れ替わる点を関数 $f(x)$ のグラフの**変曲点**という. 例 3.26 の $x = 0$ は, $f(x) = x^3$ の変曲点になっている.

これらについて次の定理が成り立つ.

定理 3.20　$f(x)$ が 2 回微分可能であるならば, 曲線 $y = f(x)$ は $f''(x) > 0$ となる区間で下に凸であり, $f''(x) < 0$ となる区間で下に凹である.

証明　テイラーの定理において, $n = 2$ とすると

$$f(x) - \{f(a) + f'(a)(x-a)\} = \frac{f''(c)}{2}(x-a)^2 \quad (a < c < x)$$

である. $f(x)$ は曲線 $y = f(x)$ の y 座標であり, $f(a) + f'(a)(x-a)$ は $(a, f(a))$ におけるこの曲線の接線の y 座標である. また, $f''(c) > 0$ ならば $f(x) > f(a) + f'(a)(x-a)$ である. したがって, 曲線 $y = f(x)$ はこの接線より上にある. すなわち, $f''(x) > 0$ となる区間で, $y = f(x)$ は下に凸である. $f''(x) < 0$ のときも同様である. ■

例 3.27

$f(x) = x^4 - 2x^2$ のグラフを描け.

解 グラフを描くときには，いままで述べた極値，変曲点，$x \to \pm\infty$ におけるふるまい，特別な点 (関数値が発散している点など) に関するふるまいに注意する．$f'(x) = 4x^3 - 4x = 4x(x^2 - 1)$ であるから，$x = 0, \pm 1$ は極値になる点の候補である．また，$f''(x) = 4(3x^2 - 1)$ であるから，定理 3.18 を用いると，次のようになる．

$f''(0) = -4 < 0 \quad \Rightarrow \quad x = 0$ で極大となり，極大値 $f(0) = 0$ をとる．

$f''(-1) = 8 > 0 \quad \Rightarrow \quad x = -1$ で極小となり，極小値 $f(-1) = -1$ をとる．

$f''(1) = 8 > 0 \quad \Rightarrow \quad x = 1$ で極小となり，極小値 $f(1) = -1$ をとる．

さらに，$f(x) \to \infty \ (x \to \pm\infty)$ である．表 3.1 のような関数の増減表をつくるとわかりやすい．

以上より，$f(x) = x^4 - 2x^2$ は図 3.10 のようになる．ここで，$f''(x) = 0$ を満たす $x = \pm 1/3$ は，関数 $f(x) = x^4 - 2x^2$ の変曲点である．

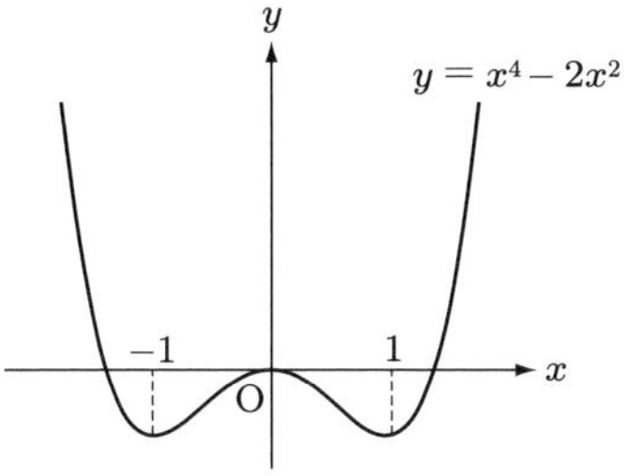

図 3.10

表 3.1 増減表

x	$-\infty$	$\cdots$	-1	$\cdots$	0	$\cdots$	1	$\cdots$	$-\infty$
$f'(x)$		$-$	0	$+$	0	$-$	0	$+$	
$f(x)$	∞	$\searrow$	-1	$\nearrow$	0	$\searrow$	-1	$\nearrow$	∞

□

問 3.14 次の関数の増減，極値，変曲点を調べてグラフの概形を描け．

(1) $f(x) = 2x^3 - 9x^2 + 12x + 1$ (2) $f(x) = x + \dfrac{1}{x}$ (3) $f(x) = x^2 e^{-x}$

演習問題 3

1. 次の関数が原点で微分可能であるかどうか調べよ．

(1) $f(x) = \begin{cases} x^2 \cos \dfrac{1}{x} & (x \neq 0) \\ 0 & (x = 0) \end{cases}$　(2) $f(x) = \begin{cases} \dfrac{x}{1 + e^{1/x}} & (x \neq 0) \\ 0 & (x = 0) \end{cases}$

2. 次の関数を微分せよ．ただし，a は定数とする．

(1) $\sqrt{1 + e^x}$　(2) $e^{-x} \sin 3x$　(3) $\tanh x$

(4) $\dfrac{x}{\sqrt{a^2 - x^2}}$　(5) $\dfrac{x \sin^{-1} x}{\sqrt{1 - x^2}} + \log \sqrt{1 - x^2}$　(6) $x^{\sin x}$

3. 次の高階導関数を求めよ．

(1) $(x^3 e^x)^{(3)}$　(2) $(x \cos x)^{(5)}$　(3) $(\log(2x + 1))^{(4)}$　(4) $(\tan^{-1} x)^{(3)}$

4. 次の極限値を求めよ．

(1) $\displaystyle\lim_{x \to 0} \frac{\cosh x - 1}{1 - \cos x}$　(2) $\displaystyle\lim_{x \to \infty} \frac{\log(1 + e^x)}{x}$　(3) $\displaystyle\lim_{x \to 0} \left(\frac{1}{\sin x} - \frac{1}{x} \right)$

(4) $\displaystyle\lim_{x \to 1} \frac{\sqrt{x + 3} - 2}{\sqrt{x} - 1}$　(5) $\displaystyle\lim_{x \to 0} (\cos x)^{\frac{1}{x^2}}$　(6) $\displaystyle\lim_{x \to 0} \left(\frac{e^x - 1}{x} \right)^{\frac{1}{x}}$

5. $y = e^{-\gamma t} \sin(\omega t + \alpha)$ は微分方程式 $\dfrac{d^2 y}{dt^2} + 2\gamma \dfrac{dy}{dt} + \omega_0^2 y = 0$ を満たすことを示せ．
ただし，α, ω_0, γ は正の定数であり，$\omega^2 = \omega_0^2 - \gamma^2 > 0$ とする．

6. 次の関数のマクローリン展開を求めよ．

(1) $\dfrac{1}{1 + x^2}$　(2) $\tanh^{-1} x = \dfrac{1}{2} \log \dfrac{1 + x}{1 - x}$　$(|x| < 1)$

7. $|x| < 1$ において，$\sin^{-1} x = \displaystyle\int_0^x \frac{1}{\sqrt{1 - t^2}}\, dt$ と $\dfrac{1}{\sqrt{1 - x^2}}$ のマクローリン展開を利用して，$\sin^{-1} x$ のマクローリン展開を求めよ．

8. 不等式 $x - \dfrac{x^3}{6} < \log(x + \sqrt{1 + x^2}) < x$ $(x > 0)$ が成り立つことを証明せよ．

9. 次の関数の増減，凹凸，極値などを調べてグラフの概形を描け．

(1) $y = x^3 - 3x^2 + 2$　(2) $y = \sin x + \cos x$　$(0 \leqq x \leqq 2\pi)$　(3) $y = xe^{-x}$

10. 統計学で重要な**正規分布曲線** $f(x)$ は，m を平均値，σ を標準偏差とするとき

$$f(x) = \frac{1}{\sqrt{2\pi}\sigma} e^{-\frac{(x-m)^2}{2\sigma^2}}$$

で与えられる．この関数の増減，凹凸，極値などを調べてグラフの概形を描け．

11. マクローリンの定理において，剰余項 $R_n = \dfrac{1}{(n-1)!} \displaystyle\int_0^x (x - t)^{n-1} f^{(n)}(t)\, dt$ となることを示せ．

12. 体積が一定の値 V である直円柱のうちで，表面積が最小となるものを求めよ．

13. x 方向に対して角度 θ，初速度 $\vec{v}_0 = (v_0 \cos\theta,\ v_0 \sin\theta)$ で，質量 m のボールを投げる場合を考える．この場合，x 方向では，等速直線運動を行い $x(t) = v_0 t \cos\theta$，y 方向（鉛直方向）では，等加速度運動を行い $y(t) = v_0 t \sin\theta - \dfrac{1}{2} g t^2$ となる．ただし，t は投げた瞬間からの時刻を表し，g は重力加速度を表す．このとき，以下の問いに答えよ．

(1) t を消去して $y = f(x)$ を求め，投げたボールの軌跡を図示せよ．

(2) 時刻 t における x 方向の速さ $v_x = \dfrac{dx}{dt}$ および，y 方向の速さ $v_y = \dfrac{dy}{dt}$ を求めよ．

(3) (1) で求めた関数 $y = f(x)$ の導関数 $\dfrac{dy}{dx}$ が $\dfrac{v_y}{v_x}$ に等しいことを示せ（定理 3.6 参照）．

14. 質量 m の質点が $m\dfrac{d^2x}{dt^2} = F = -\dfrac{dU}{dx}$ の運動方程式に従って運動しているとする．ただし，$x(t)$ は時刻 t における質点の位置，$U = U(x)$ は位置エネルギーを表す．このとき，力学的エネルギー $E = \dfrac{1}{2} m \left(\dfrac{dx}{dt}\right)^2 + U(x)$ に対して，$\dfrac{dE}{dt} = 0$ であることを示せ（すなわち，$E =$ 一定 である）．

第4章 積分法

本章では，積分の定義とその応用を解説する．積分の定義には，微分の逆演算とするものと，面積や体積などの積算量を表すものとの2種類がある．前者は不定積分，後者は定積分とよばれるが，これらは本質的に同じであることが示される．なお，積分に関する計算法を積分法という．

4.1 不定積分

区間 I で定義された関数 $f(x)$ に対し，同じ区間 I で定義された微分可能な関数 $F(x)$ が，すべての $x \in I$ について $F'(x) = f(x)$ を満たすとき，$F(x)$ は $f(x)$ の**原始関数**であるという．$f(x)$ の原始関数は一つではない．任意の定数 C に対して，

$$(F(x) + C)' = F'(x) + C' = F'(x) = f(x)$$

であるから，$F(x) + C$ もまた $f(x)$ の原始関数となる．逆に，導関数が等しい二つの関数の差は定数である (問 4.1) から，$f(x)$ の原始関数はすべて $F(x) + C$ の形で表せる．これを次のように $\int f(x)\,dx$ と書いて，$f(x)$ の**不定積分**とよぶ．

$$\int f(x)\,dx = F(x) + C.$$

不定積分 $\int f(x)\,dx$ を求めることを $f(x)$ を**積分する**といい，$f(x)$ を**被積分関数**とよぶ．上の任意定数 C を**積分定数**という．以下，不定積分の式で単に C と書いた場合，C は積分定数を表すものとする．なお，次のように書くこともある．

$$\int 1\,dx = \int dx, \qquad \int \frac{1}{f(x)}\,dx = \int \frac{dx}{f(x)}.$$

問 4.1 関数 $F(x)$，$G(x)$ は $[a, b]$ で連続で，(a, b) で微分可能とする．3.4 節の平均値の定理を用いて次の (1) を示し，さらに，(1) を用いて (2) を示せ．

(1) (a, b) において $F'(x) = 0 \iff [a, b]$ において $F(x) = C$ （C は定数）．

(2) (a, b) において $F'(x) = G'(x) \iff [a, b]$ において $F(x) - G(x) = C$ （C は定数）．

例 4.1

$f(x)=x^2$ の不定積分を求めよ．

解 $F(x)=\dfrac{1}{3}x^3$ は $F'(x)=f(x)$ より，$f(x)$ の原始関数である．したがって，$f(x)$ の不定積分は $\displaystyle\int x^2\,dx=\frac{1}{3}x^3+C$．これより，$\dfrac{1}{3}x^3+1$ や $\dfrac{1}{3}x^3+\pi$ なども $f(x)=x^2$ の原始関数となることがわかる． □

定義から，微分と積分の演算は互いに逆の関係にあるといえる．そこで，関数とその導関数との対応表を逆にみることで，関数とその不定積分（原始関数）との対応表が得られる．以下にいくつかの初等関数に対する原始関数を示す．

初等関数の不定積分の基本公式 (積分定数 C は省略)

$$\int x^a\,dx=\frac{1}{a+1}x^{a+1}\quad(a\neq -1)\qquad \int \frac{1}{x}\,dx=\log|x|$$

$$\int a^x\,dx=\frac{1}{\log a}a^x\quad(a>0,\ a\neq 1)\qquad \int e^x\,dx=e^x$$

$$\int \log x\,dx=x(\log x-1)\qquad \int \sin x\,dx=-\cos x$$

$$\int \cos x\,dx=\sin x\qquad \int \sec^2 x\,dx=\tan x$$

$$\int \mathrm{cosec}^2\,x\,dx=-\cot x\qquad \int \frac{1}{a^2+x^2}\,dx=\frac{1}{a}\tan^{-1}\frac{x}{a}\quad(a\neq 0)$$

$$\int \frac{1}{\sqrt{a^2-x^2}}\,dx=\sin^{-1}\frac{x}{a}\quad(a>0)\qquad \int \frac{1}{\sqrt{x^2+a}}\,dx=\log\left|x+\sqrt{x^2+a}\right|$$

$$\int \sinh x\,dx=\cosh x\qquad \int \cosh x\,dx=\sinh x$$

また，積分は次の性質を満たす．これを**積分の線形性**という．

定理 4.1（線形性） 関数 $f(x)$，$g(x)$ それぞれに原始関数が存在するとき

$$\int\{f(x)+g(x)\}\,dx=\int f(x)\,dx+\int g(x)\,dx,$$

$$\int kf(x)\,dx=k\int f(x)\,dx\quad(k\text{ は定数}).$$

証明 微分が満たす定理 3.2 (1)，(2) よりただちにいえる． ■

線形性により，すでに不定積分の形がわかっている関数については，その定数倍や和の不定積分を簡単に求められる．

例 4.2

次の積分を求めよ．ただし，積分定数を C とする（以後同様）．

(1) $\displaystyle\int (x^2 + 2\sin x + 3\log x)\,dx$　　(2) $\displaystyle\int \left(\sqrt{x} + \frac{1}{\sqrt{x}}\right) dx$

解 (1) $\dfrac{1}{3}x^3 - 2\cos x + 3x(\log x - 1) + C$　　(2) $\dfrac{2}{3}\sqrt{x^3} + 2\sqrt{x} + C$ □

$f(x)$ が微分可能な関数であり，また，定義域内で $f(x) = 0$ とならないなら，合成関数の微分公式 (定理 3.3) から

$$(\log|f(x)|)' = \frac{f'(x)}{f(x)}$$

となるが，これより次の積分公式が得られる．

$$\int \frac{f'(x)}{f(x)}\,dx = \log|f(x)| + C. \tag{4.1}$$

さらに，基本公式とあわせて用いることで，

$$\int \frac{1}{x+a}\,dx = \log|x+a| + C, \qquad \int \tan x\,dx = -\log|\cos x| + C$$

などが得られる．公式 (4.1) はよく使われるため，対数関数との合成関数を特にとりあげたが，一般の合成関数の微分公式から，次の積分公式が得られる．

定理 4.2（置換積分）　$x = g(t)$ が t の関数として微分可能であるとき，

$$\int f(x)\,dx = \int f(g(t))g'(t)\,dt. \tag{4.2}$$

証明　$F(x)$ を $f(x)$ の原始関数とすると，

$$\frac{d}{dt}F(g(t)) = F'(g(t))g'(t) = f(g(t))g'(t).$$

したがって，t の関数として $F(g(t))$ は $f(g(t))g'(t)$ の原始関数であり，

$$\int f(g(t))g'(t)\,dt = F(g(t)) + C = F(x) + C.$$ ■

◆注意 1◆　x が t の関数 $x = x(t)$ であると考えれば，置換積分の公式は

$$\int f(x)\,dx = \int f(x(t))\frac{dx}{dt}\,dt$$

と書ける．これは，形式的には約分の等式 $dx = \dfrac{dx}{dt}\,dt$ による置き換えであり，覚えやすいだろう．ただし，第6章で学ぶ重積分の置換（変数変換）の場合は単純な約分にはならないので，このような形式的な計算には注意が必要である．

例 4.3

区間 $(-1, 1)$ で定義された関数 $\dfrac{1}{\sqrt{1-x^2}}$ を積分せよ．

解 $x = \sin t \ \left(-\dfrac{\pi}{2} < t < \dfrac{\pi}{2}\right)$ とおいて置換積分を行う．$dx = \dfrac{dx}{dt}\,dt = (\sin t)'dt = \cos t\,dt$ より（この区間で $\cos t > 0$ に注意して），

$$\int \frac{1}{\sqrt{1-x^2}}\,dx = \int \frac{1}{\sqrt{1-\sin^2 t}}\cos t\,dt = \int \frac{1}{\sqrt{\cos^2 t}}\cos t\,dt$$
$$= \int \frac{\cos t}{\cos t}\,dt = \int dt = t + C = \sin^{-1} x + C. \qquad \square$$

問 4.2 （ ）内に指定した置換を行って，次の積分を求めよ．ただし，a は正定数とする．

(1) $\displaystyle\int \frac{dx}{a^2+x^2} \quad (x = a\tan t)$ (2) $\displaystyle\int \frac{dx}{\sqrt{a^2+x^2}} \quad (x = a\sinh t)$

公式 (4.2) は逆向きに使われることも多い．すなわち，$\displaystyle\int f(g(x))g'(x)\,dx$ の形の積分を，$u = g(x)$ とおいて，次式の右辺で計算する．

$$\int f(g(x))g'(x)\,dx = \int f(u)\,du.$$

例 4.4

$\displaystyle\int \sin^4 x\cos x\,dx$ を計算せよ．

解 $u = \sin x$ とおくと，$du = \cos x\,dx$ より，

$$\int \sin^4 x\cos x\,dx = \int u^4\,du = \frac{1}{5}u^5 + C = \frac{1}{5}\sin^5 x + C. \qquad \square$$

問 4.3 （ ）内に指定した置換を行って，次の積分を求めよ．ただし，a は定数とする．

(1) $\displaystyle\int \frac{dx}{1-ax} \quad (u = 1-ax)$ (2) $\displaystyle\int xe^{-x^2}\,dx \quad (u = x^2)$

合成関数の微分公式から置換積分の公式を得た．積の微分公式 (定理 3.2 (3)) からは，次の公式が得られる．積分計算においては，積分の線形性と置換積分，そしてこの部分積分の公式がよく使われる．

定理 4.3（部分積分）　$f(x)$, $g(x)$ が微分可能であるとき，

$$\int f'(x)g(x)\,dx = f(x)g(x) - \int f(x)g'(x)\,dx. \tag{4.3}$$

証明　$\{f(x)g(x)\}' = f'(x)g(x) + f(x)g'(x)$ より，

$$f(x)g(x) = \int \{f'(x)g(x) + f(x)g'(x)\}\,dx = \int f'(x)g(x)\,dx + \int f(x)g'(x)\,dx.$$

この等式より，$\int f'(x)g(x)\,dx$ を残りの項で表すことで公式 (4.3) を得る．■

例 4.5

$\int 3xe^{2x}\,dx$ を計算せよ．

解　$f'(x) = e^{2x}$, $g(x) = 3x$ として公式 (4.3) を用いれば，

$$\int 3xe^{2x}\,dx = \frac{1}{2}e^{2x}\cdot 3x - \int \frac{1}{2}e^{2x}\cdot 3\,dx$$
$$= \frac{3}{2}xe^{2x} - \frac{3}{4}e^{2x} + C = \frac{3}{4}(2x-1)e^{2x} + C.$$
□

問 4.4　（　）内に指定した式を $f'(x)$，残りを $g(x)$ として，公式 (4.3) により次の積分を求めよ．

(1) $\int x^2 \log x\,dx \quad (f'(x) = x^2)$　　(2) $\int x\sqrt{x+1}\,dx \quad (f'(x) = \sqrt{x+1})$

例 4.6

$\int x^2 \sin x\,dx$ を計算せよ．

解　$f'(x) = \sin x$, $g(x) = x^2$ として 公式 (4.3) を用いると，

$$\int x^2 \sin x\,dx = (-\cos x)\cdot x^2 - \int (-\cos x)\cdot 2x\,dx = -x^2\cos x + \int 2x\cos x\,dx.$$

右辺に残った積分は，$f'(x) = \cos x$, $g(x) = 2x$ として再び公式 (4.3) を用いて求めると，

$$\int 2x\cos x\,dx = \sin x\cdot 2x - \int \sin x\cdot 2\,dx = 2x\sin x + 2\cos x + C.$$

まとめると，求める積分は次の通りとなる．

$$\int x^2\sin x\,dx = 2x\sin x + (2-x^2)\cos x + C.$$
□

◆注意 2◆ 例 4.6 では部分積分を 2 回行った．一般に，$P(x)$ が n 次の多項式のとき，$\{P(x)\}^{(n)}$ は定数になるので，$A(x)$ が e^{ax}, $\sin ax$, $\cos ax$, $\sinh ax$, $\cosh ax$ のいずれかなら，$\displaystyle\int P(x)A(x)\,dx$ を求めるのに部分積分を n 回行えばよい．

問 4.5 部分積分を繰り返し用いて，次の積分を求めよ．

(1) $\displaystyle\int x(x-1)e^{2x}\,dx$　　(2) $\displaystyle\int (x^3\sin x + 3x^2\cos x)\,dx$

部分積分を用いると，新たな関数 $f(x)g'(x)$ の積分が現れる．この積分がうまくできないと堂々巡りになるが，この部分がもとの積分の定数倍になる場合，次の例 4.7 のようにして与えられた積分を求められる．

例 4.7

$\displaystyle\int e^x \sin x\,dx$ を計算せよ．

解 この積分を I とおき，$f'(x) = e^x$，$g(x) = \sin x$ として公式 (4.3) を用いる．さらに，残った積分に再び部分積分を施す．すなわち，

$$I = \int e^x \sin x\,dx = e^x \sin x - \int e^x \cos x\,dx$$
$$= e^x \sin x - e^x \cos x - \int e^x \sin x\,dx = e^x(\sin x - \cos x) - I.$$

この等式を I について解くことで，不定積分が求まる (積分定数に注意)．

$$I = \int e^x \sin x\,dx = \frac{1}{2}e^x(\sin x - \cos x) + C.$$ □

また，$f(x) = 1 \cdot f(x) = (x)' \cdot f(x)$ と考えて部分積分することで，次が得られる．

系 $f(x)$ が微分可能であるとき，

$$\int f(x)\,dx = xf(x) - \int xf'(x)\,dx. \tag{4.4}$$

例 4.8

$\displaystyle\int \log x\,dx$ を計算せよ．

解 $(\log x)' = \dfrac{1}{x}$ に注意して，公式 (4.4) を用いれば，

$$\int \log x\,dx = x\log x - \int x\cdot\frac{1}{x}\,dx = x\log x - \int dx = x(\log x - 1) + C. \quad \square$$

4.2 各種関数の不定積分

初等関数で構成された式について，微分は機械的に計算できるが，積分は機械的に計算できるとは限らない．初等関数では表せないものもある．ここでは，計算手順の確立している特定の形の不定積分をいくつか紹介する．ただし，大変な手間を要するものも多いので，原理的には計算可能であると覚えておけばよい．

(1) 有理関数の積分

$P(x)$，$Q(x)$ を x の多項式として，$f(x) = \dfrac{P(x)}{Q(x)}$ を x の**有理関数**，あるいは**有理式**ということは第2章ですでに述べた．その積分法を紹介する．なお，ここでは係数はすべて実数とする．

$P(x)$ を $Q(x)$ で割った商を $R(x)$，剰余を $S(x)$ とすると，$f(x)$ は

$$f(x) = \frac{P(x)}{Q(x)} = \frac{R(x)Q(x) + S(x)}{Q(x)} = R(x) + \frac{S(x)}{Q(x)}$$

と表される．多項式 $R(x)$ の積分は簡単である．$\displaystyle\int \frac{S(x)}{Q(x)}\,dx$ は部分分数分解を行うことで，

$$\int \frac{A}{(x-\alpha)^m}\,dx, \qquad \int \frac{Bx+C}{(x^2+px+q)^n}\,dx \quad (p^2 - 4q < 0)$$

の形をしたいくつかの積分の和に帰着できる．第1の積分は以下の公式 (4.5) で求められる [1]．

$$\int \frac{1}{(x-\alpha)^n}\,dx = \begin{cases} \log|x-\alpha| & (n=1) \\ \dfrac{-1}{(n-1)(x-\alpha)^{n-1}} & (n = 2, 3, 4, \cdots). \end{cases} \tag{4.5}$$

第2の積分は，$r = \dfrac{1}{2}\sqrt{4q - p^2}$ とおき，$t = x + \dfrac{p}{2}$ による置換積分で，

$$\int \frac{Bx+C}{(x^2+px+q)^n}\,dx = B\int \frac{t}{(t^2+r^2)^n}\,dt + \left(C - \frac{p}{2}B\right)\int \frac{dt}{(t^2+r^2)^n}$$

と書ける．この右辺第1項の積分は，以下の公式 (4.6) で求められる．

---

[1] 公式 (4.5)～(4.8) では積分定数を省略した．最後の結果に積分定数 C をつけ忘れないように注意．

$$\int \frac{x}{(x^2+r^2)^n}\,dx = \begin{cases} \dfrac{1}{2}\log(x^2+r^2) & (n=1) \\ \dfrac{-1}{2(n-1)(x^2+r^2)^{n-1}} & (n=2,3,4,\cdots). \end{cases} \tag{4.6}$$

さらに，右辺第 2 項の積分については，

$$I_n = \int \frac{dx}{(x^2+r^2)^n} \quad (n=1,2,3,\cdots)$$

とおくと，

$$I_n = \frac{1}{2(n-1)r^2}\left\{\frac{x}{(x^2+r^2)^{n-1}} + (2n-3)I_{n-1}\right\} \quad (n=2,3,4,\cdots) \tag{4.7}$$

がいえることから，この漸化式を繰り返し用いることで，

$$I_1 = \frac{1}{r}\tan^{-1}\frac{x}{r} \tag{4.8}$$

とあわせて求められる．

問 4.6 公式 (4.5)，(4.6) を導け．

問 4.7 (1) 漸化式 (4.7) を導け．

ヒント：I_{n-1} に部分積分の応用公式 (4.4) を適用して，I_{n-1} を I_{n-1} と I_n を含んだ式で表す．これより漸化式を導く．

(2) 公式 (4.8) の不定積分を求めよ． (3) $\displaystyle\int \frac{dx}{(x^2+2)^3}$ を求めよ．

例 4.9

$\displaystyle\int \frac{dx}{1-x^2}$ を計算せよ．

解 被積分関数の部分分数分解を行うことで，

$$\begin{aligned}\int \frac{dx}{1-x^2} &= \frac{1}{2}\int\frac{dx}{1+x} + \frac{1}{2}\int\frac{dx}{1-x} = \frac{1}{2}\log|1+x| - \frac{1}{2}\log|1-x| + C \\ &= \frac{1}{2}\log\left|\frac{1+x}{1-x}\right| + C.\end{aligned}$$

なお，$x = \tanh t$ とおくと，$dx = (\tanh t)'\,dt = (1-\tanh^2 t)\,dt$ となり，

$$\int \frac{dx}{1-x^2} = \int \frac{(1-\tanh^2 t)\,dt}{1-\tanh^2 t} = \int dt = t + C = \tanh^{-1} x + C$$

としても求められる．これらはみかけ上異なるが，同じ結果を与えている． □

例 4.10

$\displaystyle\int \frac{dx}{1-x^3}$ を計算せよ．

解　被積分関数を部分分数分解して積分を分けると，

$$\int \frac{dx}{1-x^3} = \frac{1}{3}\int \frac{dx}{1-x} + \frac{1}{3}\int \frac{x+2}{x^2+x+1}\,dx.$$

右辺第1項は，例 4.9 に現れたものと同じである．第2項は，$t = x + \dfrac{1}{2}$ とおけば，

$$\int \frac{x+2}{x^2+x+1}\,dx = \int \frac{t+\frac{3}{2}}{t^2+\frac{3}{4}}\,dt = \int \frac{t}{t^2+\frac{3}{4}}\,dt + \frac{3}{2}\int \frac{dt}{t^2+\frac{3}{4}}$$

となる．さらに，この右辺第1項は式 (4.6)，第2項は式 (4.8) より求められ，

$$\int \frac{x+2}{x^2+x+1}\,dx = \frac{1}{2}\log\left(t^2+\frac{3}{4}\right) + \frac{3}{2}\cdot\frac{2}{\sqrt{3}}\tan^{-1}\frac{2t}{\sqrt{3}} + C$$

が得られる．以上をまとめ，x の式に戻せば，

$$\int \frac{dx}{1-x^3} = -\frac{1}{3}\log|1-x| + \frac{1}{6}\log(x^2+x+1) + \frac{1}{\sqrt{3}}\tan^{-1}\left(\frac{2x+1}{\sqrt{3}}\right) + C. \quad \square$$

(2)　三角関数の有理式の積分

(A)　$\sin x$ と $\cos x$ の有理式の積分．すなわち，$R(u,v)$ を u，v の有理式（u，v の2変数多項式の商）として，$\displaystyle\int R(\sin x, \cos x)\,dx$ の場合，$t = \tan\dfrac{x}{2}$ とおけば，

$$\sin x = \frac{2t}{1+t^2}, \quad \cos x = \frac{1-t^2}{1+t^2}, \quad dx = \frac{2}{1+t^2}\,dt \tag{4.9}$$

となって，次の t の有理式の積分に帰着させられる．

$$\int R(\sin x, \cos x)\,dx = \int R\left(\frac{2t}{1+t^2}, \frac{1-t^2}{1+t^2}\right)\cdot\frac{2}{1+t^2}\,dt.$$

例 4.11

$\displaystyle\int \frac{dx}{\sin x}$ を計算せよ．

解　$t = \tan\dfrac{x}{2}$ とおけば，

$$\int \frac{dx}{\sin x} = \int \frac{1+t^2}{2t}\cdot\frac{2}{1+t^2}\,dt = \int \frac{dt}{t} = \log|t| + C = \log\left|\tan\frac{x}{2}\right| + C. \quad \square$$

上記は $\sin x$, $\cos x$ の有理式一般の積分計算に用いられるが，もう少し特別な形の場合はより簡単な方法がある．

(B) $\sin^2 x$, $\cos^2 x$, $\tan x$ の有理式の積分．すなわち，$R(u,v,w)$ を u, v, w の有理式として，$\int R(\sin^2 x, \cos^2 x, \tan x)\,dx$ の場合，$t = \tan x$ とおけば，

$$\sin^2 x = \frac{t^2}{1+t^2}, \quad \cos^2 x = \frac{1}{1+t^2}, \quad dx = \frac{1}{1+t^2}\,dt \tag{4.10}$$

となって，次の t の有理式の積分に帰着させられる．

$$\int R(\sin^2 x, \cos^2 x, \tan x)\,dx = \int R\left(\frac{t^2}{1+t^2}, \frac{1}{1+t^2}, t\right) \cdot \frac{1}{1+t^2}\,dt.$$

(C) $R(u)$ を u の有理式として，$\int R(\sin x)\cos x\,dx$, または，$\int R(\cos x)\sin x\,dx$ の場合，次のように，前者は $t = \sin x$, 後者は $t = \cos x$ と置換すればよい．

$$\int R(\sin x)\cos x\,dx = \int R(t)\,dt \quad (t = \sin x,\ dt = \cos x\,dx).$$

$$\int R(\cos x)\sin x\,dx = -\int R(t)\,dt \quad (t = \cos x,\ dt = -\sin x\,dx).$$

応用として，$\int \sin^m x \cos^n x\,dx$ で，整数 m, n のうち少なくとも一方が奇数なら，$\sin^2 x = 1 - \cos^2 x$, $\cos^2 x = 1 - \sin^2 x$ により，上記の形に帰着できる．

(3) べき乗根を含むいくつかの積分

以下，$R(u,v)$, $\tilde{R}(u,v)$ はそれぞれ u, v の有理式とする．

(A) $\int R\left(x, \sqrt[n]{\frac{ax+b}{cx+d}}\right) dx$ （a,b,c,d は $ad-bc \neq 0$ なる定数）の場合，$t = \sqrt[n]{\frac{ax+b}{cx+d}}$ とおけば，次の t の有理式の積分に帰着させられる．

$$\int R\left(x, \sqrt[n]{\frac{ax+b}{cx+d}}\right) dx = \int R\left(\frac{d\,t^n - b}{a - c\,t^n}, t\right) \cdot \frac{ad-bc}{(a-c\,t^n)^2}\, n\,t^{n-1}\,dt.$$

(B) $\int R\left(x, \sqrt{ax^2+bx+c}\right) dx$ (a, b, c は適当な区間で $ax^2+bx+c > 0$, $a \neq 0$ を満たす定数) の場合，$t = x + \frac{b}{2a}$, $A = \frac{b^2-4ac}{4a^2}$ とおけば，

$$a > 0 \quad \Rightarrow \quad \sqrt{ax^2+bx+c} = \sqrt{a}\sqrt{t^2 - A}$$

$$a < 0 \quad \Rightarrow \quad \sqrt{ax^2+bx+c} = \sqrt{-a}\sqrt{A - t^2}$$

となって，積分は次のいずれかの形に帰着する．

(i) $\displaystyle\int \tilde{R}\left(t, \sqrt{k^2 - t^2}\right) dt$,　(ii) $\displaystyle\int \tilde{R}\left(t, \sqrt{t^2 + k^2}\right) dt$,

(iii) $\displaystyle\int \tilde{R}\left(t, \sqrt{t^2 - k^2}\right) dt$.

(i) は $t = k\sin\theta$，(ii) は $t = k\tan\theta$，(iii) は $t = k\sec\theta$ とおくことで，三角関数の有理式の積分に帰着させられる．

(4) 指数・対数・三角・双曲線関数を含むいくつかの積分

(A)　$P(x)$ を多項式として，$\displaystyle\int P(x)A(x)\,dx$ の形の場合，$A(x)$ が e^{ax}，$\sin ax$，$\cos ax$，$\sinh ax$，$\cosh ax$ のいずれかのとき，注意2で述べたように，$P(x)$ を微分していく形で部分積分を繰り返し用いればよい．

$A(x)$ が $\log ax$，$\sin^{-1} ax$，$\cos^{-1} ax$，$\tan^{-1} ax$，$\sinh^{-1} ax$，$\cosh^{-1} ax$，$\tanh^{-1} ax$ のいずれかの場合，$A'(x)$ は x の有理式か x の2次式の平方根の有理式となるので，$Q(x) = \displaystyle\int P(x)\,dx$ として，

$$\int P(x)A(x)\,dx = Q(x)A(x) - \int Q(x)A'(x)\,dx$$

と部分積分することで，(1) 項，あるいは，(3) 項の (B) の手順で計算できる．

(B)　$R(u)$ を u の有理式として，$\displaystyle\int R(e^x)\,dx$ の形の場合，$t = e^x$ とおくと，$dt = e^x dx = t\,dx$ であり，$\displaystyle\int R(e^x)\,dx = \int \frac{R(t)}{t}\,dt$ と有理式の積分に帰着する．

(C)　$P(u)$ を u の多項式として，$\displaystyle\int P(\log x)\,dx$ の形の場合，部分積分の応用公式 (4.4) から，

$$\int P(\log x)\,dx = xP(\log x) - \int xP'(\log x)\cdot\frac{1}{x}\,dx = xP(\log x) - \int P'(\log x)\,dx$$

となるので，これを繰り返せばよい．

(D)　$I(m,n) = \displaystyle\int \sin^m x\cos^n x\,dx$（$m$，$n$ は非負整数）の形の場合，(2) 項の (B) か (C) の方法で求められるが，ここでは漸化式による方法を紹介する．$n \geqq 2$ のとき，被積分関数を $f'(x)\cdot g(x) = (\sin^m x\cos x)\cdot\cos^{n-1} x$ とみて部分積分し，右辺積分の中の $\sin^{m+2} x\cos^{n-2} x$ を $\sin^m x\cos^{n-2} x\,(1-\cos^2 x)$ とすることで，

$$I(m,n) = \frac{\sin^{m+1} x\ \cos^{n-1} x}{m+1} + \frac{n-1}{m+1}\{I(m,n-2) - I(m,n)\}$$

を得る．これを $I(m,n)$ について解いて，$n \geqq 2$ に対する漸化式

$$I(m,n) = \frac{\sin^{m+1} x \cos^{n-1} x}{m+n} + \frac{n-1}{m+n} I(m, n-2) \tag{4.11}$$

が導かれる．同様に，$m \geqq 2$ に対する漸化式

$$I(m,n) = -\frac{\sin^{m-1} x \cos^{n+1} x}{m+n} + \frac{m-1}{m+n} I(m-2, n) \tag{4.12}$$

も導かれる．漸化式 (4.11)，(4.12) により，$I(m,n)$ の積分は $I(0,0)$，$I(1,0)$，$I(0,1)$，$I(1,1)$ のいずれかの計算に帰着するが，これらは次のように簡単に求まる．

$$I(0,0) = x + C, \qquad I(1,0) = -\cos x + C,$$
$$I(0,1) = \sin x + C, \quad I(1,1) = -\frac{1}{2}\cos^2 x + C.$$

例 4.12

$I(2,4) = \displaystyle\int \sin^2 x \cos^4 x \, dx$ を求めよ．

解　$I(2,4)$ を，漸化式 (4.11) により $I(2,2)$，次いで $I(2,0)$ の計算に，さらに漸化式 (4.12) により $I(0,0)$ の計算に帰着させ，上記とあわせて次の結果を得る．

$$I(2,4) = \frac{1}{6}\sin^3 x \cos^3 x + \frac{1}{8}\sin^3 x \cos x - \frac{1}{16}\sin x \cos x + \frac{1}{16}x + C. \qquad \square$$

4.3 定積分

関数 $f(x)$ の閉区間 $[a,b]$ における定積分とは，曲線 $y = f(x)$ と x 軸，それに y 軸に平行な 2 直線 $x = a$，$x = b$ とで囲まれる図形の符号つき面積として定められる．その定義を確認し，定積分の基本的な性質を紹介する．さらに，定積分と不定積分の関係について述べる．

(1) 定積分の定義

図 4.1 のように，閉区間 $[a,b]$ を $a = x_0 < x_1 < x_2 < \cdots < x_{n-1} < x_n = b$ を満たす点により，n 個の小区間 $[x_{i-1}, x_i]$ $(i = 1, 2, \cdots, n)$ に分けることを，区間 $[a,b]$ の**分割**といい，Δ で表す．すなわち，

$$\Delta: \quad [a,b] = [x_0, x_1] \cup [x_1, x_2] \cup \cdots \cup [x_{n-1}, x_n].$$

各区間の境界点 x_i を**分点**とよぶ．分割 Δ とは，次のように分点の集合と考えてもよい．

$$\Delta = \{x_0, x_1, \cdots, x_{n-1}, x_n\}.$$

分割 Δ の各小区間 $[x_{i-1}, x_i]$ の区間幅 $x_i - x_{i-1}$ を Δx_i で表す．Δx_i の総和は全体の区間幅 $b-a$ になる．また，Δx_i の最大値 $\max\limits_{1 \leqq i \leqq n} \Delta x_i$ $\left(\max\limits_{1 \leqq i \leqq n}\right.$ は $1 \leqq i \leqq n$ での最大値を表す記号$\left.\right)$ を $\delta(\Delta)$ で表すことにする．すなわち，

$$\Delta x_i = x_i - x_{i-1}, \quad \sum_{i=1}^{n} \Delta x_i = b - a, \quad \delta(\Delta) = \max_{1 \leqq i \leqq n} \Delta x_i.$$

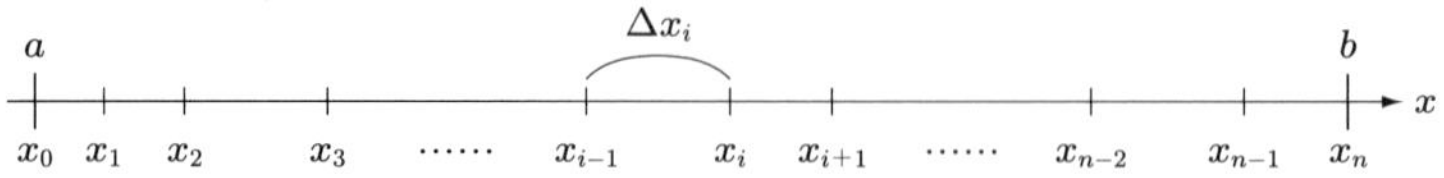

図 4.1　区間 $[a, b]$ の分割の例; 各小区間の幅は一定とは限らない

閉区間 $[a, b]$ で定義された関数 $f(x)$ が与えられているとする．$[a, b]$ の分割 Δ に対して，各小区間 $[x_{i-1}, x_i]$ から代表点 ξ_i をとり，

$$I(\Delta) = \sum_{i=1}^{n} f(\xi_i) \Delta x_i$$

と定め，$I(\Delta)$ を分割 Δ とその代表点 $\{\xi_i\}$ による**リーマン和**という．リーマン和 $I(\Delta)$ は，図 4.2 で x 軸より上の長方形と下の長方形それぞれの総面積の差を表している．これは，曲線 $y = f(x)$ と 3 直線 $y = 0$ (x 軸)，$x = a$，$x = b$ で囲まれた図形の面積の近似値である（ただし，$y < 0$ の部分は負の面積と考える）．

近似長方形を全体的に細くしていったときのリーマン和の極限値が，この曲線と 3 直線の囲む図形の符号つき面積といえる (図 4.3)．その際，細くするしかたや代表点の

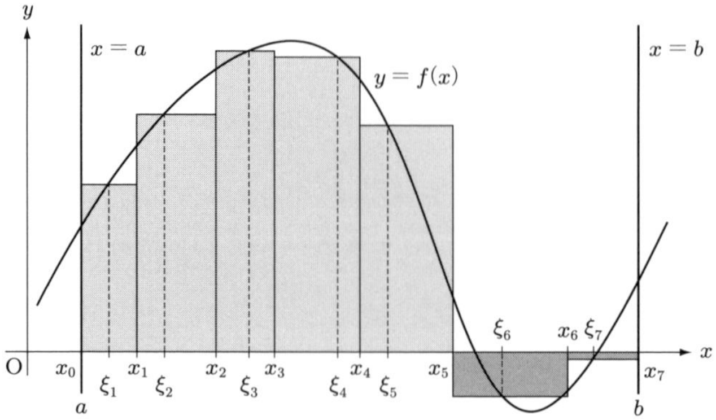

図 4.2　リーマン和の例 ($n = 7$)

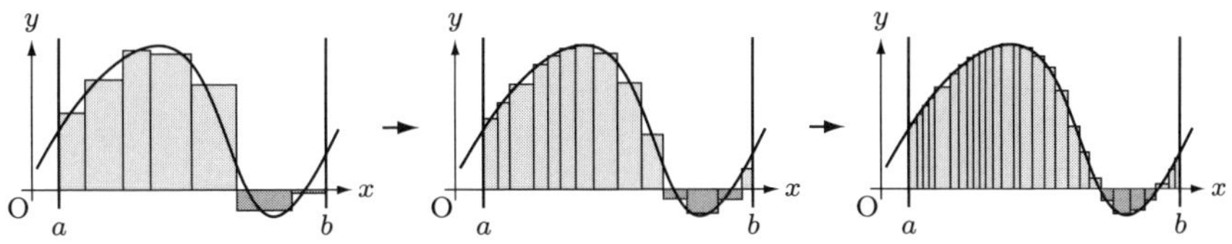

図 4.3　分割を細かくしたときの様子

選び方で極限値が変わるようでは，図形固有の面積とはいえない．そこで，$\delta(\Delta) \to 0$ となるように分割 Δ を細かくして（分点を増やして）いくとき，細かくするしかたや代表点 ξ_i の選び方によらず，極限 $\displaystyle\lim_{\delta(\Delta)\to 0} I(\Delta) = I$ が存在するなら，$f(x)$ は $[a,b]$ で**（定）積分可能**であるという．このとき，その極限値を

$$I = \int_a^b f(x)\,dx$$

と表し，$f(x)$ の $[a,b]$ における**定積分**，あるいは，a から b までの定積分とよぶ．$[a,b]$ を**積分区間**，a を**下端**，b を**上端**という．また，$f(x)$ は**被積分関数**，x は**積分変数**とよばれる．なお，$a < b$ に対し，b から a までの定積分を次式で定める．

$$\int_b^a f(x)\,dx = -\int_a^b f(x)\,dx.$$

与えられた関数 $f(x)$ が定積分可能であるかどうかを定義に従って判断するのは難しいが，閉区間 $[a,b]$ で連続な関数 $f(x)$ は，この区間で定積分可能であることがいえる．

定理 4.4（定積分の存在）　閉区間 $[a,b]$ で連続な関数 $f(x)$ は，$[a,b]$ で積分可能である．

略証　厳密な証明はより詳しい書籍に譲り，ここではその概略を示す．

$f(x)$ を $[a,b]$ で連続な関数とする．$[a,b]$ の分割 $\Delta = \{x_0, x_1, \cdots, x_n\}$ に対し，

$$M_i = \max_{x\in[x_{i-1},x_i]} f(x), \quad m_i = \min_{x\in[x_{i-1},x_i]} f(x) \quad (i = 1, 2, \cdots, n)$$

とおき（$f(x)$ の連続性より，各小閉区間ごとに最大値 M_i と最小値 m_i は存在することに注意．max，min はそれぞれ，示された範囲での最大値，最小値を表す記号である），

$$S_\Delta = \sum_{i=1}^{n} M_i \Delta x_i, \quad s_\Delta = \sum_{i=1}^{n} m_i \Delta x_i$$

と定める．これらは，それぞれ各長方形が曲線 $y = f(x)$ に上から (S_Δ)，あるいは，下から (s_Δ) 接する場合のリーマン和であり（図 4.4），代表点 $\{\xi_i\}$ を任意にとった一般のリーマン和 $I(\Delta)$ に対しては，

$$s_\Delta \leqq I(\Delta) \leqq S_\Delta \tag{4.13}$$

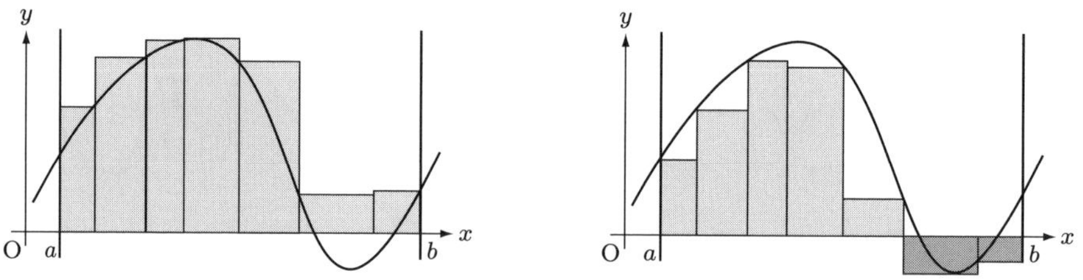

（1）S_Δの例　　（2）s_Δの例

図 4.4　曲線に上下から接する場合のリーマン和

なる大小関係を満たす．

分割 Δ を細かくして（分点を増やして）いくと，s_Δ は単調増加，S_Δ は単調減少する．特に，$\delta(\Delta) \to 0$ となるように分割全体を細かくしていくと，s_Δ，S_Δ は同じ値に収束すること，また，その値は分割 Δ のとり方，細かくするしかたによらないこともいえる．大小関係 (4.13) より，一般のリーマン和 $I(\Delta)$ も同じ値に収束することがいえて，定理 4.4 が示される．　■

(2)　定積分の基本的な性質

定積分の基本的な性質を記す．

定理 4.5　　関数 $f(x)$，$g(x)$ が $[a,b]$ で連続であるとき，次がいえる．

(1) $\displaystyle\int_a^b \{f(x)+g(x)\}\,dx = \int_a^b f(x)\,dx + \int_a^b g(x)\,dx.$

(2) $\displaystyle\int_a^b kf(x)\,dx = k\int_a^b f(x)\,dx$　（k は定数）．

(3) $\displaystyle\int_a^b f(x)\,dx = \int_a^c f(x)\,dx + \int_c^b f(x)\,dx$　$(a<c<b)$．

(4) $[a,b]$ で $f(x) \leqq g(x)$ ならば，$\displaystyle\int_a^b f(x)\,dx \leqq \int_a^b g(x)\,dx$
（等号は $f(x) \equiv g(x)$ のときのみ）．

(5) $\displaystyle\left|\int_a^b f(x)\,dx\right| \leqq \int_a^b |f(x)|\,dx$　（ただし，$a \leqq b$）．

略証　(1)，(2) はあわせて**定積分の線形性**とよばれる．(1)〜(4) の証明は定義に立ち戻って考えれば簡単である．(5) は，$f(x)$ が連続のとき $|f(x)|$ も連続となることから右辺定積分の存在がいえ，$f(x) \leqq |f(x)|$ より (4) に帰着する．　■

第 3 章で微分の平均値の定理を紹介したが，定積分についても平均値の定理とよばれる事実が成り立つ．

定理 4.6（積分の平均値の定理） 関数 $f(x)$ は $[a,b]$ で連続とする．このとき，

$$\int_a^b f(x)\,dx = f(c)(b-a)$$

を満たす $c \in (a,b)$ が存在する．

証明 関数 $f(x)$ が定数のときは明らか．$f(x)$ が定数ではないときについて考える．$f(x)$ が $[a,b]$ で連続であることから，最大・最小値の定理（定理 2.5）により，

$$M = \max_{x\in[a,b]} f(x), \quad m = \min_{x\in[a,b]} f(x)$$

が存在する．$[a,b]$ で $m \leqq f(x) \leqq M$ であるから，定理 4.5 の (4) より，

$$m(b-a) = \int_a^b m\,dx < \int_a^b f(x)\,dx < \int_a^b M\,dx = M(b-a)$$

$$\Rightarrow \quad m < \frac{1}{b-a}\int_a^b f(x)\,dx < M$$

がいえる（$f(x) \not\equiv m,\ M$ に注意）．したがって，中間値の定理（定理 2.4）により，

$$f(c) = \frac{1}{b-a}\int_a^b f(x)\,dx$$

となる $c \in (a,b)$ の存在がいえる． ■

定理 4.6 は，区間 $[a,b]$ 上で，曲線 $y=f(x)$ と x 軸が囲む図形と面積（符号つき）の等しい長方形を図 4.5 のようにとると，x 軸に平行な辺は $a<x<b$ で曲線と交わることを示している．交点の高さ $f(c)$ は，この区間で曲線をならしたときの高さ，すなわち $[a,b]$ における $f(x)$ の平均値といえる．

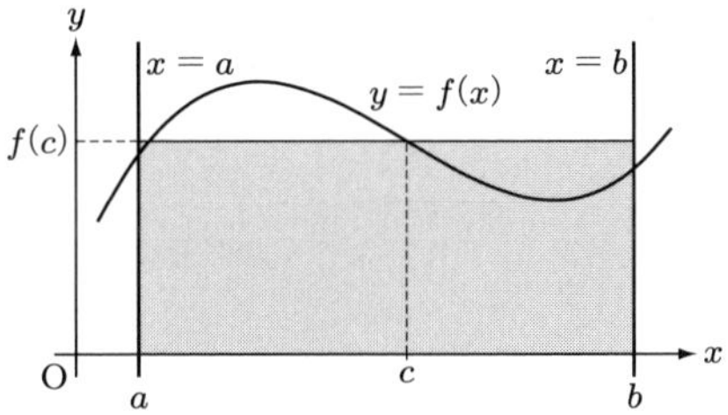

図 4.5 積分の平均値の定理

◆注意 3◆ 定理 4.6 からただちに，$[a,b]$ 内の任意の 2 点 x，$x+h$ に対して，

$$\int_x^{x+h} f(t)\,dt = hf(x+\theta h) \qquad (0<\theta<1) \tag{4.14}$$

と書けることが示せる．ただし，θ は $f(x)$ の形と x，h により決まる定数である．

また，定理 4.6 の拡張として次の定理がいえる．これは，重み $g(x)$ のついた平均値の定理といえる．定理 4.6 は，定理 4.7 で $g(x) \equiv 1$ としたものとみなせる．

定理 4.7 関数 $f(x)$，$g(x)$ はともに $[a, b]$ で連続で，特に $g(x)$ は定符号であるとする．このとき，

$$\int_a^b f(x)g(x)\,dx = f(c)\int_a^b g(x)\,dx$$

を満たす $c \in (a, b)$ が存在する．

問 4.8 定理 4.6 の証明にならって，定理 4.7 を証明せよ．

(3) 定積分と不定積分の関係

定積分と不定積分（原始関数）の間には次のような関係がある．

定理 4.8 関数 $f(x)$ は $[a, b]$ で連続であるとする．このとき，

$$F(x) = \int_a^x f(t)\,dt \qquad (a \leqq x \leqq b)$$

とおくと，$F(x)$ は $[a, b]$ で微分可能で $F'(x) = f(x)$ となる．すなわち，$F(x)$ は $f(x)$ の原始関数になる．

証明 積分の平均値の定理の別表現 (4.14) より，$x, x+h \in [a, b]$ に対して，

$$F(x+h) - F(x) = \int_a^{x+h} f(t)\,dt - \int_a^x f(t)\,dt = \int_x^{x+h} f(t)\,dt = hf(x+\theta h)$$

となる $\theta \in (0, 1)$ がある (θ は x，h に依存)．$f(x)$ の連続性に注意して，

$$F'(x) = \lim_{h\to 0}\frac{F(x+h) - F(x)}{h} = \lim_{h\to 0} f(x+\theta h) = f(x)$$

がいえる．これは任意の $x \in [a, b]$ について成り立ち，$F(x)$ は $f(x)$ の原始関数であることが示される． ■

定理 4.8 の $F(x)$ は，定義により

$$F(a) = \int_a^a f(t)\,dt = 0, \quad F(b) = \int_a^b f(t)\,dt$$

を満たす．問 4.1 でみたように，$f(x)$ の任意の原始関数 $G(x)$ は，この $F(x)$ と適当な定数 C だけ異なる関数である．したがって，

$$G(b) - G(a) = (F(b) + C) - (F(a) + C) = F(b) = \int_a^b f(t)\,dt$$

となる．このことから次がいえる．

定理 4.9 関数 $f(x)$ は $[a,b]$ で連続とし，$f(x)$ の原始関数の一つを $F(x)$ とするとき，

$$\int_a^b f(x)\,dx = F(b) - F(a).$$

$F(b) - F(a) = \big[F(x)\big]_a^b$ と表す．この定理で，右辺の原始関数 $F(x)$ を改めて $f(x)$ と書き，被積分関数をその導関数 $f'(x)$ とすれば，次のように表せる．

系 区間 $[a,b]$ で関数 $f(x)$ が微分可能，導関数 $f'(x)$ が連続ならば，

$$\int_a^b f'(x)\,dx = f(b) - f(a).$$

定理 4.8 は，定積分により不定積分が，逆に定理 4.9 は，不定積分により定積分が求まることを表し，定積分と不定積分は本質的に同じものといえる．また，不定積分における置換積分，部分積分の公式を定積分にも焼き直せる．

定理 4.10（置換積分） 関数 $f(x)$ が $[a,b]$ で連続で，$x = g(t)$ が $[\alpha,\beta]$ $(g(\alpha) = a,\ g(\beta) = b)$ で微分可能ならば，

$$\int_a^b f(x)\,dx = \int_\alpha^\beta f(g(t))g'(t)\,dt.$$

定理 4.11（部分積分） $[a,b]$ で関数 $f(x)$，$g(x)$ が微分可能，$f'(x)$，$g'(x)$ が連続ならば，

$$\int_a^b f'(x)g(x)\,dx = \big[f(x)g(x)\big]_a^b - \int_a^b f(x)g'(x)\,dx.$$

いずれも，対応する不定積分の結果と定理 4.9 からただちにいえるので，証明は省略する．

問 4.9 n を非負整数として，$I_n = \displaystyle\int_0^{\pi/2} \sin^n x\,dx$，$J_n = \displaystyle\int_0^{\pi/2} \cos^n x\,dx$ とする．

(1) 適当な置換を行うことで，$I_n = J_n$ を示せ．

(2) 部分積分により，I_n に関する漸化式を導き，さらに I_n を n で表せ．

(3) 上の結果を用いて，① $\displaystyle\int_0^{\pi/2} \sin^5 x\,dx$，② $\displaystyle\int_0^{\pi/2} \cos^2 x \sin^4 x\,dx$ を求めよ．

4.4　広義積分

関数 $f(x)$ が有限閉区間 $[a,b]$ で連続なら，$f(x)$ はこの区間で定積分可能であることをみた．ここでは，被積分関数が不連続である場合や，積分区間が有限閉区間でない場合へと，定積分の定義を拡張する．

(1)　定積分の定義の拡張

関数 $f(x)$ の未定義点や不連続点を $f(x)$ の**特異点**という．$f(x)$ が $x=a$ を特異点にもつが $(a,b]$ では連続な場合，任意の $\alpha \in (a,b)$ による閉区間 $[\alpha,b]$ で $f(x)$ は連続であり，定積分 $\displaystyle\int_\alpha^b f(x)\,dx$ は存在する．もし，その右側極限 $\displaystyle\lim_{\alpha\to a+0}\int_\alpha^b f(x)\,dx$ が収束するなら，これを $f(x)$ の $(a,b]$ における定積分といい，

$$\int_a^b f(x)\,dx = \lim_{\alpha\to a+0}\int_\alpha^b f(x)\,dx = \lim_{\varepsilon\to+0}\int_{a+\varepsilon}^b f(x)\,dx$$

と表す（図4.6）．同様に，$[a,b)$ における定積分（$x=b$ が特異点）を

$$\int_a^b f(x)\,dx = \lim_{\beta\to b-0}\int_a^\beta f(x)\,dx = \lim_{\varepsilon\to+0}\int_a^{b-\varepsilon} f(x)\,dx$$

により，(a,b) における定積分 ($x=a,b$ が特異点) を

$$\int_a^b f(x)\,dx = \lim_{\substack{\alpha\to a+0\\ \beta\to b-0}}\int_a^\beta f(x)\,dx = \lim_{\substack{\varepsilon_1\to+0\\ \varepsilon_2\to+0}}\int_{a+\varepsilon_1}^{b-\varepsilon_2} f(x)\,dx$$

（積分の上下端の極限は独立にとることに注意）により定め，これらを**広義積分**，または，**異常積分**とよぶ．いずれも右辺極限が収束するなら，広義積分は**収束する**，または，**存在する**といい，収束しないなら，**発散する**，または，**存在しない**という．

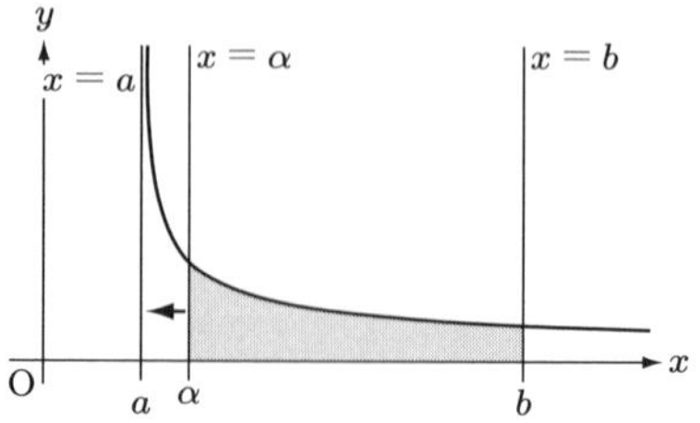

図4.6　$x=a$ で不連続な場合

例 4.13

$a > 0$ として，$\displaystyle\int_0^1 \frac{dx}{x^a}$ の収束について調べよ．

解 被積分関数 $\dfrac{1}{x^a}$ は $x = 0$ を特異点にもち，$x \to +0$ のとき発散するが，$0 < \varepsilon < 1$ として $[\varepsilon, 1]$ では連続となり定積分可能である．

$$\int_\varepsilon^1 \frac{dx}{x^a} = \frac{1}{1-a}\left(1 - \varepsilon^{1-a}\right) \quad (a \neq 1), \qquad \int_\varepsilon^1 \frac{dx}{x^a} = -\log\varepsilon \quad (a = 1).$$

この右辺は $\varepsilon \to +0$ としたとき，$0 < a < 1$ なら収束し，$a \geqq 1$ なら発散する．

$$\int_0^1 \frac{dx}{x^a} = \frac{1}{1-a} \quad (0 < a < 1), \qquad \int_0^1 \frac{dx}{x^a} = +\infty \quad (1 \leqq a).$$

□

特異点を複数 (ただし，有限個) もつ場合は，次のように区間を特異点で区切って考える．

$$\int_a^b f(x)\,dx = \int_a^{c_1} f(x)\,dx + \int_{c_1}^{c_2} f(x)\,dx + \cdots + \int_{c_n}^b f(x)\,dx.$$

このとき，右辺の各広義積分がすべて収束する場合のみ，左辺広義積分は収束する (存在する) ものとする．特異点が $a < c < b$ の点 c の一つだけなら，

$$\int_a^b f(x)\,dx = \lim_{\substack{\varepsilon_1 \to +0 \\ \varepsilon_2 \to +0}} \left\{ \int_a^{c-\varepsilon_1} f(x)\,dx + \int_{c+\varepsilon_2}^b f(x)\,dx \right\} \tag{4.15}$$

であるが，右辺の極限は ε_1 と ε_2 を独立にとる．これは，たとえば

$$\lim_{\varepsilon \to +0} \left\{ \int_a^{c-\varepsilon} f(x)\,dx + \int_{c+\varepsilon}^b f(x)\,dx \right\} \tag{4.16}$$

とは異なる．式 (4.16) が収束しても式 (4.15) は収束すると限らない（収束するなら同じ値）．なお，式 (4.16) のように，積分の上下端を同じ速さで特異点に近づけた極限値を**コーシーの主値（積分）**といい，p.v.$\displaystyle\int_a^b f(x)\,dx$ などと表す．

問 4.10 次の広義積分の値を求めよ．収束しない場合はコーシーの主値の意味で収束するかどうかも確認せよ．

(1) $\displaystyle\int_0^1 \log x\,dx$ (2) $\displaystyle\int_{-1}^2 \frac{dx}{x^2}$ (3) $\displaystyle\int_{-1}^2 \frac{dx}{x^3}$ (4) $\displaystyle\int_{-1}^1 \frac{dx}{\sqrt{1-x^2}}$

さらに，半無限区間 $[a, \infty)$ や実数全体 $(-\infty, \infty)$ などの場合も，

$$\int_a^\infty f(x)\,dx = \lim_{\beta \to +\infty} \int_a^\beta f(x)\,dx, \qquad \int_{-\infty}^\infty f(x)\,dx = \lim_{\substack{\alpha \to -\infty \\ \beta \to +\infty}} \int_\alpha^\beta f(x)\,dx$$

と極限により広義積分を定義する（図 4.7）．ここで，$(-\infty, \infty)$ における広義積分は，やはり独立に $\alpha \to -\infty$，$\beta \to +\infty$ として極限をとる（下記注意 4 参照）．さらに，(a, ∞)，$(-\infty, b)$ についても両端に関する極限により定める．

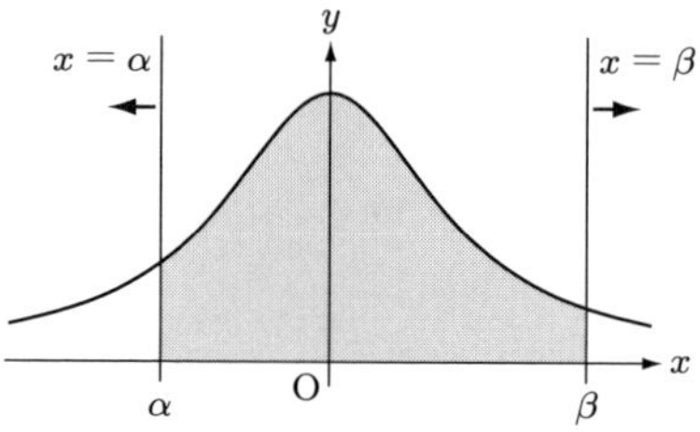

図 4.7　積分区間が $(-\infty, \infty)$ の場合．

例 4.14

$a > 0$ として，$\displaystyle\int_1^\infty \frac{dx}{x^a}$ の収束について調べよ．

解　任意の $\beta > 1$ について，次のように有限閉区間 $[1, \beta]$ における定積分は可能．

$$\int_1^\beta \frac{dx}{x^a} = \frac{1}{1-a}(\beta^{1-a} - 1) \quad (a \neq 1), \qquad \int_1^\beta \frac{dx}{x^a} = \log \beta \quad (a = 1).$$

$\beta \to +\infty$ で，右辺は次のように $0 < a \leqq 1$ なら発散，$a > 1$ なら収束する（例 4.13 と比較）．

$$\int_1^\infty \frac{dx}{x^a} = +\infty \quad (0 < a \leqq 1), \qquad \int_1^\infty \frac{dx}{x^a} = \frac{1}{a-1} \quad (1 < a).$$

□

◆注意 4◆　$\displaystyle\lim_{R\to\infty} \int_{-R}^R f(x)\,dx$ が収束しても，$\displaystyle\int_{-\infty}^\infty f(x)\,dx$ も収束するとは限らない．たとえば，任意の R で $\displaystyle\int_{-R}^R \sin x\,dx = 0$ から，$\displaystyle\lim_{R\to\infty} \int_{-R}^R \sin x\,dx = 0$ となるが，

$$\int_{-\infty}^\infty \sin x\,dx = \lim_{\substack{\alpha\to-\infty \\ \beta\to+\infty}} \int_\alpha^\beta \sin x\,dx = \lim_{\substack{\alpha\to-\infty \\ \beta\to+\infty}} (\cos\alpha - \cos\beta)$$

は振動して収束しない．この $\displaystyle\lim_{R\to\infty} \int_{-R}^R f(x)\,dx$ もコーシーの主値とよばれる．

問 4.11　次の広義積分の値を求めよ．(3)，(4) については，広義積分が収束しない場合，コーシーの主値の意味で収束するかどうかも確認せよ．

(1) $\displaystyle\int_1^\infty \log x\,dx$　　(2) $\displaystyle\int_1^\infty \frac{dx}{x^2}$　　(3) $\displaystyle\int_{-\infty}^\infty x^2 dx$　　(4) $\displaystyle\int_{-\infty}^\infty x^3 dx$

(2) 比較判定法

対応する不定積分がわからなくても，以下の方法で広義積分の収束性（存在性）を判断できることがある．なお，本項では定理の証明を省略する．

定理 4.12（比較判定法） 半開区間 $(a, b]$ で連続な関数 $f(x)$，$g(x)$ が，この区間で $0 \leqq f(x) \leqq g(x)$ を満たしているとする．このとき，

(1) $\displaystyle\lim_{\alpha \to a+0} \int_\alpha^b g(x)\,dx$ が収束すれば，$\displaystyle\lim_{\alpha \to a+0} \int_\alpha^b f(x)\,dx$ も収束する．

(2) $\displaystyle\lim_{\alpha \to a+0} \int_\alpha^b f(x)\,dx$ が発散すれば，$\displaystyle\lim_{\alpha \to a+0} \int_\alpha^b g(x)\,dx$ も発散する．

$(a, b]$ の代わりに $(-\infty, \infty)$ など，一般の広義積分についても同様である．

例 4.15

$\displaystyle\Gamma(s) = \int_0^\infty e^{-x} x^{s-1}\,dx$ と定める．この積分は任意の $s > 0$ に対して存在することを示せ．

解 問題の積分を

$$\int_0^\infty e^{-x} x^{s-1}\,dx = \int_0^1 e^{-x} x^{s-1}\,dx + \int_1^\infty e^{-x} x^{s-1}\,dx = I_1 + I_2$$

と二つに分け，広義積分 I_1，I_2 それぞれの収束性を示す．$0 < x \leqq 1$ では $0 < e^{-x} x^{s-1} < x^{s-1}$ であり，$\displaystyle\int_0^1 x^{s-1}\,dx$ は収束すること（例 4.13 参照）から，定理 4.12 より I_1 の収束がいえる．一方，$\displaystyle\lim_{x \to \infty} e^{-x} x^{s+1} = 0$ より，$e^{-x} x^{s+1} = e^{-x} x^{s-1} \cdot x^2$ は $[1, \infty)$ で有界である．したがって，十分大きな正定数 M により，任意の $x \geqq 1$ に対して $0 < e^{-x} x^{s-1} \leqq \dfrac{M}{x^2}$ と書ける．$\displaystyle\int_1^\infty \frac{M}{x^2}\,dx = \left[-\frac{M}{x}\right]_1^\infty = M$ と収束し，定理 4.12 より I_2 の収束もいえる．

□

◆注意 5◆ $\Gamma(s)$ は**ガンマ関数**とよばれる．部分積分により $\Gamma(s+1) = s\Gamma(s)$ が確かめられ，$\Gamma(1) = 1$ とあわせて，非負整数 n について $\Gamma(n+1) = n!$ が導かれる．ガンマ関数は階乗を連続化した関数である．

問 4.12 次の積分が収束するかどうか判定せよ．

(1) $\displaystyle\int_0^\infty \frac{dx}{\sqrt[3]{1+x^4}}$ (2) $\displaystyle\int_0^\infty \frac{dx}{\sqrt[4]{1+x^3}}$ (3) $\displaystyle\int_0^\infty e^{-x^2}\,dx$

ヒント：まず，積分範囲を $[0, 1]$ と $[1, \infty)$ に分け，後者における広義積分で被積分関数をそれぞれ (1) $\dfrac{1}{\sqrt[3]{x^4}}$，(2) $\dfrac{1}{\sqrt[4]{2x^3}}$，(3) e^{-x} と比べてみよ．

比較判定法では，$f(x) \geqq 0$ が一つの条件だったが，一般に次がいえる．

定理 4.13　広義積分 $\displaystyle\int_a^b |f(x)|\,dx$ が収束するなら，$\displaystyle\int_a^b f(x)\,dx$ も収束する（積分範囲が無限区間の場合も含め，一般の広義積分について）．

例 4.16

$\displaystyle\int_0^1 \frac{1}{\sqrt{x}} \sin\frac{1}{x}\,dx$ の収束について調べよ．

解　被積分関数は $x \to +0$ で激しく振動し，振幅も発散する．しかし，$x > 0$ で $0 \leqq \left|\dfrac{1}{\sqrt{x}}\sin\dfrac{1}{x}\right| \leqq \dfrac{1}{\sqrt{x}}$ であり，$\displaystyle\int_0^1 \frac{dx}{\sqrt{x}}$ の収束性（例 4.13 参照）から，定理 4.12 より，$\displaystyle\int_0^1 \left|\frac{1}{\sqrt{x}}\sin\frac{1}{x}\right| dx$ は収束する．定理 4.13 より，問題の広義積分も収束する．　□

◆注意 6◆　広義積分 $\displaystyle\int_a^b |f(x)|\,dx$ が収束するとき $\displaystyle\int_a^b f(x)\,dx$ は**絶対収束**するという．定理 4.12 と定理 4.13 をあわせると，「$|f(x)| \leqq g(x)$ が常に成り立ち，かつ，$\displaystyle\int_a^b g(x)\,dx$ の収束する関数 $g(x)$ があるとき，$\displaystyle\int_a^b f(x)\,dx$ は絶対収束する」といえる．なお，定理 4.13 の逆はいえない．たとえば，$\displaystyle\int_0^\infty \frac{\sin x}{x}\,dx$ は収束するが，$\displaystyle\int_0^\infty \left|\frac{\sin x}{x}\right| dx$ は収束しない．

問 4.13　次の積分の収束性を示せ．また，絶対収束するかどうか調べよ．

(1) $\displaystyle\int_0^\infty \frac{\sin x}{x^a}\,dx \quad (1 < a < 2)$　　(2) $\displaystyle\int_0^\infty \frac{\sin x}{x^a}\,dx \quad (0 < a < 1)$

ヒント：積分範囲を $(0,1]$ と $[1,\infty)$ に分ける．前者は，$(0,1]$ で $\dfrac{|\sin x|}{x} \leqq 1$ であることを用いる．後者は，より吟味が必要．(1) は $|\sin x| \leqq 1$ を用いる．(2) は部分積分により $\dfrac{\cos x}{x^{a+1}}$ の積分に帰着させ，その収束性を調べる．

4.5　定積分の応用

定積分は面積から定義された．そのため，さまざまな図形の面積を求めるのに用いられる．また，立体図形の体積や曲線の長さも定積分を用いて計算される．

(1)　平面図形の面積

境界が関数のグラフで表される図形の面積を定積分により求める方法について，いくつか例をあげる．

例 4.17

曲線 $y = \cos x$ と x 軸，および，2 直線 $x = 0$，$x = \pi$ で囲まれた図形の面積 S を求めよ．

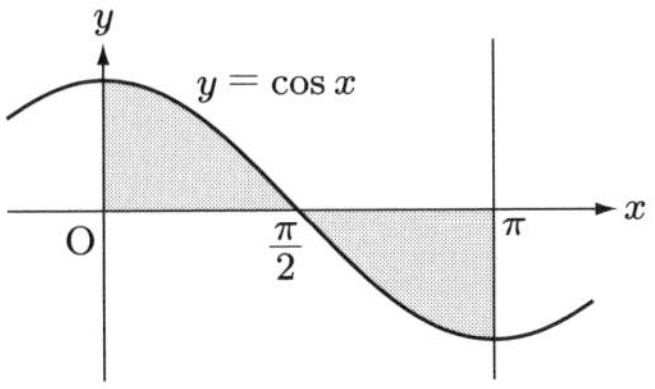

図 4.8

解　曲線 $y = f(x)$ と x 軸，および y 軸に平行な 2 直線 $x = a$，$x = b$ で囲まれた図形の面積は，

$$S = \int_a^b |f(x)|\,dx \tag{4.17}$$

と表される．具体的には，次のように $f(x)$ の値が正負の部分に分けて積分する．

$$S = \int_0^{\pi} |\cos x|\,dx = \int_0^{\pi/2} \cos x\,dx + \int_{\pi/2}^{\pi} (-\cos x)\,dx = 1 + 1 = 2.$$ □

例 4.18

$f(x) = 4x^3 - 8x^2 + 6$，$g(x) = 4x^2 - 8x + 6$ として，二つの曲線 $y = f(x)$ と $y = g(x)$ の囲む図形の面積 S を求めよ．

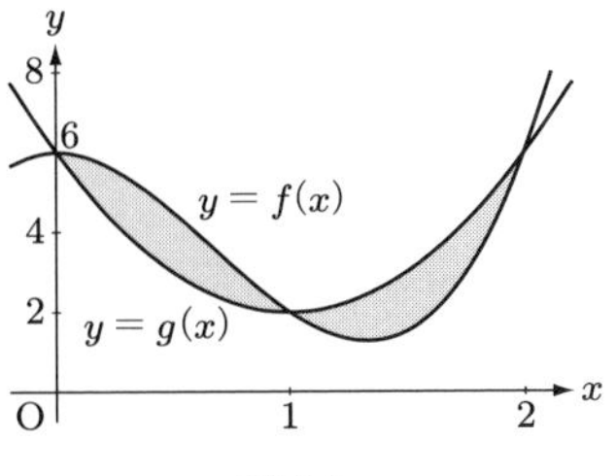

図 4.9

解　曲線 $y=f(x)$ と $y=g(x)$ で囲まれた図形の面積は

$$S=\int_a^b |f(x)-g(x)|\,dx \tag{4.18}$$

と表される．ここで，積分区間 $[a,b]$ は2曲線の交点の x 座標最小値から最大値までにとる．$f(x)-g(x)=4x^3-12x^2+8x=4x(x-1)(x-2)$ より，交点の x 座標は $x=0,1,2$．$f(x)-g(x)$ は $0<x<1$ で正，$1<x<2$ で負であることに注意して，

$$S=\int_0^1 (f(x)-g(x))\,dx+\int_1^2 (g(x)-f(x))\,dx$$
$$=\left[x^4-4x^3+4x^2\right]_0^1+\left[-x^4+4x^3-4x^2\right]_1^2=2.$$
□

例 4.19

曲線 $y=\dfrac{1}{1+x^2}$ と x 軸で囲まれた図形の面積 S を求めよ．

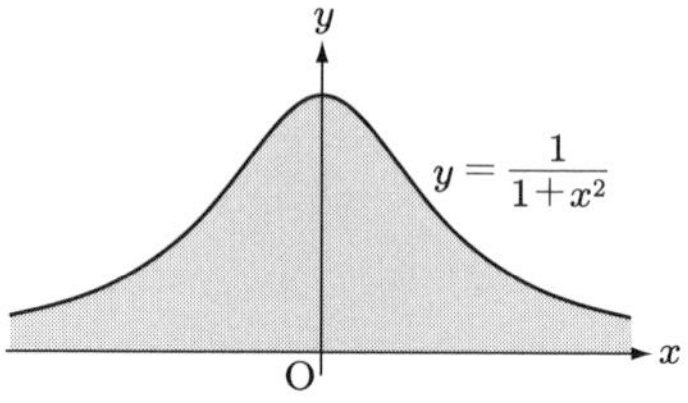

図 4.10

解　この曲線は x 軸と交わらず，$x=\pm\infty$ までのびている．このような場合も，次の広義積分により面積を定義できる．

$$S=\int_{-\infty}^{\infty}\frac{dx}{1+x^2}=\lim_{\substack{a\to-\infty\\ b\to+\infty}}\left[\tan^{-1}x\right]_a^b=\pi.$$
□

例 4.20

楕円 $\dfrac{x^2}{a^2}+\dfrac{y^2}{b^2}=1$ (a,b は正定数) は $(x(t),y(t))=(a\cos t,b\sin t)$ と媒介変数表示できる ($0\leqq t\leqq 2\pi$)．この曲線の囲む面積 S を求めよ．

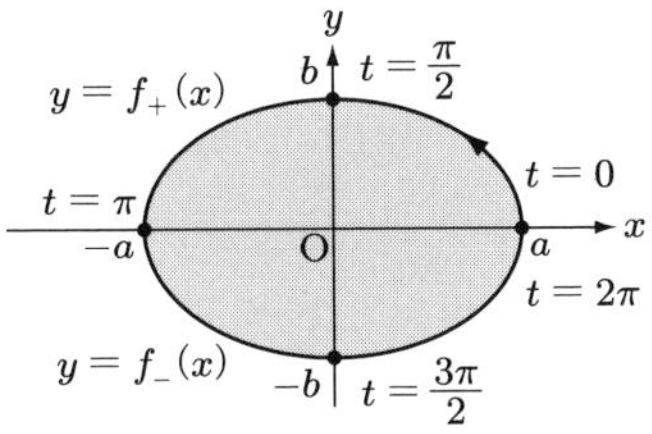

図 4.11

解 $f_{\pm}(x) = \pm b\sqrt{1 - \dfrac{x^2}{a^2}}$ として，楕円を上半分 $y = f_+(x)$ と下半分 $y = f_-(x)$ に分けて考え，さらに t による置換積分を行うことで，

$$S = \int_{-a}^{a} f_+(x)\,dx - \int_{-a}^{a} f_-(x)\,dx = \int_{\pi}^{0} y\frac{dx}{dt}\,dt - \int_{\pi}^{2\pi} y\frac{dx}{dt}\,dt,$$

すなわち，

$$S = \int_0^{2\pi} -y\frac{dx}{dt}\,dt \tag{4.19}$$

を得る．式 (4.19) に媒介変数表示 $x = a\cos t$，$y = b\sin t$ を代入して，

$$S = \int_0^{2\pi} ab\sin^2 t\,dt = \int_0^{2\pi} \frac{ab}{2}(1-\cos 2t)\,dt = \left[ab\left(\frac{t}{2} - \frac{1}{4}\sin 2t\right)\right]_0^{2\pi}$$
$$= \pi ab.$$
□

◆注意 7◆ 式 (4.19) は，図形の境界を左回りに媒介変数表示したときの面積の公式を与える．ただし，ここでは積分区間は $[0, 2\pi]$ であるが，一般には境界をちょうど 1 周する t の区間とする．境界を右回りに媒介変数表示した場合，被積分関数の符号は反転される．さらに，式 (4.19) を部分積分することで，

$$S = -\big[xy\big]_0^{2\pi} + \int_0^{2\pi} x\frac{dy}{dt}\,dt = \int_0^{2\pi} x\frac{dy}{dt}\,dt \tag{4.20}$$

を得る（境界を 1 周すると (x, y) はもとの座標点に戻ることに注意）．式 (4.19) と式 (4.20) は同じ面積 S を表すことから，

$$S = \int_0^{2\pi} \frac{1}{2}\left(x\frac{dy}{dt} - y\frac{dx}{dt}\right) dt \tag{4.21}$$

とも書ける．この被積分関数は，境界線上の点の位置ベクトル (x, y) と “速度” ベクトル $\left(\dfrac{dx}{dt}, \dfrac{dy}{dt}\right)$ を 2 辺とする三角形の面積であり，幾何学的に解釈できる．

問 4.14 例 4.20 の面積 S を式 (4.20)，(4.21) で求め，上の結果と比較せよ．

例 4.21

極座標で $r = \theta$ と表される渦巻線の最初の 1 周 $(0 \leqq \theta \leqq 2\pi)$ と，x 軸で囲まれた図形の面積 S を求めよ．

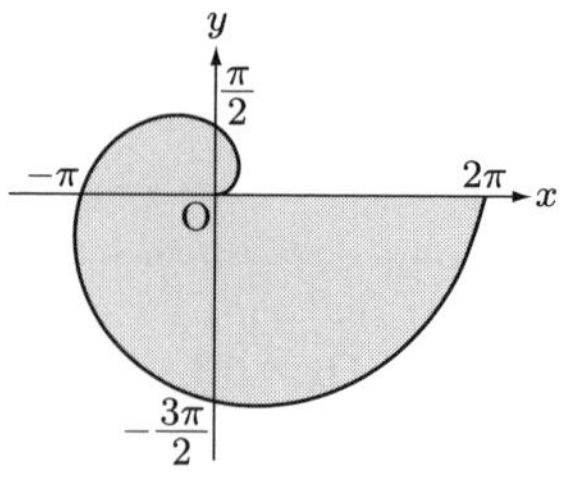

図 4.12

解　極座標表示の曲線 $r = f(\theta)$ と，原点からのびる 2 本の半直線 $\theta = \alpha$，$\theta = \beta$ $(\alpha < \beta)$ で囲まれる図形の面積 S は

$$S = \int_{\alpha}^{\beta} \frac{1}{2} \{f(\theta)\}^2 \, d\theta = \int_{\alpha}^{\beta} \frac{1}{2} r^2 \, d\theta \tag{4.22}$$

と表される．これは，$[\alpha, \beta]$ の分割 $\Delta = \{\theta_0, \theta_1, \cdots, \theta_n\}$ に対し，半径 $r_i = f(\theta_i)$，中心角 $\Delta\theta_i = \theta_i - \theta_{i-1}$ の扇形 $\left(\text{面積 } \dfrac{1}{2} r_i^2 \Delta\theta_i\right)$ の集まりで図形を近似し（図 4.13），分割 Δ を全体に細かくした極限から得られる．公式 (4.22) より，問題の面積は

$$S = \int_0^{2\pi} \frac{1}{2} \theta^2 \, d\theta = \left[\frac{1}{6}\theta^3\right]_0^{2\pi} = \frac{4}{3}\pi^3. \qquad \square$$

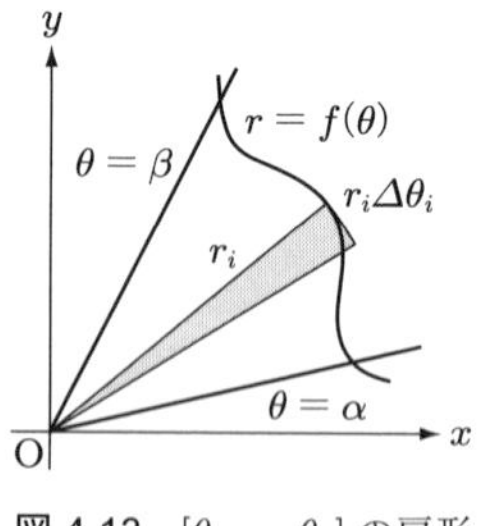

図 4.13　$[\theta_{i-1}, \theta_i]$ の扇形

(2)　立体の体積

x 軸に垂直な平面による断面積が $S(x)$ となる立体の，$x = a$，$x = b$ 平面で挟まれた部分の体積 V は，次式で求められる（図 4.14）．

$$V = \int_a^b S(x) \, dx. \tag{4.23}$$

特に，曲線 $y=f(x)$ を x 軸のまわりに回転して得られる曲面の囲む立体（**回転体**）の断面積は $S(x)=\pi f(x)^2$ となり，$x=a$，$x=b$ 平面で挟まれた部分の体積 V は，次式で求められる（図 4.15）．

$$V=\int_a^b S(x)\,dx=\pi\int_a^b f(x)^2\,dx. \tag{4.24}$$

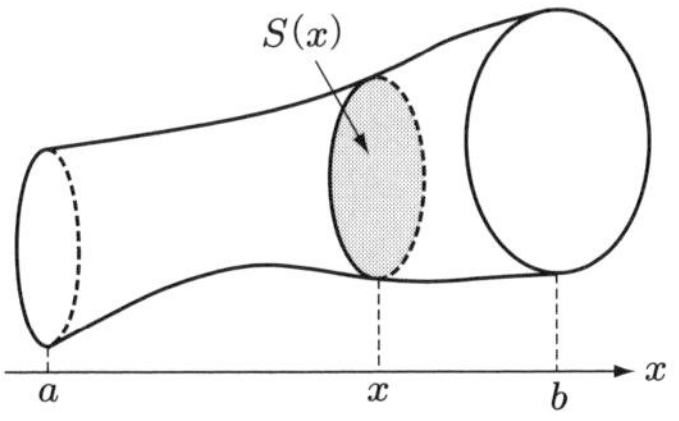

図 4.14　断面積が既知の立体

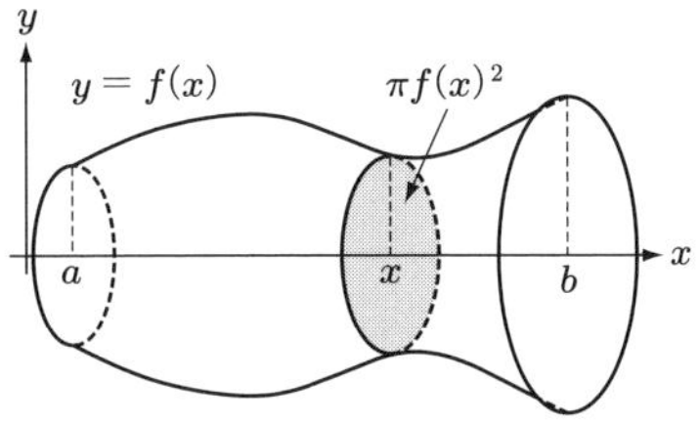

図 4.15　回転体

例 4.22

座標空間中で，原点 O と座標点 $(a,0,0)$，$(0,b,0)$，$(0,0,c)$（ただし，$a,b,c>0$）を頂点とする三角錐の体積 V を求めよ．

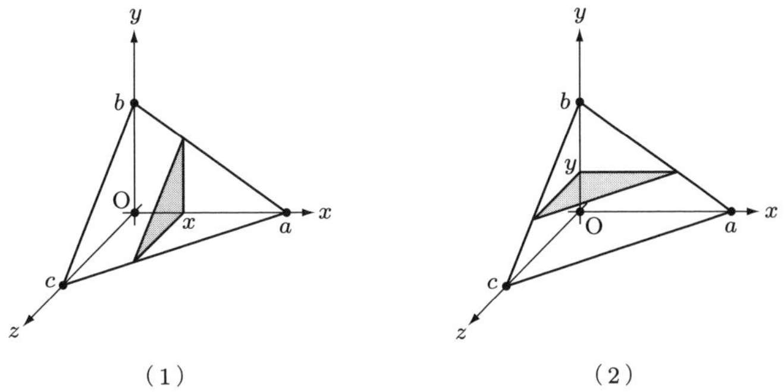

図 4.16

解　x 軸に垂直な平面による断面の面積は，図 4.16 (1) より $S(x)=\dfrac{bc(a-x)^2}{2a^2}$ であり，

$$V=\int_0^a S(x)\,dx=\int_0^a\frac{bc(a-x)^2}{2a^2}\,dx=\left[\frac{-bc(a-x)^3}{6a^2}\right]_0^a=\frac{1}{6}abc.$$

なお，図 4.16 (2) のように y 軸に垂直な平面による断面の面積 $S(y)=\dfrac{ac(b-y)^2}{2b^2}$ を y について 0 から b まで積分しても，同じ値が得られる（z 軸でも同様）．　□

◆注意 8◆　式 (4.23) で，体積 V は断面積 $S(x)$ だけで求まり，その形状にはよらない．すなわち，断面積の等しい立体の体積は等しい（**カバリエリの定理**）．

問 4.15　底面の面積 S_0，高さ h の錐体の体積 V を求めよ．ここで錐体とは，平面図形が相似形を保って頂点に収縮し，その相似比が頂点から各平面までの距離に比例する立体である（図 4.17）．なお，相似比が t なら面積比は t^2 である．

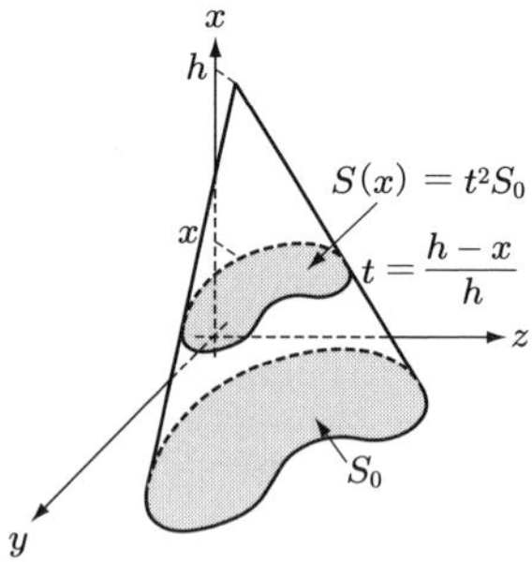

図 4.17　一般の錐体

例 4.23

半径 r の球は，$y = \sqrt{r^2 - x^2}$ $(x \in [-r, r])$ を x 軸のまわりに回転させて得られる回転体と考えられる．式 (4.24) により，この球の体積 V を求めよ．

解　$V = \pi \displaystyle\int_{-r}^{r} \left\{\sqrt{r^2 - x^2}\right\}^2 dx = \pi \int_{-r}^{r} \{r^2 - x^2\}\, dx = \frac{4}{3}\pi r^3.$　□

(3)　曲線の長さ

折れ線の長さは，各線分の長さの和で求められる．一般の曲線は折れ線で近似し，これを全体に細かくしたときの極限により定める（図 4.18）．

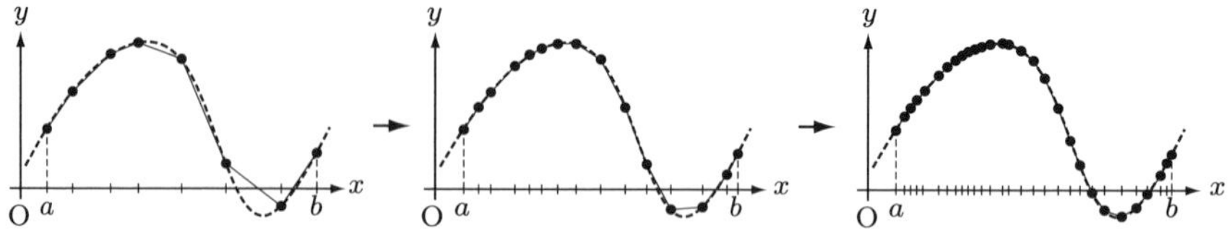

図 4.18　分割を細かくしたときの折れ線の様子

区間 $[a, b]$ 上 C^1 級の関数 $f(x)$ で $y = f(x)$ と表される曲線 C に対し，$[a, b]$ の分割 $\Delta = \{x_0, x_1, \cdots, x_n\}$ をとり，節点を $(x_i, f(x_i))$ にもつ折れ線 C_Δ により曲線 C を近似する．折れ線 C_Δ の長さ L_Δ は

$$L_\Delta = \sum_{i=1}^{n} \sqrt{1 + \left\{\frac{f(x_i) - f(x_i - \Delta x_i)}{\Delta x_i}\right\}^2}\, \Delta x_i$$

と表せる．$\displaystyle\lim_{\Delta x \to 0} \frac{f(x) - f(x - \Delta x)}{\Delta x} = f'(x)$ から，$\delta(\Delta) \to 0$ とした極限は

$$L = \lim_{\delta(\Delta)\to 0} L_\Delta = \int_a^b \sqrt{1+\{f'(x)\}^2}\,dx = \int_a^b \sqrt{1+\left(\frac{dy}{dx}\right)^2}\,dx \quad (4.25)$$

と定積分で表される．この L を曲線 C の長さと定める．

例 4.24

区間 $[0, \log 2]$ における曲線 $y = \cosh x$ の長さ L を求めよ．

解　公式 (4.25) より，

$$L = \int_0^{\log 2} \sqrt{1+\sinh^2 x}\,dx = \big[\sinh x\big]_0^{\log 2} = \frac{e^{\log 2} - e^{-\log 2}}{2} = \frac{3}{4}. \qquad \square$$

◆注意 9◆　$f(x)$ が C^1 級なら $\sqrt{1+\{f'(x)\}^2}$ は連続で，長さ L は有限値として定まる．$f(x)$ が微分不可能点をもつ場合でも，それが有限個なら，広義積分により長さ L を定義できる（ただし，$+\infty$ に発散することもある）．

例 4.25

$[0, 1]$ における曲線 $y = (1-x)\sqrt{\dfrac{x}{3}}$ の長さ L を求めよ．

解　$\sqrt{1+\left(\dfrac{dy}{dx}\right)^2} = \dfrac{1}{2}\left(\dfrac{1}{\sqrt{3x}} + \sqrt{3x}\right)$ は $x \to +0$ で発散するが，その広義積分は次のように収束する．

$$L = \lim_{\varepsilon\to+0} \int_\varepsilon^1 \frac{1}{2}\left(\frac{1}{\sqrt{3x}} + \sqrt{3x}\right) dx = \lim_{\varepsilon\to+0} \left[\sqrt{\frac{x}{3}} + \sqrt{\frac{x^3}{3}}\right]_\varepsilon^1 = \frac{2}{3}\sqrt{3}. \qquad \square$$

問 4.16　原点が中心で半径 $r > 0$ の上半円は，$-r \leqq x \leqq r$ の曲線 $y = \sqrt{r^2 - x^2}$ と表せる．公式 (4.25) により半円の長さ L を求めよ（y' は $x \to \pm r$ で発散）．

区間 $[a, b]$ 上の曲線 $y = f(x)$ に対し，C^1 級の関数による媒介変数表示 $x = x(t)$ が与えられているとする．$x(t)$ が狭義単調増加の場合，$x(\alpha) = a$，$x(\beta) = b$ として，$t \in [\alpha, \beta]$ と $x \in [a, b]$ は 1 対 1 に対応する．$y = f(x)$ も $y = y(t) = f(x(t))$ と t の関数とみて公式 (4.25) を置換積分し，$\dfrac{dy}{dx} = \dfrac{dy}{dt} \Big/ \dfrac{dx}{dt}$ を用いることで，媒介変数表示された曲線の長さ L の公式

$$L = \int_\alpha^\beta \sqrt{1+\left(\frac{dy}{dt} \Big/ \frac{dx}{dt}\right)^2}\,\frac{dx}{dt}\,dt = \int_\alpha^\beta \sqrt{\left(\frac{dx}{dt}\right)^2 + \left(\frac{dy}{dt}\right)^2}\,dt \quad (4.26)$$

を得る．同様に，$x(t)$ が狭義単調減少のときは，$\dfrac{dx}{dt} < 0$ に注意して，

$$L = \int_{\beta}^{\alpha} \sqrt{\left(\frac{dx}{dt}\right)^2 + \left(\frac{dy}{dt}\right)^2}\, dt$$

を得る（被積分関数は同じで，いずれも積分区間は 下端 $<$ 上端 に注意）．

一般に，$x(t)$ が狭義単調関数でなくても，$x = x(t)$，$y = y(t)$ が $t \in [\alpha, \beta]$ で C^1 級（あるいは微分不可能点が有限個程度）で，t が動くときに点 $(x(t), y(t))$ が曲線を逆戻りしたり同じ場所をなぞったりしなければ（交差は構わない），公式 (4.26) が $t = \alpha$ から β までの曲線の長さ L を与える．

例 4.26

曲線 $x = 3t^2$，$y = 2t^3$ の $t = 0$ から 1 までの長さ L を求めよ．

解　公式 (4.26) により（途中 $s = 1 + t^2$ とする置換積分を行って），

$$L = \int_0^1 \sqrt{(6t)^2 + (6t^2)^2}\, dt = \int_1^2 3\sqrt{s}\, ds = \left[2s^{3/2}\right]_1^2 = 4\sqrt{2} - 2. \qquad \square$$

極座標表示により，$\theta \in [\alpha, \beta]$ において $r = r(\theta) = f(\theta)$ と表される曲線の長さ L は，$x = f(\theta)\cos\theta$，$y = f(\theta)\sin\theta$ に公式 (4.26) を用いることで，次のように求められる．

$$L = \int_{\alpha}^{\beta} \sqrt{\{f(\theta)\}^2 + \{f'(\theta)\}^2}\, d\theta = \int_{\alpha}^{\beta} \sqrt{r^2 + (r')^2}\, d\theta. \tag{4.27}$$

例 4.27

渦巻線 $r = \theta$ の最初の 1 周 $(0 \leqq \theta \leqq 2\pi)$ の長さ L を求めよ．

解　公式 (4.27) により（途中 $\theta = \sinh t$ とする置換積分を行って），

$$\begin{aligned} L &= \int_0^{2\pi} \sqrt{\theta^2 + 1}\, d\theta = \int_0^{\sinh^{-1} 2\pi} \sqrt{\sinh^2 t + 1}\, \cosh t\, dt \\ &= \left[\frac{1}{4}\sinh 2t + \frac{1}{2}t\right]_0^{\sinh^{-1} 2\pi} = \pi\sqrt{4\pi^2 + 1} + \frac{1}{2}\log\left(\sqrt{4\pi^2 + 1} + 2\pi\right). \end{aligned}$$

なお，実数 α に対する次の等式を用いた．

$$\sinh^{-1}\alpha = \log(\sqrt{\alpha^2 + 1} + \alpha) = -\log(\sqrt{\alpha^2 + 1} - \alpha). \qquad \square$$

公式 (4.26) は次のように解釈できる．t を時間変数と考えると，点 $(x(t), y(t))$ は時

刻 $t=\alpha$ から β までかけて曲線上をたどる動点とみなせる．このとき，動点の**速度ベクトル**は $\boldsymbol{v}(t)=\left(\dfrac{dx}{dt}(t), \dfrac{dy}{dt}(t)\right)$ であり，総移動距離 L は**速さ** $v(t)=|\boldsymbol{v}(t)|$ の積算，すなわち $[\alpha,\beta]$ における定積分である．したがって，

$$L=\int_\alpha^\beta v(t)\,dt=\int_\alpha^\beta |\boldsymbol{v}(t)|\,dt=\int_\alpha^\beta \sqrt{\left(\frac{dx}{dt}\right)^2+\left(\frac{dy}{dt}\right)^2}\,dt.$$

この考え方によれば，t $(\alpha \leqq t \leqq \beta)$ で媒介変数表示された座標空間中の曲線 $(x,y,z)=(x(t),y(t),z(t))$ の長さ L も

$$L=\int_\alpha^\beta \sqrt{\left(\frac{dx}{dt}\right)^2+\left(\frac{dy}{dt}\right)^2+\left(\frac{dz}{dt}\right)^2}\,dt \qquad (4.28)$$

と書けることは直観的に理解できるだろう．折れ線近似により空間曲線の長さを定め，置換積分を経ることでも同じ公式が得られる．

例 4.28

空間曲線 $x=3t$，$y=3t^2$，$z=2t^3$ の $t=0$ から 1 までの長さ L を求めよ．

解 $L=\displaystyle\int_0^1 \sqrt{3^2+(6t)^2+(6t^2)^2}\,dt=\int_0^1 3(1+2t^2)\,dt=5.$ □

演習問題 4

1. 次の関数を積分せよ．ただし，積分定数を C とする．

(1) $\displaystyle\sum_{k=0}^{n} a_k x^k$　（各 a_k は定数）　(2) $e^{ax}\sin bx$　(3) $e^{ax}\cos bx$

(4) $(\log x)^2$　(5) $\log(x^2+1)$

2. 次の関数を積分せよ．ただし，積分定数を C とする．

(1) $\dfrac{x+2}{x^2+2x-3}$　(2) $\dfrac{1}{x^4-1}$　(3) $\dfrac{x^3-x^2-4x}{x^3-3x^2+3x-1}$

(4) $\dfrac{1}{1-\sin x}$　(5) $\dfrac{\cos x}{(\sin x+1)(\cos x+1)}$　(6) $\dfrac{1}{\cos^2 x-\sin^2 x}$

(7) $\dfrac{\sin^2 x}{2\sin^4 x-\cos^2 x}$　(8) $\dfrac{\sin x\cos x}{\sin^2 x+1}$　(9) $\dfrac{\cos^3 x}{\sin^4 x}$

(10) $\sqrt{\dfrac{x+1}{x+3}}$　(11) $(x+3)\sqrt[3]{x-1}$　(12) $\dfrac{1}{x^2\sqrt{1+x^2}}$

(13) $(2x^2+1)e^{2x}$　(14) $(2x^2+1)\sin 2x$　(15) $(3x^2+1)\log x$

(16) $(3x^2+1)\tan^{-1}x$　(17) $\dfrac{1}{e^{3x}+1}$　(18) $\dfrac{e^{3x}+1}{e^{2x}+e^x}$

(19) $(\log x)^2+\log x+1$　(20) $(\log 2x)^2+2\log 3x+1$

3. 次の定積分を求めよ．ただし，a は正定数とする．

(1) $\displaystyle\int_{-1}^{1}(x^7+x^5+x^3+x+1)\,dx$　(2) $\displaystyle\int_0^a \sqrt{a^2-x^2}\,dx$　(3) $\displaystyle\int_0^a \frac{x\,dx}{\sqrt{a^2+x^2}}$

(4) $\displaystyle\int_0^1 \frac{x+1}{x^2+2x+3}\,dx$　(5) $\displaystyle\int_1^2 \frac{dx}{x^2-2x+2}$　(6) $\displaystyle\int_{-1}^1 \frac{dx}{4-x^2}$

(7) $\displaystyle\int_0^{\pi/2} x\cos x\,dx$　(8) $\displaystyle\int_0^{\pi^2} \sin(\sqrt{x})\,dx$　(9) $\displaystyle\int_0^{\pi/2} \sin^2 x\cos^3 x\,dx$

(10) $\displaystyle\int_0^3 \frac{\log(x+1)}{\sqrt{x+1}}\,dx$　(11) $\displaystyle\int_0^1 x(1-x^2)\,e^{-x^2}\,dx$　(12) $\displaystyle\int_0^1 \log(x^2+1)\,dx$

4. 次のおのおのの領域の面積 S を求めよ．

(1) 曲線 $y=1-x^2$ と x 軸，y 軸，および y 軸に平行な直線 $x=2$ で囲まれた領域の面積 S

(2) 曲線 $y=x^2-1$ と直線 $y=x+1$ で囲まれた領域の面積 S

(3) 曲線 $y=xe^{-x^2}$ と x 軸で囲まれた領域の面積 S

5. 極座標で $r^2=a^2\cos 2\theta$ と表される平面曲線（レムニスケート（連珠型），ただし，$\cos 2\theta \geqq 0$ となる θ の範囲でのみ考える．a は正定数）の囲む面積 S を求めよ．

6. 楕円 $\dfrac{x^2}{a^2}+\dfrac{y^2}{b^2}=1\ (a,b>0)$ を x 軸のまわりに回転させて得られる曲面で囲まれた，フットボール形の立体の体積 V を求めよ．

7. 次のおのおのの曲線の長さ L を求めよ．

(1) 対数らせん $x=e^{-t}\cos t$，$y=e^{-t}\sin t$ の $t=0$ から ∞ までの長さ L

(2) a，b を正定数として，空間曲線 $x=a\cos t$，$y=a\sin t$，$z=bt$ （らせん）の1周期 $(0\leqq t\leqq 2\pi)$ の長さ L

8. パラメータ $t\ (0\leqq t\leqq 2\pi)$ により $x=a\cos^3 t$，$y=a\sin^3 t$ と表される平面曲線（アステロイド（星形）．a は正定数）に関して，次を求めよ．

(1) 全長 L　(2) 囲む面積 S　(3) x 軸のまわりの回転体の体積 V

9. 極座標で $r=a(1+\cos\theta)$ と表される平面曲線（カージオイド（心臓形）．a は正定数）に関して，次を求めよ．

(1) 全長 L　(2) 囲む面積 S

第5章 偏微分法

本章では，独立変数を二つ以上もつ関数 (多変数の関数) の微分とその応用を解説する．2 変数の関数のグラフは曲面を表す．また，空間におかれた媒質の各点における密度は 3 変数の関数の一例である．このような多変数の関数に対しても，テイラー展開や極値問題などが第 3 章 (1 変数の関数) と同じように展開される．

5.1 多変数の関数と連続性

多変数の関数を考え，その極限や連続性を調べるためには，ユークリッド空間とそこでの距離について準備しておく必要がある．まずその説明をしよう．

二つの実数の組 (x, y) を考え，その全体を $\mathbb{R}^2$ と表すことにする．集合の記号で表すと $\mathbb{R}^2 = \{(x, y) \mid x, y \in \mathbb{R}\}$ となる．組 (x, y) は平面上の点の座標を表すと考えることもできるから，$\mathbb{R}^2$ は座標平面と同一視される．同様に考えて，$\mathbb{R}^3 = \{(x, y, z) \mid x, y, z \in \mathbb{R}\}$ を座標空間と同一視する．一般には，n 個の実数の組を考え，

$$\mathbb{R}^n = \{(x_1, x_2, \cdots, x_n) \mid x_i \in \mathbb{R},\ 1 \leqq i \leqq n\}$$

と表す．$\mathbb{R}^n$ においては，2 点 $\boldsymbol{x} = (x_1, x_2, \cdots, x_n)$，$\boldsymbol{y} = (y_1, y_2, \cdots, y_n)$ の間に**距離**とよばれる量

$$\|\boldsymbol{x} - \boldsymbol{y}\|_n = \sqrt{(x_1 - y_1)^2 + (x_2 - y_2)^2 + \cdots + (x_n - y_n)^2}$$

が定義されており，距離の導入された $\mathbb{R}^n$ を n **次元ユークリッド空間**という．したがって，1 次元ユークリッド空間 $\mathbb{R}$ は距離 $\|\boldsymbol{x} - \boldsymbol{y}\|_1 = |x - y|$ をもった直線であり，2 次元ユークリッド空間 $\mathbb{R}^2$ は距離 $\|\boldsymbol{x} - \boldsymbol{y}\|_2 = \sqrt{(x_1 - y_1)^2 + (x_2 - y_2)^2}$ をもった平面，3 次元ユークリッド空間 $\mathbb{R}^3$ は距離 $\|\boldsymbol{x} - \boldsymbol{y}\|_3 = \sqrt{(x_1 - y_1)^2 + (x_2 - y_2)^2 + (x_3 - y_3)^2}$ をもった空間である (図 5.1)．

$\mathbb{R}^n$ の要素 $\boldsymbol{x}$，$\boldsymbol{y}$ についても，和 $\boldsymbol{x} + \boldsymbol{y}$，スカラー倍 $\lambda\boldsymbol{x}$ とよばれる演算が定義される[1]．

---

[1] 空間の要素 (点) のベクトルとしての取り扱いは，線形代数学の教科書を参照せよ．

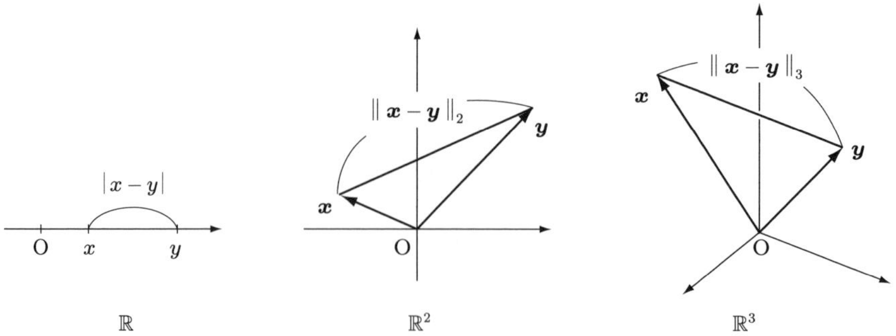

図 5.1　ユークリッド空間 $(n=1,2,3)$

問 5.1　(1)　平面 $(\mathbb{R}^2)$ の 2 点 $\boldsymbol{x}=(3,3)$ と $\boldsymbol{y}=(-1,4)$ の距離を求めよ．
(2)　空間 $(\mathbb{R}^3)$ の 2 点 $\boldsymbol{x}=(1,2,3)$ と $\boldsymbol{y}=(-1,0,4)$ の距離を求めよ．

平面 $\mathbb{R}^2$ のある領域 D 内の各点 (x,y) に対して，ただ一つの実数 z を対応させる規則 $f:\mathbb{R}^2 \supset D \to \mathbb{R}\quad ((x,y)\mapsto z)$ を **2 変数の関数**といい，$z=f(x,y)$ で表す．2.1 節と同様，$D=D(f)$ を $f(x,y)$ の**定義域**といい，

$$R(f)=\{z \mid z=f(x,y),\ (x,y)\in D\}$$

を $f(x,y)$ の**値域**という．一方，集合

$$\begin{aligned} G(f) &= \{(x,y,f(x,y)) \mid (x,y)\in D\} \\ &= \{(x,y,z) \mid (x,y)\in D,\ z=f(x,y)\} \subset \mathbb{R}^3 \end{aligned}$$

を関数 $z=f(x,y)$ の**グラフ**という．したがって，2 変数の関数のグラフは**曲面**を表す（図 5.2）．

また，集合 $\{(x,y) \mid f(x,y)=c\} \subset \mathbb{R}^2$ を，関数 $f(x,y)$ に対する高さ c の**等高線**という．

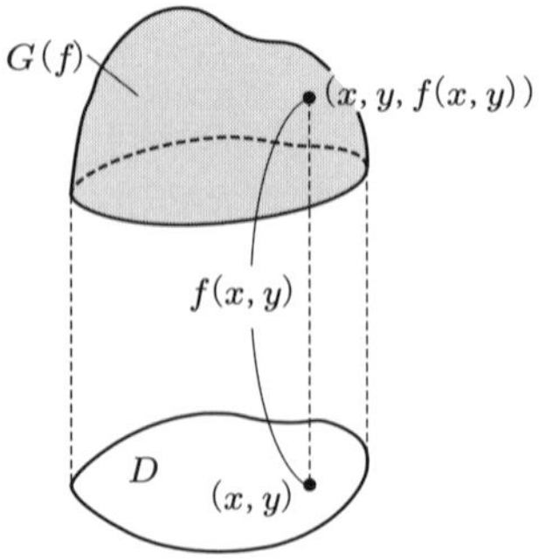

図 5.2　2 変数の関数のグラフ

例 5.1

関数 $f(x,y)=\sqrt{3-x^2-y^2}$ のグラフは球面 $x^2+y^2+z^2=3$ の上半分を表し，$D(f)=\{(x,y)\mid x^2+y^2\leqq 3\}$，$R(f)=[0,\sqrt{3}]$ である．また，この関数の高さ r の等高線は円 $x^2+y^2=r^2$ $(0<r<\sqrt{3})$ である．

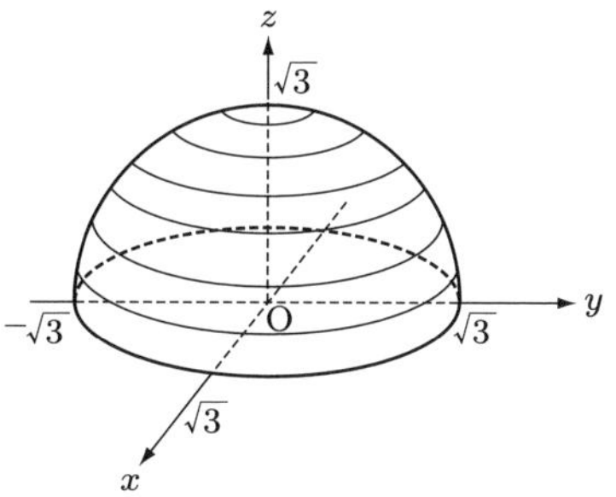

図 5.3

問 5.2 次の関数のグラフを描け．

(1) $f(x,y)=x+y$ (2) $f(x,y)=x^2+y^2$

◆注意 1◆ 一般に，2 変数の関数 $z=f(x,y)$ のグラフを手で描くのは困難であることが多い．しかし，最近では各種数式処理ソフトを利用することにより，その概形を簡単に知ることができるようになった．以下に例を示す[2)]．

例 5.2

次の関数のグラフを描け．

(1) $f(x,y)=x$ (2) $f(x,y)=x-y$ (3) $f(x,y)=x^2-y^2$

(4) $f(x,y)=\sin(x+y)$ (5) $f(x,y)=\cos(xy)$

(6) $f(x,y)=e^{-(x^2+y^2)}$ (7) $f(x,y)=\cos x-\cos y$

(8) $f(x,y)=e^{-(\cos x+\sin y)}$

解 図 5.4 のようになる． □

2) 数式処理ソフト「Mathematica」を使用した．フリーソフト「Maxima」でも同様のことができる．

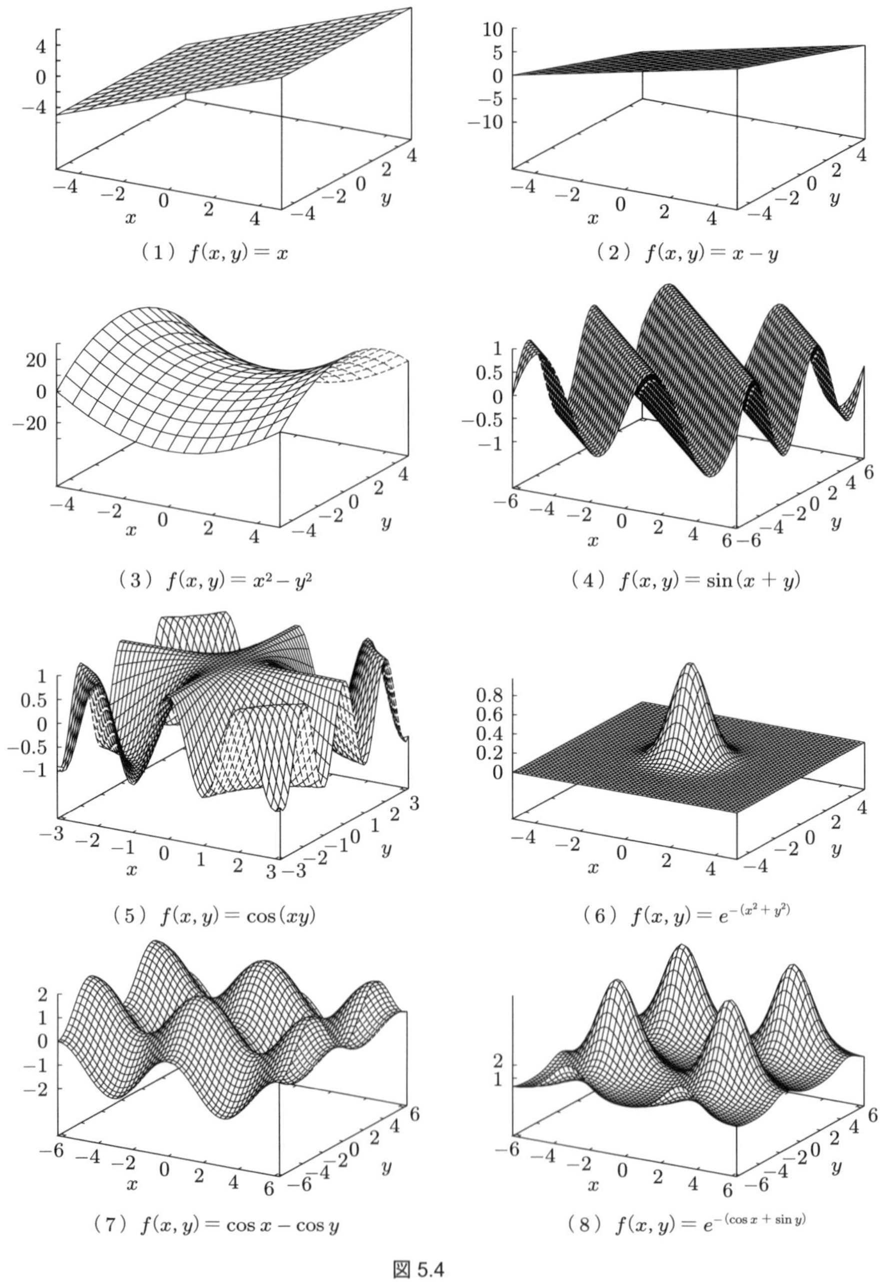

（1） $f(x, y) = x$　（2） $f(x, y) = x - y$

（3） $f(x, y) = x^2 - y^2$　（4） $f(x, y) = \sin(x + y)$

（5） $f(x, y) = \cos(xy)$　（6） $f(x, y) = e^{-(x^2 + y^2)}$

（7） $f(x, y) = \cos x - \cos y$　（8） $f(x, y) = e^{-(\cos x + \sin y)}$

図 5.4

一般に，$\boldsymbol{x} = (x_1, x_2, \cdots, x_n) \in D \subset \mathbb{R}^n$ に実数 z を対応させる規則 $f : \mathbb{R}^n \supset D \to \mathbb{R}$ $(\boldsymbol{x} \mapsto z = f(\boldsymbol{x}))$ を D で定義された n **変数の関数**といい，

$$z = f(\boldsymbol{x}) = f(x_1, x_2, \cdots, x_n)$$

と書く.

例 5.3

(1) 空間の点 (x, y, z) と原点 O との距離を d とすると, $d = \sqrt{x^2 + y^2 + z^2}$ は $\mathbb{R}^3$ で定義された 3 変数の関数である.

(2) 合金のような媒質 D $(\subset \mathbb{R}^3)$ 内の各点 (x, y, z) における密度を ρ とすると, $\rho = \rho(x, y, z)$ は D で定義された 3 変数の関数である.

(3) 暖められている媒質 $D(\subset \mathbb{R}^3)$ 内の各点 (x, y, z) での時刻 $t \in [0, T]$ における温度を u とすると, $u = u(x, y, z, t)$ は直積

$$D \times [0, T] = \{(\boldsymbol{x}, t) = (x, y, z, t) \mid (x, y, z) \in D, t \in [0, T]\}$$

で定義された 4 変数の関数である.

◆注意 2◆ n 変数の関数 f のグラフ $G(f)$ も, 2 変数の関数に対するのと同じように, 次のように定義される.

$$G(f) = \{(\boldsymbol{x}, f(\boldsymbol{x})) \mid \boldsymbol{x} \in D(f)\} = \{(\boldsymbol{x}, z) \mid \boldsymbol{x} \in D(f), z = f(\boldsymbol{x})\} \subset \mathbb{R}^{n+1}.$$

しかし, 2 変数の関数の場合と違い, これらの関数 $(n \geqq 3)$ のグラフを紙の上にうまく描くことはできない.

定義 5.1 ($\mathbb{R}^n$ の点列に関する極限) 点列 $\boldsymbol{x}_i \in \mathbb{R}^n$ $(i = 1, 2, 3, \cdots)$ が点 $\boldsymbol{x} \in \mathbb{R}^n$ に**収束する**とは,

$$\|\boldsymbol{x}_i - \boldsymbol{x}\|_n \ \to\ 0 \quad (i \to \infty) \tag{5.1}$$

となるときをいい, $\boldsymbol{x}_i \to \boldsymbol{x}$ $(i \to \infty)$ または $\lim_{i \to \infty} \boldsymbol{x}_i = \boldsymbol{x}$ と書く.

関数の極限や連続性についても, 1 変数の関数の場合（2.2, 2.3 節）と同様に定義される.

定義 5.2 (多変数の関数の極限) $D \subset \mathbb{R}^n$ で定義された関数 $z = f(\boldsymbol{x})$ が $\boldsymbol{x} \to \boldsymbol{a}$ のとき α に**収束する**（$\lim_{\boldsymbol{x} \to \boldsymbol{a}} f(\boldsymbol{x}) = \alpha$ と表す）とは,

$$0 < \|\boldsymbol{x} - \boldsymbol{a}\|_n \to 0 \quad \text{ならば} \quad |f(\boldsymbol{x}) - \alpha| \to 0 \tag{5.2}$$

となることである.

定義 5.3（多変数の関数の連続性）　関数 $z = f(\boldsymbol{x})$ が点 $\boldsymbol{a} \in \mathbb{R}^n$ で**連続**であるとは，極限 $\lim_{\boldsymbol{x}\to\boldsymbol{a}} f(\boldsymbol{x})$ が存在して $\lim_{\boldsymbol{x}\to\boldsymbol{a}} f(\boldsymbol{x}) = f(\boldsymbol{a})$ となることである．

多変数の関数の極限や連続性に関して，1変数の関数の場合（定理 2.1，定理 2.3）と同様の結論が得られる．

定理 5.1　$\lim_{\boldsymbol{x}\to\boldsymbol{a}} f(\boldsymbol{x}) = \alpha$，$\lim_{\boldsymbol{x}\to\boldsymbol{a}} g(\boldsymbol{x}) = \beta$ とするとき，

(1) $\lim_{\boldsymbol{x}\to\boldsymbol{a}} \{f(\boldsymbol{x}) \pm g(\boldsymbol{x})\} = \lim_{\boldsymbol{x}\to\boldsymbol{a}} f(\boldsymbol{x}) \pm \lim_{\boldsymbol{x}\to\boldsymbol{a}} g(\boldsymbol{x}) = \alpha \pm \beta$　（複号同順）．

(2) $\lim_{\boldsymbol{x}\to\boldsymbol{a}} kf(\boldsymbol{x}) = k \lim_{\boldsymbol{x}\to\boldsymbol{a}} f(\boldsymbol{x}) = k\alpha$　（k は定数）．

(3) $\lim_{\boldsymbol{x}\to\boldsymbol{a}} f(\boldsymbol{x})g(\boldsymbol{x}) = \lim_{\boldsymbol{x}\to\boldsymbol{a}} f(\boldsymbol{x}) \cdot \lim_{\boldsymbol{x}\to\boldsymbol{a}} g(\boldsymbol{x}) = \alpha\beta$.

(4) $\displaystyle \lim_{\boldsymbol{x}\to\boldsymbol{a}} \frac{f(\boldsymbol{x})}{g(\boldsymbol{x})} = \frac{\lim_{\boldsymbol{x}\to\boldsymbol{a}} f(\boldsymbol{x})}{\lim_{\boldsymbol{x}\to\boldsymbol{a}} g(\boldsymbol{x})} = \frac{\alpha}{\beta}$　（$\lim_{\boldsymbol{x}\to\boldsymbol{a}} g(\boldsymbol{x}) \neq 0$ とする）．

定理 5.2　領域 D で定義されている二つの連続関数 $f(\boldsymbol{x})$，$g(\boldsymbol{x})$ に対し，以下の関数

(1) $f(\boldsymbol{x}) \pm g(\boldsymbol{x})$　　(2) $kf(\boldsymbol{x})$　（k は定数）　　(3) $f(\boldsymbol{x})g(\boldsymbol{x})$

(4) $\dfrac{f(\boldsymbol{x})}{g(\boldsymbol{x})}$　$(g(\boldsymbol{x}) \neq 0,\ \forall \boldsymbol{x} \in D)$

も D で連続である．

本章の以下では，2変数の関数 $z = f(x, y)$ に対して議論を進める．多くの結果は，3変数以上の関数に対しても並行的に成り立つからである．

例 5.4

$\lim_{(x,y)\to(1,2)} (x + y) = 3$ を示せ．

解　$|f(x,y)-3| = |x+y-3| \leqq |x-1|+|y-2| \leqq 2\sqrt{(x-1)^2+(y-2)^2} = 2\|(x,y)-(1,2)\|_2 \to 0$ $((x,y) \to (1,2))$．よって，極限値は3である．　□

問 5.3　$\lim_{(x,y)\to(0,0)} (x^2 + y^2) = 0$ を示せ．

◆注意 3◆　1．2変数の関数の極限を求めるとき，点 (x, y) の点 (a, b) への近づき方はいろいろあるから，極限値の存在（あるいは存在しないこと）をいうには，少々の工夫が必要となるこ

ともある（例 5.5 を参照）.

2. 平面上の点を極座標で表せば，$x = r\cos\theta$，$y = r\sin\theta$ $(r > 0)$ であり，$\|(x,y)-(0,0)\|_2 = \sqrt{x^2+y^2} = r$ であるから，

$$(x,y) \to (0,0) \quad \Leftrightarrow \quad r \to 0$$

であることがわかる.

例 5.5

次を示せ.

(1) $\displaystyle\lim_{(x,y)\to(0,0)} \frac{x^2-y^2}{\sqrt{x^2+y^2}} = 0$ (2) $\displaystyle\lim_{(x,y)\to(0,0)} \frac{xy}{x^2+y^2}$ は存在しない

解 (1) x，y を極座標で表すと，

$$\frac{x^2-y^2}{\sqrt{x^2+y^2}} = \frac{r^2(\cos^2\theta - \sin^2\theta)}{r} \leqq 4r \to 0 \quad (r > 0).$$

よって，極限値は 0 である.

(2) m を定数とし，点 (x,y) を直線 $y = mx$ に沿って $(0,0)$ に近づけると

$$\lim_{(x,y)\to(0,0)} f(x,y) = \lim_{x\to0} f(x,mx) = \lim_{x\to0} \frac{mx^2}{x^2+(mx)^2} = \frac{m}{1+m^2}$$

となるが，この値は m によって異なる．よって，極限値は存在しない. □

例 5.6

$f(x,y) = x$，$g(x,y) = y$ は $\mathbb{R}^2$ で連続であることを示せ.

解 任意の $(a,b) \in \mathbb{R}^2$ について，

$$\begin{aligned} |f(x,y) - f(a,b)| &= |x-a| \leqq \sqrt{(x-a)^2+(y-b)^2} \\ &= \|(x,y)-(a,b)\|_2 \to 0 \quad ((x,y)\to(a,b)). \end{aligned}$$

よって，$f(x,y) = x$ は $\mathbb{R}^2$ で連続である．$g(x,y) = y$ に関しても同様. □

例 5.7

x，y の有理関数は，その定義域において連続であることを示せ.

解 定理 5.2 と例 5.6 を組み合わせればよい. □

◆注意4◆　ここでいう有理関数とは，1変数のときと同様に $f(x,y)=\dfrac{P(x,y)}{Q(x,y)}$ の形の関数で $P(x,y)$，$Q(x,y)$ が x，y の多項式であるものをいう．たとえば，$\dfrac{x^2+y^2}{x-y}$，$\dfrac{xy}{x^2+y^2}$ などのことである．

例 5.8

次のように定義された関数の点 $(0,0)$ での連続性を調べよ．

(1) $f(x,y)=\begin{cases}\dfrac{x^2y}{x^2+y^2} & (x,y)\neq(0,0)\\ 0 & (x,y)=(0,0)\end{cases}$

(2) $f(x,y)=\begin{cases}\dfrac{x^2-y^2}{x^2+y^2} & (x,y)\neq(0,0)\\ 0 & (x,y)=(0,0)\end{cases}$

解　(1) x，y を極座標で表すと，

$$f(x,y)=f(r,\theta)=\frac{r^3\sin\theta\cos\theta}{r^2}=r\sin\theta\cos\theta\leqq 2r\to 0\quad((x,y)\to(0,0))$$

であり，$f(0,0)=0$ である．よって，$f(x,y)$ は $(0,0)$ で連続である．

(2) 直線 $y=mx$ に沿って $(0,0)$ に近づけると，

$$f(x,y)=f(x,mx)=\frac{(1-m^2)x^2}{(1+m^2)x^2}=\frac{1-m^2}{1+m^2}$$

であり，m の値によって極限値が異なるから，$\displaystyle\lim_{(x,y)\to(0,0)}f(x,y)$ は存在しない．よって，$f(x,y)$ は $(0,0)$ で連続ではない．　□

◆注意5◆　例5.5や例5.8で与えた関数は特殊なものであり，実用上ほとんどの関数は連続と考えてよい．

5.2　偏微分

領域 $D\subset\mathbb{R}^2$ で定義された関数 $z=f(x,y)$ を直線 $y=b$ 上で考えると，$z=f(x,b)$ は1変数 x の関数となる（図5.5）．

定義 5.4（点 (a,b) における偏微分係数）　x の関数 $f(x,b)$ が $x=a$ で微分可能のとき，$z=f(x,y)$ は点 (a,b) で **x について偏微分可能**であるといい，極限値

$$\frac{\partial f}{\partial x}(a,b)=\lim_{h\to 0}\frac{f(a+h,b)-f(a,b)}{h}$$

を $f(x,y)$ の点 (a,b) における x **に関する偏微分係数**という．同様に考えて，y **に関する偏微分係数**を

$$\frac{\partial f}{\partial y}(a,b) = \lim_{k\to 0}\frac{f(a,b+k)-f(a,b)}{k}$$

で定義する[3)]．

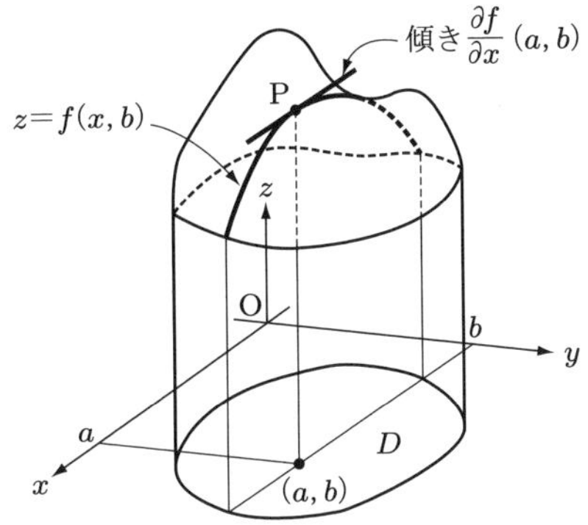

図 5.5　偏微分の図形的意味

◆注意 6◆　図 5.5 のように，幾何学的には偏微分係数 $\dfrac{\partial f}{\partial x}(a,b)$ は，点 $\mathrm{P}=(a,b,f(a,b))$ におけるこの関数のグラフ（曲面）の x 軸方向への接線の傾きを表す．

定義 5.5（偏導関数）　$z=f(x,y)$ が定義域 D 内のすべての点で偏微分可能であるとき，$f(x,y)$ は D で偏微分可能であるといい，

$$\frac{\partial f}{\partial x} = \frac{\partial f}{\partial x}(x,y) = \lim_{h\to 0}\frac{f(x+h,y)-f(x,y)}{h} \quad ((x,y),(x+h,y)\in D)$$

を $f(x,y)$ の x に関する**偏導関数**という．同様に，y に関する偏導関数

$$\frac{\partial f}{\partial y} = \frac{\partial f}{\partial y}(x,y) = \lim_{k\to 0}\frac{f(x,y+k)-f(x,y)}{k} \quad ((x,y),(x,y+k)\in D)$$

も定義する[4)]．偏導関数を求めることを**偏微分する**という．

---

3) 偏微分係数に関しては，次のような記号もよく使われる．

$$\frac{\partial f}{\partial x}(a,b) = f_x(a,b), \quad \frac{\partial f}{\partial y}(a,b) = f_y(a,b)$$

4) 偏導関数に関しても，$\dfrac{\partial z}{\partial x} = z_x = \dfrac{\partial f}{\partial x} = f_x$ などと表すこともある．これらの記号は適宜使い分けることにする．

例 5.9

次の関数の偏導関数を求めよ．

(1) $f(x,y) = \dfrac{1}{x+y^2}$　　(2) $f(x,y) = \log(x^2+y^2)$

解　片方の変数を定数と考えて，もう一方の変数で微分すれば，

(1) $\dfrac{\partial f}{\partial x} = \dfrac{-1}{(x+y^2)^2}$，$\dfrac{\partial f}{\partial y} = \dfrac{-2y}{(x+y^2)^2}$．　(2) $\dfrac{\partial f}{\partial x} = \dfrac{2x}{x^2+y^2}$，$\dfrac{\partial f}{\partial y} = \dfrac{2y}{x^2+y^2}$．□

問 5.4　次の関数を偏微分せよ．

(1) $f(x,y) = x^2+xy+y^2$　　(2) $f(x,y) = \dfrac{xy}{x^2+y^2}$

(3) $f(x,y) = \sqrt{x^2+y^2}$　　(4) $f(x,y) = \sin(xy)$

(5) $f(x,y) = \log(xy)$　　(6) $f(x,y) = e^{-(x^2+y^2)} = \exp(-(x^2+y^2))$

(7) $f(x,y) = e^x(\cos x + \sin y)$　　(8) $f(x,y) = \dfrac{e^x - e^y}{e^x + e^y}$

(9) $f(x,y) = x^y$　　(10) $f(x,y) = \cos^{-1}\left(\dfrac{x}{y}\right)$

定義 5.6（高階偏導関数）　$z = f(x,y)$ が偏微分可能で，その偏導関数も偏微分可能であるとき，**2階の偏導関数**が次のように定義される．

$$\frac{\partial^2 f}{\partial x^2} = f_{xx} = \frac{\partial}{\partial x}\left(\frac{\partial f}{\partial x}\right), \quad \frac{\partial^2 f}{\partial y \partial x} = f_{xy} = \frac{\partial}{\partial y}\left(\frac{\partial f}{\partial x}\right),$$

$$\frac{\partial^2 f}{\partial x \partial y} = f_{yx} = \frac{\partial}{\partial x}\left(\frac{\partial f}{\partial y}\right), \quad \frac{\partial^2 f}{\partial y^2} = f_{yy} = \frac{\partial}{\partial y}\left(\frac{\partial f}{\partial y}\right).$$

3階以上の偏導関数についても，同様に定義される．たとえば，

$$\frac{\partial^3 f}{\partial x^3} = f_{xxx} = \frac{\partial}{\partial x}\left(\frac{\partial^2 f}{\partial x^2}\right), \quad \frac{\partial^3 f}{\partial y \partial x^2} = f_{xxy} = \frac{\partial}{\partial y}\left(\frac{\partial^2 f}{\partial x^2}\right)$$

などである．

例 5.10

次の関数の2階偏導関数を求めよ．

(1) $f(x,y) = \log(x^2+y^2)$　　(2) $f(x,y) = e^{x^2-y^2}$

解 (1) $\dfrac{\partial f}{\partial x}$, $\dfrac{\partial f}{\partial y}$ は例 5.9 で計算してあるから，それを利用して，

$$\frac{\partial^2 f}{\partial x^2} = \frac{2(y^2 - x^2)}{(x^2 + y^2)^2}, \quad \frac{\partial^2 f}{\partial y \partial x} = \frac{-4xy}{(x^2 + y^2)^2}, \quad \frac{\partial^2 f}{\partial x \partial y} = \frac{-4xy}{(x^2 + y^2)^2},$$
$$\frac{\partial^2 f}{\partial y^2} = \frac{2(x^2 - y^2)}{(x^2 + y^2)^2}.$$

(2) $f_x = 2xe^{x^2-y^2}$, $f_y = -2ye^{x^2-y^2}$ であるから，

$$f_{xx} = (2 + 4x^2)e^{x^2-y^2}, \quad f_{xy} = -4xye^{x^2-y^2}, \quad f_{yx} = -4xye^{x^2-y^2},$$
$$f_{yy} = (4y^2 - 2)e^{x^2-y^2}.$$
□

◆注意 7◆ 上の例 (1) において，

$$\frac{\partial^2 f}{\partial x^2} + \frac{\partial^2 f}{\partial y^2} = \frac{2(y^2 - x^2)}{(x^2 + y^2)^2} + \frac{2(x^2 - y^2)}{(x^2 + y^2)^2} = 0$$

である．この左辺を Δf で表す[5)]．

$$\Delta f = \left(\frac{\partial^2}{\partial x^2} + \frac{\partial^2}{\partial y^2}\right) f = \frac{\partial^2 f}{\partial x^2} + \frac{\partial^2 f}{\partial y^2}.$$

ここで，$\Delta = \dfrac{\partial^2}{\partial x^2} + \dfrac{\partial^2}{\partial y^2}$ を**ラプラシアン**（**ラプラスの作用素**）とよぶ．また，$\Delta f = 0$ を満たす関数 $f = f(x, y)$ を（2 変数の）**調和関数**とよぶ．

問 5.5 $f(x, y) = \tan^{-1}\left(\dfrac{y}{x}\right)$ の 2 階偏導関数を求め，この関数が調和関数であることを示せ．

例 5.10 および問 5.5 における例をみると，$\dfrac{\partial^2 f}{\partial y \partial x} = \dfrac{\partial^2 f}{\partial x \partial y}$ $(f_{xy} = f_{yx})$ である．このことはつねに成り立っているのであろうか．

定理 5.3（偏微分の順序変更） 関数 $f(x, y)$ が 2 階偏微分可能で，f_{xy}, f_{yx} がともに連続[6)] ならば，定義域内のすべての点で，

$$f_{xy}(x, y) = f_{yx}(x, y).$$

---

5) 物理学の本などでは，$\nabla^2 f$ という記号を使っていることもある．また，3 変数の関数 $f = f(x, y, z)$ に対しては，

$$\Delta f = \left(\frac{\partial^2}{\partial x^2} + \frac{\partial^2}{\partial y^2} + \frac{\partial^2}{\partial z^2}\right) f = \frac{\partial^2 f}{\partial x^2} + \frac{\partial^2 f}{\partial y^2} + \frac{\partial^2 f}{\partial z^2}$$

と定義する．

6) このことを，$f(x, y)$ は C^2 級または $f \in C^2(D)$ (D は定義域) と書くこともある．一般に，$f(x, y)$ の n 階までのすべての偏導関数が連続であるとき，$f(x, y)$ は C^n 級であるという．

証明　(a,b) を定義域内の任意の点とする．

$$\Delta(h,k) = f(a+h,b+k) - f(a+h,b) - f(a,b+k) + f(a,b),$$
$$F(x) = f(x,b+k) - f(x,b)$$

とおくと，

$$\Delta(h,k) = F(a+h) - F(a)$$

であるから，平均値の定理（式 (3.4)）より

$$\begin{aligned}\Delta(h,k) &= F'(a+\theta_1 h)h \quad (0<\theta_1<1)\\ &= \left\{\frac{\partial f}{\partial x}(a+\theta_1 h, b+k) - \frac{\partial f}{\partial x}(a+\theta_1 h, b)\right\}h\end{aligned}$$

である．関数 $\dfrac{\partial f}{\partial x}(a+\theta h, y)$ に対して，1 変数 y の関数として再び平均値の定理を使うと

$$\left\{\frac{\partial f}{\partial x}(a+\theta_1 h, b+k) - \frac{\partial f}{\partial x}(a+\theta_1 h, b)\right\}h = \frac{\partial^2 f}{\partial y \partial x}(a+\theta_1 h,\ b+\theta_2 k)hk \quad (0<\theta_2<1)$$

である．よって，$\dfrac{\partial^2 f}{\partial y \partial x}$ の連続性により

$$\lim_{(h,k)\to(0,0)} \frac{\Delta(h,k)}{hk} = \lim_{(h,k)\to(0,0)} \frac{\partial^2 f}{\partial y \partial x}(a+\theta_1 h,\ b+\theta_2 k) = \frac{\partial^2 f}{\partial y \partial x}(a,b) \qquad (5.3)$$

となる．$\Delta(h,k)$ は変数 x，y に関して対称だから，x と y の役割を交換すれば

$$\Delta(h,k) = \frac{\partial^2 f}{\partial x \partial y}(a+\theta_1 h,\ b+\theta_2 k)kh \quad (0<\theta_1,\ \theta_2<1)$$

が得られる．よって，

$$\lim_{(h,k)\to(0,0)} \frac{\Delta(h,k)}{kh} = \frac{\partial^2 f}{\partial x \partial y}(a,b). \qquad (5.4)$$

式 (5.3) と式 (5.4) により $\dfrac{\partial^2 f}{\partial y \partial x} = \dfrac{\partial^2 f}{\partial x \partial y}$ である．■

次に，2 変数の関数に対して，合成関数の微分を考える．$I \subset \mathbb{R}$，$D \subset \mathbb{R}^2$ を適当な領域とし，

$$x = \varphi(t), \quad y = \psi(t) \in C^1(I), \quad z = f(x,y) \in C^1(D)$$

とすると，その合成関数

$$z = f(\varphi(t),\ \psi(t)) \quad (t \in I)$$

は 1 変数 t の関数である．

定理 5.4（合成関数の微分公式 1）

$$\frac{dz}{dt} = \frac{\partial f}{\partial x}(\varphi(t),\psi(t))\frac{dx}{dt} + \frac{\partial f}{\partial y}(\varphi(t),\psi(t))\frac{dy}{dt}. \qquad (5.5)$$

証明　変数 t の増分 Δt に対し

$$\Delta x = \varphi(t+\Delta t) - \varphi(t), \quad \Delta y = \psi(t+\Delta t) - \psi(t)$$

とおく．$\varphi(t)$，$\psi(t)$ は連続関数であるから，$\Delta t \to 0$ のとき $\Delta x \to 0$，$\Delta y \to 0$ である．よって，平均値の定理を用いれば

$$\begin{aligned}
\frac{dz}{dt} &= \lim_{\Delta t \to 0} \frac{\Delta z}{\Delta t} = \lim_{\Delta t \to 0} \frac{f(x+\Delta x,\ y+\Delta y) - f(x,y)}{\Delta t} \\
&= \lim_{\Delta t \to 0} \frac{1}{\Delta t}\big[\{f(x+\Delta x,\ y+\Delta y) - f(x,\ y+\Delta y)\} \\
&\qquad\qquad + \{f(x,\ y+\Delta y) - f(x,\ y)\}\big] \\
&= \lim_{\Delta t \to 0} \left\{ \frac{\partial f}{\partial x}(x+\theta_1 \Delta x,\ y+\Delta y)\frac{\Delta x}{\Delta t} + \frac{\partial f}{\partial y}(x,\ y+\theta_2 \Delta y)\frac{\Delta y}{\Delta t} \right\} \\
&\qquad\qquad (0 < \theta_1,\ \theta_2 < 1) \\
&= \lim_{\substack{\Delta x \to 0 \\ \Delta y \to 0}} \frac{\partial f}{\partial x}(x+\theta_1 \Delta x,\ y+\Delta y) \cdot \lim_{\Delta t \to 0} \frac{\Delta x}{\Delta t} \\
&\qquad + \lim_{\substack{\Delta x \to 0 \\ \Delta y \to 0}} \frac{\partial f}{\partial y}(x,\ y+\theta_2 \Delta y) \cdot \lim_{\Delta t \to 0} \frac{\Delta y}{\Delta t} \\
&= \frac{\partial f}{\partial x}(x,y)\varphi'(t) + \frac{\partial f}{\partial y}(x,y)\psi'(t).
\end{aligned}$$

■

◆注意 8◆　1. 公式 (5.5) は次のように覚えれば簡便である．

$$\frac{dz}{dt} = \frac{\partial z}{\partial x}\frac{dx}{dt} + \frac{\partial z}{\partial y}\frac{dy}{dt}. \tag{5.5$'$}$$

2. 公式 (5.5) は 1 変数の合成関数の微分公式（定理 3.3）

$$\frac{dy}{dt} = f'(\varphi(t))\varphi'(t)$$

の 2 変数版である．

例 5.11

$z = x^2 - y^2$，$x = \cos t$，$y = \sin t$ のとき，$\dfrac{dz}{dt}$ を求めよ．

解　$\dfrac{dz}{dt} = 2x(-\sin t) - 2y\cos t = -2\sin 2t.$　□

問 5.6　$z = \log(x^2+y^2)$，$x = e^t$，$y = e^{-t}$ のとき，$\dfrac{dz}{dt}$ を求めよ．

定理 5.5（合成関数の微分公式 2）　$x = \varphi(u, v)$，$y = \psi(u, v)$，$z = f(x, y)$ のとき，その合成関数 $z = f(\varphi(u, v), \psi(u, v))$ に対して

$$\begin{aligned}\frac{\partial z}{\partial u} &= \frac{\partial f}{\partial x}(\varphi(u,v),\ \psi(u,v))\frac{\partial x}{\partial u} + \frac{\partial f}{\partial y}(\varphi(u,v),\ \psi(u,v))\frac{\partial y}{\partial u} \\ &= \frac{\partial z}{\partial x}\frac{\partial x}{\partial u} + \frac{\partial z}{\partial y}\frac{\partial y}{\partial u}, \qquad (5.6) \\ \frac{\partial z}{\partial v} &= \frac{\partial z}{\partial x}\frac{\partial x}{\partial v} + \frac{\partial z}{\partial y}\frac{\partial y}{\partial v}\end{aligned}$$

である．式 (5.6) は $z_u = z_x x_u + z_y y_u$ と書くこともできる．

証明　定理 5.4 の証明と同様である．■

問 5.7　合成関数の 2 階偏微分に関して，次の関係があることを示せ．

(1) $$\frac{d^2 z}{dt^2} = \frac{\partial^2 z}{\partial x^2}\left(\frac{dx}{dt}\right)^2 + 2\frac{\partial^2 z}{\partial x \partial y}\frac{dx}{dt}\frac{dy}{dt} + \frac{\partial^2 z}{\partial y^2}\left(\frac{dy}{dt}\right)^2 + \frac{\partial z}{\partial x}\frac{d^2 x}{dt^2} + \frac{\partial z}{\partial y}\frac{d^2 y}{dt^2}$$

(2) $$\frac{\partial^2 z}{\partial u^2} = \frac{\partial^2 z}{\partial x^2}\left(\frac{\partial x}{\partial u}\right)^2 + 2\frac{\partial^2 z}{\partial x \partial y}\frac{\partial x}{\partial u}\frac{\partial y}{\partial u} + \frac{\partial^2 z}{\partial y^2}\left(\frac{\partial y}{\partial u}\right)^2 + \frac{\partial z}{\partial x}\frac{\partial^2 x}{\partial u^2} + \frac{\partial z}{\partial y}\frac{\partial^2 y}{\partial u^2}$$

例 5.12　ラプラシアンの極座標表示

$x = r\cos\theta$，$y = r\sin\theta$ $(r > 0)$ とし，$z = f(x, y)$ が C^2 級ならば，合成関数 $z = f(r\cos\theta,\ r\sin\theta)$ も C^2 級で，

$$\frac{\partial^2 z}{\partial x^2} + \frac{\partial^2 z}{\partial y^2} = \frac{\partial^2 z}{\partial r^2} + \frac{1}{r^2}\frac{\partial^2 z}{\partial \theta^2} + \frac{1}{r}\frac{\partial z}{\partial r}$$

すなわち

$$\Delta z = \left(\frac{\partial^2}{\partial x^2} + \frac{\partial^2}{\partial y^2}\right)z = \left(\frac{\partial^2}{\partial r^2} + \frac{1}{r^2}\frac{\partial^2}{\partial \theta^2} + \frac{1}{r}\frac{\partial}{\partial r}\right)z \qquad (5.7)$$

である．このことを示せ．

解　$\dfrac{\partial z}{\partial r} = \dfrac{\partial z}{\partial x}\cos\theta + \dfrac{\partial z}{\partial y}\sin\theta$ であり，式 (5.4) より，

$$\begin{aligned}\frac{\partial^2 z}{\partial r^2} &= \frac{\partial^2 z}{\partial x^2}\cos^2\theta + 2\frac{\partial^2 z}{\partial x \partial y}\cos\theta\sin\theta + \frac{\partial^2 z}{\partial y^2}\sin^2\theta, \\ \frac{\partial^2 z}{\partial \theta^2} &= \frac{\partial^2 z}{\partial x^2}r^2\sin^2\theta - 2\frac{\partial^2 z}{\partial x \partial y}r^2\cos\theta\sin\theta + \frac{\partial^2 z}{\partial y^2}r^2\cos^2\theta \\ &\quad - \frac{\partial z}{\partial x}r\cos\theta - \frac{\partial z}{\partial y}r\sin\theta\end{aligned}$$

となる．これらを組み合わせると，求める式が得られる．□

問 5.8 式 (5.7) の右辺を用いて，$\Delta(\log\sqrt{x^2+y^2})=0$ を示せ．

定理 5.5 の関係を行列を用いて表すと

$$\begin{pmatrix} \dfrac{\partial z}{\partial u} \\ \dfrac{\partial z}{\partial v} \end{pmatrix} = \begin{pmatrix} \dfrac{\partial x}{\partial u} & \dfrac{\partial y}{\partial u} \\ \dfrac{\partial x}{\partial v} & \dfrac{\partial y}{\partial v} \end{pmatrix} \begin{pmatrix} \dfrac{\partial z}{\partial x} \\ \dfrac{\partial z}{\partial y} \end{pmatrix} \tag{5.8}$$

と書くことができる．ここで，変数変換 $(*)$ $\begin{cases} x=\varphi(u,v) \\ y=\psi(u,v) \end{cases}$ が行われている．

定義 5.7（ヤコビアン） (1) 式 (5.8) における行列の転置行列を変数変換 $(*)$ に対する**ヤコビ行列**といい，

(2) その行列式を $\dfrac{\partial(x,y)}{\partial(u,v)}$ と書いて，これを変数変換 $(*)$ の**ヤコビアン**（または**ヤコビ行列式**）とよぶ．

$$\frac{\partial(x,y)}{\partial(u,v)} = \begin{vmatrix} \dfrac{\partial x}{\partial u} & \dfrac{\partial x}{\partial v} \\ \dfrac{\partial y}{\partial u} & \dfrac{\partial y}{\partial v} \end{vmatrix} = \begin{vmatrix} x_u & x_v \\ y_u & y_v \end{vmatrix}.$$

例 5.13 **2 次元極座標変換に対するヤコビアン**

$x=r\cos\theta$，$y=r\sin\theta$ $(r>0)$ のとき，

$$\frac{\partial(x,y)}{\partial(r,\theta)} = \begin{vmatrix} x_r & x_\theta \\ y_r & y_\theta \end{vmatrix} = \begin{vmatrix} \cos\theta & -r\sin\theta \\ \sin\theta & r\cos\theta \end{vmatrix} = r.$$

ただし，$x_\theta=\dfrac{\partial x}{\partial\theta}$，$y_\theta=\dfrac{\partial y}{\partial\theta}$ である．

例 5.14 **3 次元極座標変換に対するヤコビアン**

$$\begin{cases} x=r\sin\theta\cos\varphi \\ y=r\sin\theta\sin\varphi \quad (r>0) \\ z=r\cos\theta \end{cases} \tag{5.9}$$

を 3 次元の極座標という（図 5.6）．このとき，

$$\frac{\partial(x,y,z)}{\partial(r,\theta,\varphi)} = \begin{vmatrix} x_r & x_\theta & x_\varphi \\ y_r & y_\theta & y_\varphi \\ z_r & z_\theta & z_\varphi \end{vmatrix} = r^2 \sin\theta.$$

ただし，$x_\varphi = \dfrac{\partial x}{\partial \varphi}$ などである．

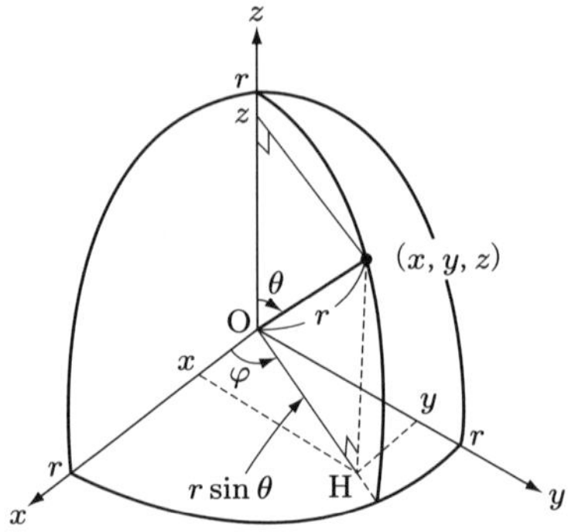

図 5.6

問 5.9　式 (5.9) を確認せよ．

◆**注意** 9◆　ヤコビアンは，たとえば第6章 (重積分) において用いられる．

5.3　テイラーの定理

1変数に関するテイラーの定理は定理 3.13 で述べた．ここでは，2変数の関数に対するテイラーの定理を述べる．

定理 5.6 (2変数の関数に対するテイラーの定理)　関数 $z = f(x,y)$ は定義域内において C^n 級の関数とする．このとき，

$$\begin{aligned} &f(a+h, b+k) \\ &\quad = f(a,b) + \left(h\frac{\partial}{\partial x} + k\frac{\partial}{\partial y}\right) f(a,b) + \frac{1}{2!}\left(h\frac{\partial}{\partial x} + k\frac{\partial}{\partial y}\right)^2 f(a,b) + \cdots \\ &\qquad \cdots + \frac{1}{(n-1)!}\left(h\frac{\partial}{\partial x} + k\frac{\partial}{\partial y}\right)^{n-1} f(a,b) + R_n, \end{aligned}$$

$$R_n = \frac{1}{n!}\left(h\frac{\partial}{\partial x} + k\frac{\partial}{\partial y}\right)^n f(a+\theta h, b+\theta k) \tag{5.10}$$

なる θ $(0 < \theta < 1)$ が存在する．

◈注意 10◈ 式 (5.10) における**微分演算子**[7] $\left(h\dfrac{\partial}{\partial x}+k\dfrac{\partial}{\partial y}\right)$ の意味は，

$$\left(h\frac{\partial}{\partial x}+k\frac{\partial}{\partial y}\right)f(a,b)=h\frac{\partial f}{\partial x}(a,b)+k\frac{\partial f}{\partial y}(a,b),$$

$$\left(h\frac{\partial}{\partial x}+k\frac{\partial}{\partial y}\right)^2 f(a,b)=h^2\frac{\partial^2 f}{\partial x^2}(a,b)+2hk\frac{\partial^2 f}{\partial x\partial y}(a,b)+k^2\frac{\partial^2 f}{\partial y^2}(a,b),$$

$$\left(h\frac{\partial}{\partial x}+k\frac{\partial}{\partial y}\right)^3 f(a,b)=h^3\frac{\partial^3 f}{\partial x^3}(a,b)+3h^2k\frac{\partial^3 f}{\partial x^2\partial y}(a,b)+$$
$$+3hk^2\frac{\partial^3 f}{\partial x\partial y^2}(a,b)+k^3\frac{\partial^3 f}{\partial y^3}(a,b)$$

などのことである．

証明 $F(t)=f(a+th,\ b+tk)$ とおくと，式 (5.5) より，

$$F'(t)=\frac{\partial f}{\partial x}(a+th,\ b+tk)h+\frac{\partial f}{\partial y}(a+th,\ b+tk)k$$

である．また，問 5.7 (1) の式より，

$$F''(t)=\frac{\partial^2 f}{\partial x^2}(a+th,\ b+tk)h^2+\frac{\partial^2 f}{\partial x\partial y}(a+th,\ b+tk)hk$$
$$+\frac{\partial^2 f}{\partial y^2}(a+th,\ b+tk)k^2$$
$$=\left(h\frac{\partial}{\partial x}+k\frac{\partial}{\partial y}\right)^2 f(a+th,\ b+tk)$$

である．以下，帰納的に

$$F^{(n)}(t)=\left(h\frac{\partial}{\partial x}+k\frac{\partial}{\partial y}\right)^n f(a+th,\ b+tk)$$

であることがわかる．

一方，$F(t)$ に対して 1 変数のマクローリンの定理（定理 3.14）を適用すると

$$F(t)=F(0)+F'(0)+\frac{1}{2!}F''(0)+\cdots+\frac{1}{(n-1)!}F^{(n-1)}(0)+\frac{1}{n!}F^{(n)}(\theta t)$$
$$(0<\theta<1)$$

であるから，ここで $t=1$ とすると

$$F(1)=F(0)+F'(0)+\frac{F''(0)}{2!}+\cdots+\frac{F^{(n-1)}(0)}{(n-1)!}+\frac{F^{(n)}(\theta)}{n!} \tag{5.11}$$

となる．

$$F(1)=f(a+h,\ b+k),\quad F(0)=f(a,\ b),$$

$$F'(0)=\frac{\partial f}{\partial x}(a+h,\ b+k)h+\frac{\partial f}{\partial y}(a+h,\ b+k)k$$

---

7) 関数に対しその微分（導関数）を対応させるものを微分演算子とよぶ．たとえば，$\dfrac{\partial f}{\partial x}$ に対する微分演算子は $\dfrac{\partial}{\partial x}$ である．

$$= \left(h\frac{\partial}{\partial x} + k\frac{\partial}{\partial y} \right) f(a+h,\ b+k),$$

$$F''(0) = \left(h\frac{\partial}{\partial x} + k\frac{\partial}{\partial y} \right)^2 f(a+h,\ b+k)$$

などに注意すれば，式 (5.11) は求める公式 (5.10) にほかならない． ■

◆注意 11◆ 1. 式 (5.10) における右辺最後の項 R_n を（n 次の）**剰余項**という．
2. **（平均値の定理）** 定理 5.6 において $n=1$ とすると，

$$f(a+h,b+k)-f(a,b) = R_1 = h\frac{\partial f}{\partial x}(a+\theta h,\ b+\theta k)+k\frac{\partial f}{\partial y}(a+\theta h,\ b+\theta k) \quad (0<\theta<1)$$

となり，これは 1 変数の関数に対する平均値の定理（式 (3.5)）

$$f(a+h)-f(a) = hf'(a+\theta h) \quad (0<\theta<1)$$

の 2 変数版ということができる．

定理 5.6 において，$a+h=x$，$b+k=y$ と書き，$(a,b)=(0,0)$ としたものを（2 変数の）**マクローリンの定理**とよぶ．

定理 5.7（マクローリンの定理） $f(x,y)$ が原点の近傍で C^n 級ならば，この近傍内にある (x,y) に対して，

$$f(x,y) = f(0,0) + \left(x\frac{\partial}{\partial x} + y\frac{\partial}{\partial y} \right) f(0,0) + \frac{1}{2!}\left(x\frac{\partial}{\partial x} + y\frac{\partial}{\partial y} \right)^2 f(0,0) + \cdots$$
$$\cdots + \frac{1}{(n-1)!}\left(x\frac{\partial}{\partial x} + y\frac{\partial}{\partial y} \right)^{n-1} f(0,0) + \frac{1}{n!}\left(x\frac{\partial}{\partial x} + y\frac{\partial}{\partial y} \right)^n f(\theta x,\theta y) \tag{5.12}$$

なる $0<\theta<1$ が存在する．

◆注意 12◆ マクローリンの定理 5.7 において，x，y が十分小さいとすれば，右辺第 2 項以下を必要に応じて無視することができて，次のような $f(x,y)$ の**近似式**を得ることができる．

$$f(x,y) \simeq f(0,0) + \left(x\frac{\partial}{\partial x} + y\frac{\partial}{\partial y} \right) f(0,0) \qquad \text{（1 次の近似式[8]）}$$

$$f(x,y) \simeq f(0,0) + \left(x\frac{\partial}{\partial x} + y\frac{\partial}{\partial y} \right) f(0,0) + \frac{1}{2!}\left(x\frac{\partial}{\partial x} + y\frac{\partial}{\partial y} \right)^2 f(0,0) \qquad \text{（2 次の近似式）}$$

$$\vdots$$

また，今後は 3.5 節 (2) 項と同じ意味合いで「テイラー展開」，「マクローリン展開」という言葉を使う．

---

8) x，y の 1 次式になっているという意味である．

例 5.15

関数 $f(x,y)=e^{x+y}$ をマクローリン展開せよ．

解 $f(0,0)=1$，$f_x=f_y=f_{xx}=f_{xy}=f_{yy}=f_{xxx}=\cdots=e^{x+y}$ であるから，式 (5.12) により

$$e^{x+y}=1+(x+y)+\frac{1}{2!}(x+y)^2+\frac{1}{3!}(x+y)^3+\cdots.$$

□

例 5.16

関数 $f(x,y)=e^{-(x^2+y^2)}$ のマクローリン展開を $n=3$ まで求めよ．

解 $f_x=-2xe^{-(x^2+y^2)}$，$f_y=-2ye^{-(x^2+y^2)}$，$f_{xx}=(-2+4x^2)e^{-(x^2+y^2)}$，

$f_{xy}=f_{yx}=4xye^{-(x^2+y^2)}$，$f_{yy}=(-2+4y^2)e^{-(x^2+y^2)}$，

$f_{xxx}=(12x-8x^3)e^{-(x^2+y^2)}$，$f_{xxy}=(4y-8x^2y)e^{-(x^2+y^2)}$，

$f_{xyy}=(4x-8xy^2)e^{-(x^2+y^2)}$，$f_{yyy}=(12y-8y^3)e^{-(x^2+y^2)}$

であるから，

$$f(0,0)=1,\ f_x(0,0)=f_y(0,0)=0,\ f_{xx}(0,0)=f_{yy}(0,0)=-2,$$
$$f_{xy}(0,0)=f_{yx}(0,0)=0,\ f_{xxx}(0,0)=f_{xxy}(0,0)=f_{xyy}(0,0)=f_{yyy}(0,0)=0.$$

よって，

$$e^{-(x^2+y^2)}=1-(x^2+y^2)+R_4.$$

□

問 5.10 (1) $f(x,y)=\sqrt{x^2+y^2}$ の点 $(1,2)$ のまわりでのテイラー展開を $n=3$ まで求めよ．

(2) $f(x,y)=\sin(x+y)$ をマクローリン展開せよ．

例 5.17

$|x|$，$|y|$ が十分小さいとき，$\log(1+2x-y)$ の 2 次の近似式を求めよ．

解
$$f(0,0)=0,\ f_x(0,0)=\left.\frac{2}{1+2x-y}\right|_{(0,0)}=2,$$
$$f_y(0,0)=\left.\frac{-1}{1+2x-y}\right|_{(0,0)}=-1,\ f_{xx}(0,0)=\left.\frac{-4}{(1+2x-y)^2}\right|_{(0,0)}=-4,$$
$$f_{xy}(0,0)=\left.\frac{2}{(1+2x-y)^2}\right|_{(0,0)}=2,\ f_{yy}(0,0)=\left.\frac{-1}{(1+2x-y)^2}\right|_{(0,0)}=-1$$

である[9)]．したがって，
$$f(x,y)=\log(1+2x-y)\simeq 2x-y+\frac{1}{2!}(-4x^2+4xy-y^2).$$
□

問 5.11　例 5.17 において，$x=0.1, y=0.02$ として $\log 1.18$ の近似値を手計算し，電卓での値と比べてみよ．

5.4　極値問題

1 変数の関数 $y=f(x)$ に対する極値の求め方は第 3 章で述べたが，2 変数の関数 $z=f(x,y)$ に対してもそれに対応する結果が得られる．

定義 5.8 (極大, 極小)　関数 $z=f(x,y)$ が点 (a,b) において**極大**（または**極小**）になるとは，
$$f(x,y)<f(a,b)\quad（または\ f(x,y)>f(a,b)）$$
が，(a,b) を除く任意の $(x,y)\in B_\delta((a,b))$ に対して成り立つことである．ただし，
$$B_\delta((a,b))=\left\{(x,y)\,\middle|\,\|(x,y)-(a,b)\|_2=\sqrt{(x-a)^2+(y-b)^2}<\delta\right\}$$

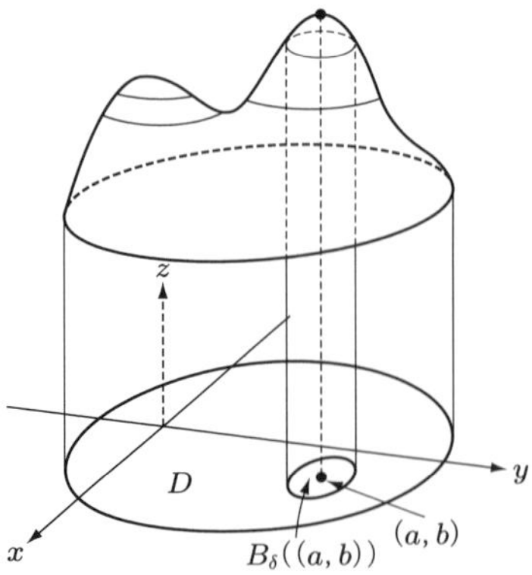

図 5.7　極大

9) 記法 $f(x,y)\big|_{(a,b)}$ は，関数 $f(x,y)$ の点 (a,b) における値を意味する．

は点 (a,b) の δ–**近傍**とよばれる（図 5.7）．このときの $f(a,b)$ の値を**極大値**（または**極小値**）といい，それらを求める問題を**極値問題**という．

定理 5.8（極値をとる点の候補） $f(x,y)$ が領域 D で偏微分可能とする．このとき，$f(x,y)$ が点 $(a,b)\in D$ で極値をとるならば，

$$f_x(a,b)=f_y(a,b)=0.$$

証明 $B_\delta((a,b))\subset D$ において

$$f(x,y)<f(a,b)$$

とすれば，$y=b$ を固定して x の関数 $f(x,b)$ に対しても

$$f(x,b)<f(a,b)$$

であるから，$z=f(x,b)$ も点 a で極値をとる．よって，$f_x(a,b)=0$．同様に考えて，$f_y(a,b)=0$．これで極値をとる点の候補がわかる． ■

◆注意 13◆ $f_x(a,b)=f_y(a,b)=0$ となる点 (a,b) を $f(x,y)$ の**停留点**という．

与えられた関数の極値を調べるには，次の定理がある．

定理 5.9（極値の判定） $f(x,y)\in C^2(D)$ で，(a,b) をその停留点とする：$f_x(a,b)=f_y(a,b)=0$．このとき，

$$\Delta(a,b)=f_{xx}(a,b)\cdot f_{yy}(a,b)-(f_{xy}(a,b))^2=\begin{vmatrix} f_{xx}(a,b) & f_{xy}(a,b) \\ f_{yx}(a,b) & f_{yy}(a,b)\end{vmatrix}$$

とおくと，次のことがいえる．

(i) $\Delta(a,b)>0$ ならば，$f(x,y)$ は点 (a,b) で極値をとり，
　ア) $f_{xx}(a,b)>0$ ならば，極小値をとる．
　イ) $f_{xx}(a,b)<0$ ならば，極大値をとる．

(ii) $\Delta(a,b)<0$ ならば，$f(x,y)$ は点 (a,b) で極値をとらない．

(iii) $\Delta(a,b)=0$ ならば，$f(x,y)$ は点 (a,b) で極値をとる場合もとらない場合もある．

証明 テイラーの定理（定理 5.6）と仮定より，$\sqrt{h^2+k^2}$ が十分小さいならば，

$$f(a+h,b+k)-f(a,b)=\left(h\frac{\partial}{\partial x}+k\frac{\partial}{\partial y}\right)f(a,b)$$
$$+\frac{1}{2!}\left(h\frac{\partial}{\partial x}+k\frac{\partial}{\partial y}\right)^2 f(a,b)+o(h^2+k^2)$$

$$= \frac{1}{2!}\left(h\frac{\partial}{\partial x} + k\frac{\partial}{\partial y}\right)^2 f(a,b) + o(h^2+k^2)$$
$$\simeq \frac{1}{2}(h^2 f_{xx}(a,b) + 2hkf_{xy}(a,b) + k^2 f_{yy}(a,b)) = (*)$$

である．ここで，

$$p(h,k) = o(h^2+k^2) \text{ とは，} \lim_{(h,k)\to(0,0)} \frac{p(h,k)}{\sqrt{h^2+k^2}} = 0$$

となることであり，$p(h,k)$ は $\sqrt{h^2+k^2}$ より**高位の無限小**であるという（3.5 節 (3) 項も参照せよ）．そこで，$A = f_{xx}(a,b)$，$H = f_{xy}(a,b)$，$B = f_{yy}(a,b)$ とおけば

$$2(*) = Ah^2 + 2Hhk + Bk^2$$
$$= A\left\{\left(h + \frac{H}{A}k\right)^2 + \frac{AB-H^2}{A^2}k^2\right\} \quad (A \neq 0 \text{ とする}) \tag{5.13}$$

となる．よって，

(i) $\Delta(a,b) = AB - H^2 > 0$ のとき，式 (5.13) は A と同符号である．よって，$A = f_{xx}(a,b) > 0$ ならば，$f(a+h,b+k) - f(a,b) > 0$．つまり，$f(x,y)$ は点 (a,b) で極小値をとる．同様に，$A < 0$ ならば極大値をとる．

(ii) $\Delta(a,b) < 0$ ならば，(h,k) のとり方により式 (5.13) は正にも負にもなる．よって，極値をとらない[10]．

(iii) $\Delta(a,b) = 0$ のとき，式 (5.13) は $A\left(h + \frac{H}{A}k\right)^2$ となるが，この場合は $o(h^2+k^2)$ との関係を調べなければならないので，極値の判定はできない[11]．■

例 5.18

$f(x,y) = x^3 + y^3 - 3xy$ の極値を求めよ．

解　$f_x = 3x^2 - 3y$，$f_y = 3y^2 - 3x$，$f_{xx} = 6x$，$f_{xy} = f_{yx} = -3$，$f_{yy} = 6y$ であるから，停留点は $(0,0)$ と $(1,1)$ であり，

$$\Delta(0,0) = \begin{vmatrix} 0 & -3 \\ -3 & 0 \end{vmatrix} = -9, \quad \Delta(1,1) = \begin{vmatrix} 6 & -3 \\ -3 & 6 \end{vmatrix} = 27.$$

ここで，$f_{xx}(1,1) = 6$ であるから，$f(x,y)$ は点 $(1,1)$ で極小値 $f(1,1) = -1$ をとる．□

例 5.19

$f(x,y) = x^2 - y^2$ の極値を求めよ．

---

10) このような点を**鞍点**という．例 5.19 をみよ．

11) この部分に関する詳しい議論は，たとえば参考文献 [2] をみよ．

解 $f_x = 2x$，$f_y = -2y$，$f_{xx} = 2$，$f_{xy} = 0$，$f_{yy} = -2$ であるから，

$$\Delta(0,0) = \begin{vmatrix} 2 & 0 \\ 0 & -2 \end{vmatrix} = -4.$$

よって，この関数は極値をもたない．なお，この関数のグラフは図 5.8 のようになっており，停留点 $(0,0)$ は鞍点である（山にたとえれば峠である）． □

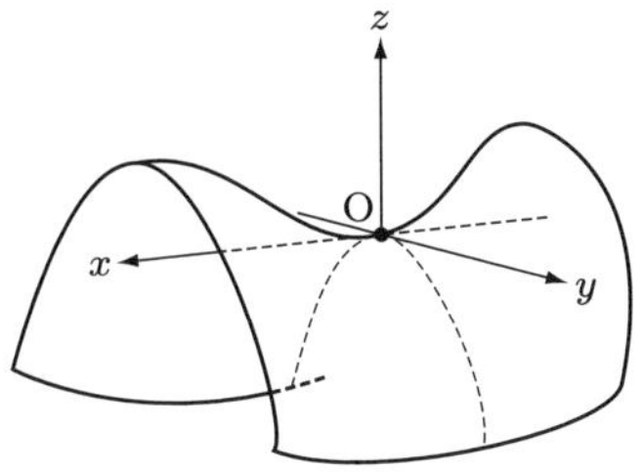

図 5.8

◆注意 14◆ 定理 5.9 において，(iii) の場合は極値の判定ができないことになっているが，具体的な関数においては，次の例 5.20 のように直感的に調べることができる場合もある．

例 5.20

$f(x,y) = x^4 + y^4$ の極値を判定せよ．

解 $f_x = 4x^3$，$f_y = 4y^3$，$f_{xx} = 12x^2$，$f_{xy} = 0$，$f_{yy} = 12y^2$ であるから，$\Delta(0,0) = \begin{vmatrix} 0 & 0 \\ 0 & 0 \end{vmatrix} = 0$ となり，定理 5.9 によれば $(0,0)$ で極値をとるかどうかわからない．しかし，この点で極小値をとることは明らかである． □

問 5.12 次の関数の極値を調べよ．

(1) $f(x,y) = x^2 + y^2 + y^3$ (2) $f(x,y) = x^2 - ay^4 \quad (a \neq 0)$

5.5 接平面，全微分

空間の点 P が時刻 t とともに移動するとき，点 P の位置ベクトル $\boldsymbol{r} = (x,y,z)$ は，t の関数と考えることができる．すなわち，$\boldsymbol{r} = \boldsymbol{r}(t) = (x(t), y(t), z(t))$ である．このようにベクトルが変数 t によって決まるとき，対応

$$\boldsymbol{r} : I \subset \mathbb{R} \to \mathbb{R}^3 \quad (t \mapsto (x(t), y(t), z(t)))$$

を**ベクトル（値）関数**という．t がある範囲 $I = [\alpha, \beta]$ を動くとき，$\boldsymbol{r}(t)$ の軌跡は**空間内の曲線** C を表す（図 5.9）．

さて，ベクトル関数 $\boldsymbol{r}(t)$ に対して，その微分（導関数）を次のように定義する．

$$\frac{d\boldsymbol{r}}{dt} = \lim_{\Delta t \to 0} \frac{\boldsymbol{r}(t+\Delta t) - \boldsymbol{r}(t)}{\Delta t} = \left(\frac{dx}{dt},\ \frac{dy}{dt},\ \frac{dz}{dt} \right). \tag{5.14}$$

高階導関数についても，

$$\frac{d^n\boldsymbol{r}}{dt^n} = \left(\frac{d^n x}{dt^n},\ \frac{d^n y}{dt^n},\ \frac{d^n z}{dt^n} \right) \quad (n \geqq 2)$$

と定義する．式 (5.14) より，ベクトル $\dfrac{d\boldsymbol{r}}{dt}$ は点 P における曲線 C の**接ベクトル**となる（図 5.10）．

曲線 C に対する表現

$$C : x = x(t),\ y = y(t),\ z = z(t) \quad (t \in I)$$

を曲線 C の**パラメータ（媒介変数）表示**という．

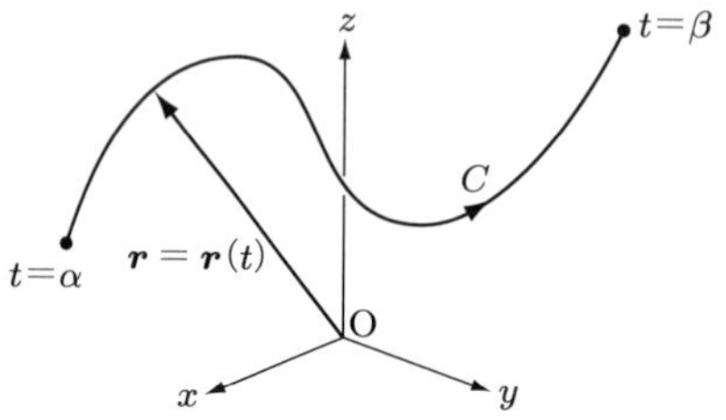

図 5.9　ベクトル関数の軌跡

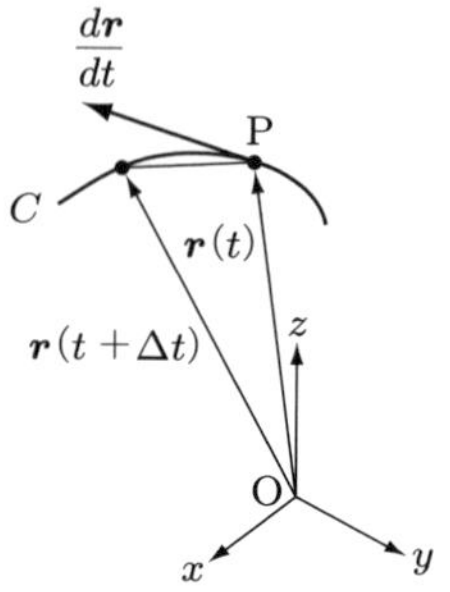

図 5.10　接ベクトル

例 5.21

$C : x = a\cos t,\ y = a\sin t,\ z = ct$ はどのような曲線を表すか．

解　z 軸を主軸とする**らせん**を表す．　□

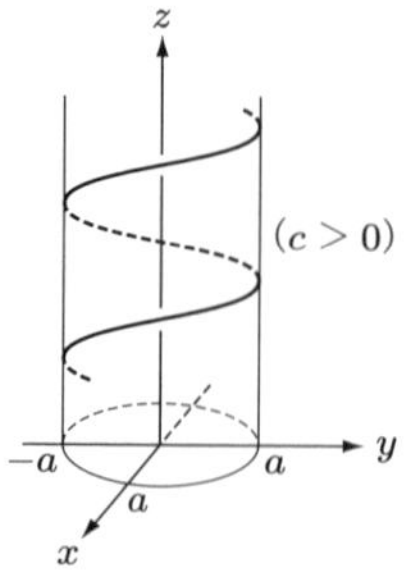

図 5.11

一方，$\boldsymbol{r} = \boldsymbol{r}(u,v) = (x(u,v), y(u,v), z(u,v))$ を空間の点 $\mathrm{P}(x(u,v), y(u,v), z(u,v))$ の位置ベクトルとみれば，u, v がある領域 D を動くとき，$\boldsymbol{r}(u,v)$ は**空間内の曲面**

$$S : x = x(u,v),\ y = y(u,v),\ z = z(u,v) \quad ((u,v) \in D) \tag{5.15}$$

を表す．この際，v を固定して u を動かせば，S 上の一つの曲線 C_u (u–曲線) が得られ，逆に u を固定して v を動かせば，曲線 C_v (v–曲線) が得られる（図 5.12）.

ここで，$\dfrac{\partial \boldsymbol{r}}{\partial u}$，$\dfrac{\partial \boldsymbol{r}}{\partial v}$ は，それぞれ曲面 S 上の点 $P(x,y,z)$ における曲線 C_u，C_v の接ベクトルである．したがって，その外積[12] $\dfrac{\partial \boldsymbol{r}}{\partial u} \times \dfrac{\partial \boldsymbol{r}}{\partial v}$ は，S に対する一つの法線ベクトルとなる（図 5.13）.

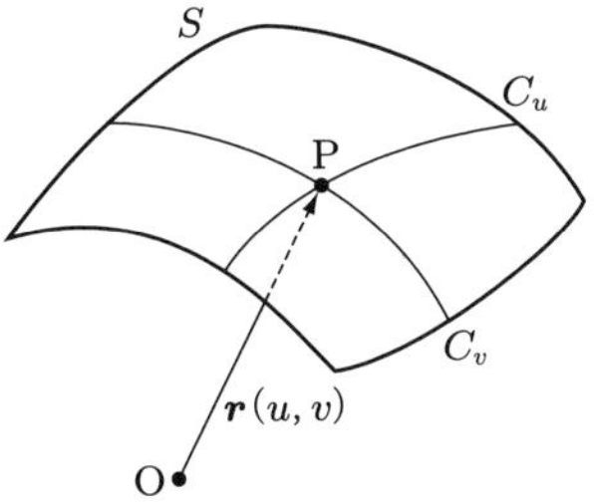

図 5.12 パラメータ表示された曲面 S

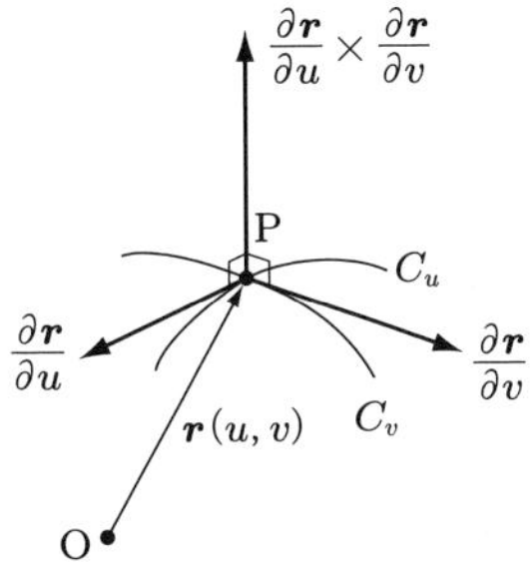

図 5.13 法線ベクトル

定理 5.10（接平面，法線の方程式 1） 曲面 (5.15) 上の点 $\mathrm{P}(x,y,z)$ における

(1) 接平面の方程式は

$$\begin{vmatrix} X-x & Y-y & Z-z \\ x_u & y_u & z_u \\ x_v & y_v & z_v \end{vmatrix} = 0,$$

(2) 法線の方程式は

$$\frac{X-x}{\dfrac{\partial(y,z)}{\partial(u,v)}} = \frac{Y-y}{\dfrac{\partial(z,x)}{\partial(u,v)}} = \frac{Z-z}{\dfrac{\partial(x,y)}{\partial(u,v)}}$$

である[13]．ただし，$x_u = \dfrac{\partial x}{\partial u}(u,v)$ などであり，$\dfrac{\partial(y,z)}{\partial(u,v)} = \begin{vmatrix} y_u & z_u \\ y_v & z_v \end{vmatrix}$ などはヤコビアン（定義 5.7）である.

12) ベクトルの外積については，線形代数学の本などを参照せよ.

13) ここでは変数として (X,Y,Z) を用いた.

証明　(1) $$\frac{\partial \boldsymbol{r}}{\partial u} \times \frac{\partial \boldsymbol{r}}{\partial v} = \begin{vmatrix} \boldsymbol{i} & \boldsymbol{j} & \boldsymbol{k} \\ x_u & y_u & z_u \\ x_v & z_u & z_v \end{vmatrix} = \left(\begin{vmatrix} y_u & z_u \\ y_v & z_v \end{vmatrix}, -\begin{vmatrix} x_u & z_u \\ x_v & z_v \end{vmatrix}, \begin{vmatrix} x_u & y_u \\ x_v & y_v \end{vmatrix} \right)$$
$$= \left(\frac{\partial(y,z)}{\partial(u,v)}, \frac{\partial(z,x)}{\partial(u,v)}, \frac{\partial(x,y)}{\partial(u,v)} \right)$$
であり，接平面上の任意の点を $\mathrm{Q} = (X, Y, Z)$ とすると，$\overrightarrow{\mathrm{OQ}} = \boldsymbol{q}$, $\overrightarrow{\mathrm{OP}} = \boldsymbol{p}$ として $\boldsymbol{q} - \boldsymbol{p} = (X - x, Y - y, Z - z)$ である．図 5.14 のように，$\boldsymbol{q} - \boldsymbol{p}$ と $\dfrac{\partial \boldsymbol{r}}{\partial u} \times \dfrac{\partial \boldsymbol{r}}{\partial v}$ は垂直であるから，
$$0 = (\boldsymbol{q} - \boldsymbol{p}) \cdot \left(\frac{\partial \boldsymbol{r}}{\partial u} \times \frac{\partial \boldsymbol{r}}{\partial v} \right) = \begin{vmatrix} X - x & Y - y & Z - z \\ x_u & y_u & z_u \\ x_v & y_v & z_v \end{vmatrix}.$$

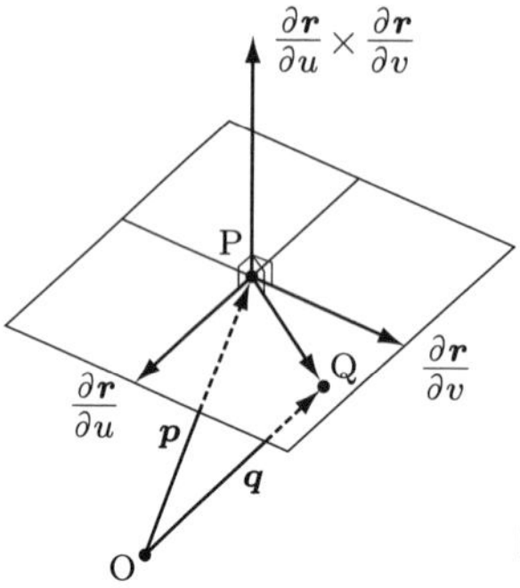

図 5.14　接平面

(2) $\dfrac{\partial \boldsymbol{r}}{\partial u} \times \dfrac{\partial \boldsymbol{r}}{\partial v}$ は点 P における S の一つの法線ベクトルであるから，空間内の直線の公式[14)]を適用すればよい．■

定理 5.10 では，曲面 S が 2 変数 u, v でパラメータ表示されている場合の結果を述べたが，S が $z = f(x, y)$ の形で与えられている場合には，次のようになる．

定理 5.11（接平面，法線の方程式 2）　曲面 $z = f(x, y)$ 上の点 $\mathrm{P}_0 = (a, b, f(a, b))$ における

(1) 接平面の方程式は
$$z = f(a, b) + \frac{\partial f}{\partial x}(a, b)(x - a) + \frac{\partial f}{\partial y}(a, b)(y - b), \qquad (5.16)$$

---

14) 点 (x_0, y_0, z_0) を通り，ベクトル $\boldsymbol{a} = (l, m, n)$ $(lmn \neq 0)$ に平行な直線の方程式は，$\dfrac{x - x_0}{l} = \dfrac{y - y_0}{m} = \dfrac{z - z_0}{n}$ である．

(2) 法線の方程式は

$$\frac{x-a}{\dfrac{\partial f}{\partial x}(a,b)}=\frac{y-b}{\dfrac{\partial f}{\partial y}(a,b)}=\frac{z-f(a,b)}{-1} \tag{5.17}$$

である．

証明 (1) $x=u$，$y=v$，$z=f(u,v)$ と考え，定理 5.10 を適用すれば，

$$\begin{vmatrix} x-a & y-b & z-f(a,b) \\ 1 & 0 & z_u \\ 0 & 1 & z_v \end{vmatrix}=0$$

すなわち，式 (5.16) である．同様に考えて式 (5.17) も示せる． ■

問 5.13 球面 $x^2+y^2+z^2=a^2$ 上の点 $\mathrm{P}_0(x_0,y_0,z_0)$ における接平面と法線の方程式を求めよ．

定義 5.9（全微分可能性） 関数 $z=f(x,y)$ が点 (a,b) で**全微分可能**（単に**微分可能**ともいう）とは，定数 A，B が存在して

$$f(x,y)=f(a,b)+A(x-a)+B(y-b)+o\left(\sqrt{(x-a)^2+(y-b)^2}\right) \tag{5.18}$$

が成り立つことである．ここで，$g(x,y)=o\left(\sqrt{(x-a)^2+(y-b)^2}\right)$ とは，5.4 節で述べた高位の無限小であり，

$$\lim_{(x,y)\to(a,b)}\frac{g(x,y)}{\sqrt{(x-a)^2+(y-b)^2}}=0$$

となることである．

定理 5.12（全微分可能 ⇒ 偏微分可能） $z=f(x,y)$ が点 (a,b) で全微分可能とする．このとき，

(1) $f(x,y)$ は点 (a,b) で連続である．

(2) $f(x,y)$ は点 (a,b) で x についても y についても偏微分可能であり，

$$A=\frac{\partial f}{\partial x}(a,b),\quad B=\frac{\partial f}{\partial y}(a,b)$$

である．

証明　(1)　式 (5.18) より

$$\lim_{(x,y)\to(a,b)}\{f(x,y)-f(a,b)\}$$
$$=\lim_{(x,y)\to(a,b)}\left\{A(x-a)+B(y-b)+o\left(\sqrt{(x-a)^2+(y-b)^2}\right)\right\}=0$$

(2)　式 (5.18) において $y=b$ とおけば，

$$f(x,y)=f(a,b)+A(x-a)+o\left(|x-a|\right)$$

である．よって，

$$\frac{\partial f}{\partial x}(a,b)=\lim_{x\to a}\frac{f(x,b)-f(a,b)}{x-a}=\lim_{x\to a}\left\{A+\frac{o(|x-a|)}{|x-a|}\right\}=A.$$

同様にして，$\dfrac{\partial f}{\partial y}(a,b)=B.$ ■

◆注意 15◆　1．定理 5.12 (2) により，全微分可能性の式 (5.18) を改めて書き直せば，

$$f(x,y)=f(a,b)+\frac{\partial f}{\partial x}(a,b)(x-a)+\frac{\partial f}{\partial y}(a,b)(y-b)+o\left(\sqrt{(x-a)^2+(y-b)^2}\right)\tag{5.19}$$

である．また，$x-a=h$，$y-b=k$ と書けば，式 (5.19) は

$$f(a+h,b+k)=f(a,b)+\frac{\partial f}{\partial x}(a,b)h+\frac{\partial f}{\partial y}(a,b)k+o\left(\sqrt{h^2+k^2}\right)\tag{5.20}$$

と書き表すこともできる．式 (5.20) は，1 変数の関数の微分可能性を表す式 (3.22) に対応するものである．

2．接平面の方程式 (5.16) と全微分可能性の式 (5.19) を比べてみよう．これらの関係より，$z=f(x,y)$ が全微分可能とは，（考える点のすぐ近くでは）曲面 $z=f(x,y)$ が接平面 (5.16) によってよく近似されている（接平面が存在する）ことを示している（図 5.15 で，③が十分小さい）．

さて，式 (5.20) において，a，b を変数扱いにしてこれを書き直すと，

$$f(x+h,y+k)-f(x,y)=\frac{\partial f}{\partial x}(x,y)h+\frac{\partial f}{\partial y}(x,y)k+o\left(\sqrt{h^2+k^2}\right)$$

となるが，この式の左辺を Δz，そして $h=\Delta x$，$k=\Delta y$ と書けば，

$$\Delta z=\frac{\partial f}{\partial x}(x,y)\Delta x+\frac{\partial f}{\partial y}(x,y)\Delta y+o\left(\sqrt{(\Delta x)^2+(\Delta y)^2}\right)\tag{5.21}$$

となる．

定義 5.10（全微分 dz）　式 (5.21) において，Δz の主要部分 $\dfrac{\partial f}{\partial x}(x,y)\Delta x+\dfrac{\partial f}{\partial y}(x,y)\Delta y$ を，関数 $z=f(x,y)$ の**全微分**といい，記号 dz で表す．

$$dz=\frac{\partial f}{\partial x}(x,y)\Delta x+\frac{\partial f}{\partial y}(x,y)\Delta y.\tag{5.22}$$

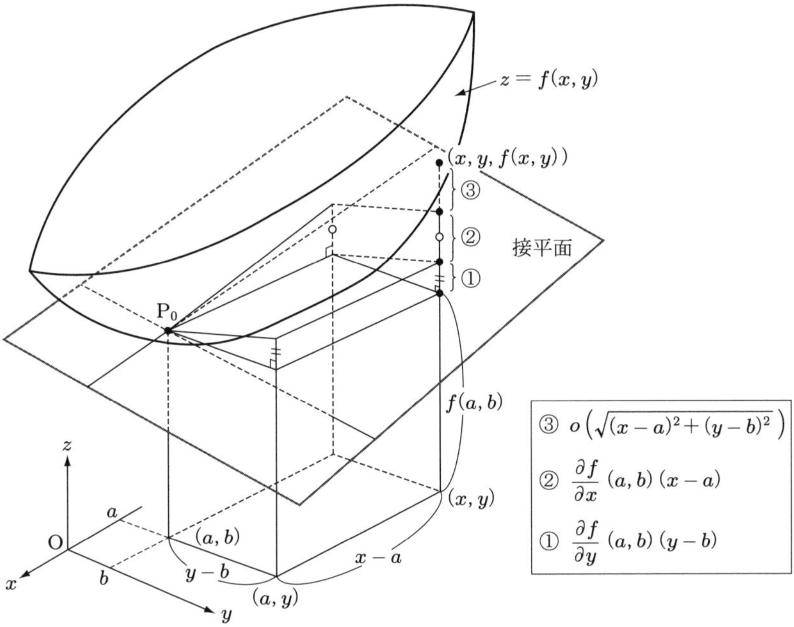

図 5.15 全微分と接平面

◆注意 16◆ 式 (5.22) において，特に $z=x$ とおけば，$dz=dx=1\times\Delta x+0\times\Delta y=\Delta x$. 同様に，$z=y$ とおけば，$dy=\Delta y$ と書ける．そこで，式 (5.22) を

$$dz=\frac{\partial f}{\partial x}(x,y)dx+\frac{\partial f}{\partial y}(x,y)\,dy$$

または

$$df(x,y)=\frac{\partial f}{\partial x}(x,y)dx+\frac{\partial f}{\partial y}(x,y)\,dy$$

と書くのが普通である[15]．

例 5.22

$f(x,y)=x^3y+\sin(xy)$ の全微分を求めよ．

解 $df=(3x^2y+y\cos(xy))\,dx+(x^3+x\cos(xy))\,dy$ □

問 5.14 次の関数の全微分を求めよ．

(1) $f(x,y)=\log(x^2+y^2)$　　(2) $f(x,y)=x^y$

---

[15] 全微分を略して，$dz=z_x dx+z_y dy$，$df=f_x dx+f_y dy$ などと書くこともある．

演習問題 5

1. (1) 関数 $z = f(x, y)$ に対して，$\dfrac{\partial f}{\partial x} = 0$ ならば，f は y だけの関数であることを示せ．

(2) $f_{xy} = 0$ である関数はどのような形の関数であるか．

(3) $z_{xx} = z_{xy} = z_{yy} = 0$ ならば，$z = ax + by + c$ であることを示せ．

2. 関数 $z = \dfrac{1}{\sqrt{2\pi x}} e^{-\frac{y^2}{2x}}$ は，偏微分方程式 $z_x = \dfrac{1}{2} z_{yy}$ を満たすことを示せ．

3. $z = f(x + ay) + g(x - ay)$ （a は定数）なる形の C^2 級関数は，偏微分方程式 $z_{yy} = a^2 z_{xx}$ を満たすことを示せ．

4. 次の関数は調和関数である（$\Delta f = 0$ を満たす）ことを確かめよ．

(1) $f(x, y) = \dfrac{x}{x^2 + y^2}$　　(2) $f(x, y) = e^{-x} \cos y$

(3) $f(x, y, z) = \dfrac{1}{\sqrt{x^2 + y^2 + z^2}}$

5. $z = f(x, y)$ において，$x = u\cos\theta - v\sin\theta$，$y = u\sin\theta + v\cos\theta$ ならば，$\dfrac{\partial^2 z}{\partial x^2} + \dfrac{\partial^2 z}{\partial y^2} = \dfrac{\partial^2 z}{\partial u^2} + \dfrac{\partial^2 z}{\partial v^2}$ であることを示せ．

6. (1) $f(x, y) = e^x \sin y$ の 4 次の項までのマクローリン展開を求めよ．

(2) $f(x, y, z) = e^{x+y} \sin z$ の 2 次の項までのマクローリン展開を求めよ．ただし，3 変数の関数に対するテイラーの定理は以下のようである．

3 変数の関数に対するテイラーの定理：

$$f(a+h, b+k, c+l) = f(a, b, c) + \sum_{r=1}^{n-1} \frac{1}{r!} \left(h\frac{\partial}{\partial x} + k\frac{\partial}{\partial y} + l\frac{\partial}{\partial z} \right)^r f(a, b, c)$$

$$+ \frac{1}{n!} \left(h\frac{\partial}{\partial x} + k\frac{\partial}{\partial y} + l\frac{\partial}{\partial z} \right)^n f(a + \theta h, b + \theta k, c + \theta l) \quad (0 < \theta < 1)$$

7. $|x|$，$|y|$ が十分小さいとき，$f(x, y) = \dfrac{1}{\sqrt{1 + x + y}}$ の x，y の 2 次の項までを使った近似式を求めよ．

8. 次の関数の極値を調べよ．

(1) $f(x, y) = x^4 + y^4 - x^2 + 2xy - y^2$

(2) $f(x, y) = \cos x - \cos y \quad (0 \leqq x, y \leqq 2\pi)$　（例 5.2 (7) を参照）

(3) $f(x, y) = e^{-(\cos x + \sin y)} \quad (0 \leqq x, y \leqq 2\pi)$　（例 5.2 (8) を参照）

9. 周囲が一定の長さである三角形の中で，面積が最大となるのは正三角形であることを示せ．

第6章 重積分法

第 4 章で学んだ 1 変数関数の積分法は，本章において 2 変数以上の多変数関数に対する積分法へ拡張される．その意義は，第 5 章 偏微分法と同様に，理論的にも実用的にも広い視野に立つ，より有効な数学的方法を与えてくれることである．

本章では，独立変数の個数に等しい回数だけ単（一）積分（1 変数関数の積分）を反復する多重積分の計算的基礎とその広義積分への一般化，および実用的応用を学ぶが，説明と理解の容易さから 2 変数関数の積分（**2 重積分**）から話を始めよう．

6.1 2重積分

(1) 2重積分とその存在

2 変数関数をときには，簡単のため $f(P), P=(x,y)$ と書いて，これを平面上の有界閉領域（大きさが有限で境界をもった領域）D 上の（D で定義された）関数とする．ここで，D は図 6.1 のように滑らかな閉曲線（x について何回も微分可能である閉じた曲線）で囲まれた領域とする．また，これを互いに交わる連続曲線で任意に分割し，それによってできる小閉領域を D_i $(i=1,2,\cdots,n)$，D_i の面積を ΔS_i として，D_i 内の任意の点 $P_i=(x_i,y_i)$ に対して，

$$K_n=\sum_{i=1}^{n} f(P_i)\Delta S_i \quad :\text{（2 変数の場合の）}\textbf{リーマン和},$$

$$|\Delta|=\max_i\{|\Delta_i| : D_i \text{ 内の 2 点間の距離の最大値}\}$$

とする．$n\to\infty$（分割を無限に細かくする）$\Leftrightarrow |\Delta|\to 0$．よって，リーマン和の極限値 $\displaystyle\lim_{n\to\infty}K_n=\lim_{|\Delta|\to 0}\sum_{i=1}^{n} f(P_i)\Delta S_i=K$ が確定するとき，この一定の値 K を

$$K=\iint_D f(P)dS \quad \text{または} \quad \iint_D f(x,y)\,dxdy$$

と書き，$f(P)$ の D 上の **2 重積分**という．また，被積分関数 $f(P)$ は D で（**2 重**）**積分可能**といい，D を**積分領域**という．本章で積分可能という場合は，2 重積分を含む多重積分に対して述べる簡略化した用語とする．

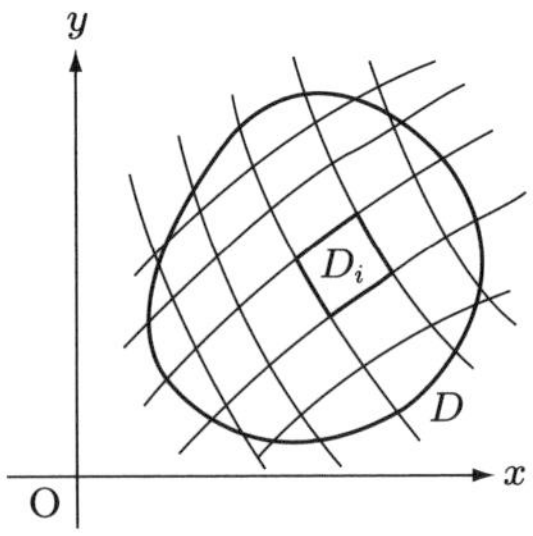

図 6.1　領域分割

積分可能な関数については，次の定理がある．

定理 6.1　$f(P)$ が D 上で連続であれば，$f(P)$ は D 上で積分可能である．

証明　D の分割は任意とする．$f(P)$ は任意分割による小閉領域 D_i 上で連続であるから，1 変数の場合（定理 2.5）と同様に考えて，そこで最小値と最大値をもつ．それぞれを $m_i = \min_{P_i \in D_i} f(P_i)$，$M_i = \max_{P_i \in D_i} f(P_i)$ とすれば，

$$\sum_{i=1}^{n} m_i \Delta S_i \leqq K_n \leqq \sum_{i=1}^{n} M_i \Delta S_i.$$

また，D 上で連続な 1 変数や 2 変数以上の多変数関数 f は D 上で一様連続，すなわち，D の任意の 2 点 X, Y に対して，$\forall \varepsilon > 0$ と $\exists \delta > 0$ を選べば，$|X - Y| < \delta \Rightarrow |f(X) - f(Y)| < \varepsilon$ とできることを用いる[1)]．2 変数の場合，$f(x, y)$ は D_i 上で一様連続，すなわち，前ページの $|\Delta|$ とは無関係な $|\Delta|$ を M_i, m_i を定める D_i 内の 2 点の差の大きさ（絶対値）として，

$$\forall \varepsilon > 0 \text{ に対して，} \exists \delta > 0 \text{ を選んで } |\Delta| < \delta \quad \Rightarrow \quad M_i - m_i < \varepsilon$$

とできるから，

$$\sum_{i=1}^{n} (M_i - m_i) \Delta S_i < \varepsilon S \to 0 \quad (|\Delta| \to 0), \quad S = \sum_{i=1}^{n} \Delta S_i \quad :D \text{ の面積}.$$

よって，$\lim_{|\Delta| \to 0} K_n = K = \lim_{|\Delta| \to 0} \sum_{i=1}^{n} f(P_i) \Delta S_i$ が存在する．■

以後しばらくは，$f(x, y)$ は有界閉領域 D 上で連続であるとする．

(2)　2 重積分の性質

次のように，1 変数の場合のよく知られた結果がそのまま拡張される．

---

1)　参考文献 [3] の p.110，詳しくは，[4] の p.7，p.12，pp.22-23 参照．

定理 6.2　$f(P), g(P)$ が D 上で連続であれば，次が成り立つ．以下，$f(P)$ などは単に f などと書く．

(1) $\displaystyle\iint_D (af+bg)\,dS = a\iint_D f\,dS + b\iint_D g\,dS$　$(a, b$ ：定数$)$.

(2) $\displaystyle\iint_D f\,dS = \iint_{D_1} f\,dS + \iint_{D_2} f\,dS,\quad D = D_1 \cup D_2,\quad D_1 \cap D_2 = \phi.$

(3) D で $f(P) \leqq g(P) \Rightarrow \displaystyle\iint_D f\,dS \leqq \iint_D g\,dS$，等号の成立は $f = g$ のときに限られる．

(4) $\displaystyle\left|\iint_D f\,dS\right| \leqq \iint_D |f|\,dS.$

証明　2 重積分の定義式から容易に得られる．■

次の結果は 2 重**積分に関する平均値の定理**である．

定理 6.3　$f(P)$ が D 上で連続とする．このとき，

$$\iint_D f(P)\,dS = f(P_0)S$$

を満たす $P_0 = (x_0, y_0) \in D$ が存在する．ただし，$S = \displaystyle\iint_D dS$ (D の面積) である．

証明　$f(P)$ は D で最小値 m と最大値 M をとるから，定理 6.2 の (3) から $f = f(P)$ として，

$$mS \leqq \iint_D f\,dS \leqq MS. \quad \therefore \quad m \leqq \iint_D \frac{f\,dS}{S} \leqq M.$$

よって，中間値の定理から

$$\iint_D \frac{f\,dS}{S} = f(P_0), \quad \exists P_0 = (x_0, y_0) \in D.$$

■

◆注意 1◆　1．2 重積分の値を定義式に基づいて求めることは一般に困難であり，次節の累次積分の方法によって求める．

2．D で $f(P) \geqq 0$ のときは，2 重積分 $\displaystyle\iint_D f(P)\,dS$ は，D を底面とし，D の境界を通る z 軸に平行な直線を母線（柱面の側面を生成する直線）とする柱面および曲面 $z = f(P)$ で囲まれた柱状立体の体積を表す（たとえば，図 6.7 (1) を参照せよ）．一般の体積の求め方については，後の応用の箇所（6.5 節）で学ぶ．

3．D の面積 $S = \displaystyle\iint_D dS$ は $f(P) = 1$ の場合であるから，これは D を底面とする高さ 1 の柱状立体の体積とも考えられる．

6.2 2重積分の計算法と多重積分

(1) 累次積分

2重積分の計算法は次の定理で示され，最終的に単一積分に帰着される．D はこれまで通り有界閉領域とする．

定理 6.4　$f(x,y)$ が D で連続であれば，次の公式が成り立つ．

(1) $D=\{(x,y): a \leqq x \leqq b,\ \varphi_1(x) \leqq y \leqq \varphi_2(x)\}$ の場合（図 6.2 (1)）

$$\iint_D f(x,y)\,dxdy = \int_a^b \left\{\int_{\varphi_1(x)}^{\varphi_2(x)} f(x,y)\,dy\right\} dx$$

$$\left(= \int_a^b dx \int_{\varphi_1(x)}^{\varphi_2(x)} f(x,y)\,dy \text{ とも書かれる}\right).$$

(2) $D=\{(x,y): c \leqq y \leqq d,\ \psi_1(y) \leqq x \leqq \psi_2(y)\}$ の場合（図 6.2 (2)）

$$\iint_D f(x,y)\,dxdy = \int_c^d \left\{\int_{\psi_1(y)}^{\psi_2(y)} f(x,y)\,dx\right\} dy$$

$$\left(= \int_c^d dy \int_{\psi_1(y)}^{\psi_2(y)} f(x,y)\,dx \text{ とも書かれる}\right).$$

(3) D が (1) と (2) の両方の方法で表される場合（図 6.2 (3)）

$$\iint_D f(x,y)\,dxdy = \int_a^b dx \int_{\varphi_1(x)}^{\varphi_2(x)} f(x,y)\,dy$$

$$= \int_c^d dy \int_{\psi_1(y)}^{\psi_2(y)} f(x,y)\,dx \quad \text{：積分順序の交換可能性.}$$

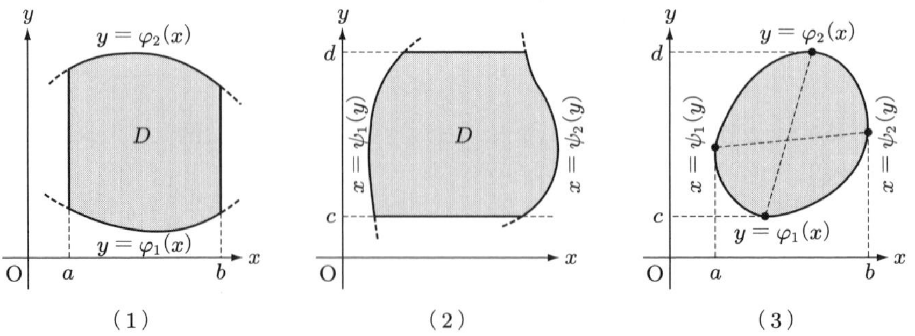

図 6.2　累次積分とこれらの一致

定理 6.4 の公式 (1), (2) のそれぞれの右辺の積分を**累次積分**という．公式 (3) は累次積分の一致を述べている．証明は省略するが，その概要を述べれば，D を長方形の場合と一般の場合（長方形でない領域）に分けて行うということになる．D が長方形の場合は $f(x,y)$ の一様連続性に基づいて，$F(x)=\int_c^d f(x,y)\,dy$，$G(y)=\int_a^b f(x,y)\,dx$ の連続性を示し，$\int_a^b F(x)\,dx$，$\int_c^d G(y)\,dy$ を 1 変数の場合の積分の平均値の定理（定理 4.6）を用いて 2 重積分に帰着させる．一般の領域の場合は，D を内部に含む閉長方形（境界をもった長方形）への f の拡張 $\tilde{f}$ を定義して，閉長方形上の $\tilde{f}$ の拡張積分 $\tilde{I}$ と D 上の 2 重積分 I，および $\int_a^b\left(\int_{\varphi_1}^{\varphi_2} f(x,y)\,dy\right)dx=I_1$，$\int_c^d\left(\int_{\psi_1}^{\psi_2} f(x,y)\,dx\right)dy=I_2$ に対して，分割を無限に細かくすることによって，$|I-\tilde{I}|$，$|\tilde{I}-I_1|\,|\tilde{I}-I_2|\to 0$ から $I\to I_1$，$I\to I_2$ となる．すなわち，(1) と (2) が示される．(3) は (1) と (2) から得られる [2]．

定理 6.4 の公式を用いて，実際に 2 重積分の計算を行ってみよう．

例 6.1

$D=\{(x,y):a\leqq x\leqq b,\ c\leqq y\leqq d\}$（長方形領域）とする．

(1)
$$\iint_D (x-y)\,dxdy=\int_a^b dx\int_c^d (x-y)\,dy=\int_a^b\left[xy-\frac{y^2}{2}\right]_{y=c}^{y=d}dx$$
$$=\int_a^b\left[(d-c)x-\frac{d^2-c^2}{2}\right]dx=\left[\frac{(d-c)x^2}{2}-\frac{(d^2-c^2)x}{2}\right]_a^b$$
$$=\frac{1}{2}(b-a)(d-c)(a+b-c-d).$$

(2)
$$\iint_D f(x)g(y)\,dxdy=\int_a^b dx\int_c^d f(x)g(y)\,dy$$
$$=\left(\int_a^b f(x)\,dx\right)\left(\int_c^d g(y)\,dy\right).$$

すなわち，異なる単独変数の関数どうしの積の 2 重積分は，それぞれの単一積分の積で与えられる．

例 6.2

D を一般の領域（定理 6.4 の証明の概要で出てきた領域）とする．

[2] 参考文献 [5] の pp.156-158 参照．

(1) $\displaystyle\iint_D (x+y)dxdy, \quad D = \left\{(x,y) : 0 \leqq x \leqq 1,\ x \leqq y \leqq \sqrt{x}\right\}$

$$= \int_0^1 dx \int_x^{\sqrt{x}} (x+y)\,dy = \int_0^1 \left[xy + \frac{y^2}{2}\right]_{y=x}^{y=\sqrt{x}} dx$$

$$= \int_0^1 \left(x^{3/2} + \frac{x}{2} - \frac{3x^2}{2}\right) dx = \left[\frac{2x^{5/2}}{5} + \frac{x^2}{4} - \frac{x^3}{2}\right]_0^1 = \frac{3}{20}.$$

(2) $\displaystyle\iint_D \cos(x+y)\,dxdy, \quad D = \left\{(x,y) : 0 \leqq y \leqq \frac{\pi}{2},\ 0 \leqq x \leqq \frac{\pi}{2} - y\right\}$

$$= \int_0^{\pi/2} dy \int_0^{\pi/2-y} \cos(x+y)\,dx = \int_0^{\pi/2} [\sin(x+y)]_{x=0}^{x=\pi/2-y}\,dy$$

$$= \int_0^{\pi/2} (1 - \sin y)\,dy = [y + \cos y]_0^{\pi/2} = \frac{\pi}{2} - 1.$$

例 6.3

例 6.2 の (1), (2) における積分順序を交換せよ.

解 (1) の D は, $D = \left\{(x,y) : 0 \leqq y \leqq 1,\ y^2 \leqq x \leqq y\right\}$ とも表されるから,

$$\iint_D (x+y)\,dxdy = \int_0^1 dy \int_{y^2}^{y} (x+y)\,dx \ \left(= \frac{3}{20}\right).$$

(2) の D は, $D = \left\{(x,y) : 0 \leqq x \leqq \dfrac{\pi}{2},\ 0 \leqq y \leqq \dfrac{\pi}{2} - x\right\}$ とも表されるから,

$$\iint_D \cos(x+y)\,dxdy = \int_0^{\pi/2} dx \int_0^{\pi/2-x} \cos(x+y)\,dy \ \left(= \frac{\pi}{2} - 1\right). \qquad \square$$

例 6.1〜6.3 からわかるように, 2 重積分（一般に多重積分）の計算には, 単一積分の計算が基本的である. そのためにも, 1 変数関数の不定積分を求めることが重要となる. 特に, その場合の初等関数の不定積分の公式に慣れておくとよい.

問 6.1　次の 2 重積分の値を求めよ [3].

(1) $\displaystyle\int_0^1 \left\{\int_0^1 xy^2\,dx\right\} dy$　　(2) $\displaystyle\iint_{D=[0,a]\times[0,b]} e^{px+qy}\,dxdy \quad (pq \neq 0)$

(3) $\displaystyle\iint_{D=[a,b]\times[c,d]} (x+y)\,dxdy$　　(4) $\displaystyle\iint_{D=[0,1]\times[1,3]} (x^2+y^2)\,dxdy$

問 6.2　次の 2 重積分の値を求めよ.

---

[3] 長方形 $D = \left\{(x,y) : \alpha \leqq x \leqq \beta,\ \gamma \leqq y \leqq \delta\right\}$ を $[\alpha,\beta]\times[\gamma,\delta]$：直積の形で書くことがある.

(1) $\displaystyle\iint_D \sin(x+y)\,dxdy, \quad D = \left\{(x,y) : 0 \leqq y \leqq \frac{\pi}{2},\ 0 \leqq x \leqq \frac{\pi}{2} - y\right\}$

(2) $\displaystyle\iint_D \frac{x}{y^2}\,dxdy, \quad D = \{(x,y) : 1 \leqq x \leqq 2,\ 1 \leqq y \leqq x^2\}$

(3) $\displaystyle\iint_D x^3 y\,dxdy, \quad D = \{(x,y) : 0 \leqq x \leqq y, x^2 + y^2 \leqq 1\}$

問 6.3 次の2重積分の積分順序を交換せよ.

(1) $\displaystyle\int_0^1 dy \int_{y^2}^{y} f(x,y)\,dx$ (2) $\displaystyle\int_1^2 dx \int_x^{3x} f(x,y)\,dy$ (3) $\displaystyle\int_{-1}^{1} dy \int_y^{e^y} f(x,y)\,dx$

問 6.4 次の2重積分の値を求めよ．ただし，(3) の D は直線 $y = 0$, $y = x+1$, $y = -x+1$ の囲む閉領域とする.

(1) $\displaystyle\iint_{D=[0,1]\times[0,1]} \left[\frac{x}{1+xy}\right] dxdy$ (2) $\displaystyle\int_0^1 dy \int_{\sqrt{y}}^{1} e^{\frac{y}{x}}\,dx$ (3) $\displaystyle\iint_D xy\,dxdy$

(2) 多重積分

これまでの x, y を積分変数とする2重積分を，n 個の x_i $(i = 1, \cdots, n)$ を積分変数とする多重積分へと一般化してみよう.

まず，3変数の関数 $f(x,y,z)$ の重積分から始める．空間内の部分領域 D を，次のような有界閉領域とする．すなわち，その xy 平面への正射影[4)]が2直線 $x = a$, $x = b$ $(a < b)$ および2曲線 $y = \varphi_1(x)$, $y = \varphi_2(x)$ $(\varphi_1(x) \leqq \varphi_2(x))$ で囲まれた閉領域 D' で，D' の境界を導線[5)]とする z 軸に平行な直線を母線とする柱面および2曲面

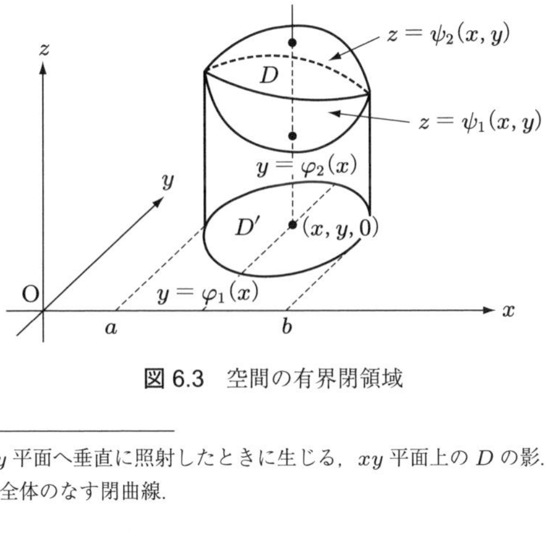

図 6.3 空間の有界閉領域

4) z 軸に平行な光線を xy 平面へ垂直に照射したときに生じる，xy 平面上の D の影.

5) 母線を生成する境界点全体のなす閉曲線.

$z=\psi_1(x,y), z=\psi_2\ (\psi_1(x,y) \leqq \psi_2(x,y))$ で囲まれた有界閉領域であるとする（図6.3）．このとき，$f(x,y,z)$ の D 上の**3重積分**を次のように定める．

$$\iiint_D f(x,y,z)\,dxdydz = \int_a^b \left\{ \int_{\varphi_1(x)}^{\varphi_2(x)} \left(\int_{\psi_1(x,y)}^{\psi_2(x,y)} f(x,y,z)\,dz \right) dy \right\} dx$$

$$\left(= \int_a^b dx \int_{\varphi_1}^{\varphi_2} dy \int_{\psi_1}^{\psi_2} f(x,y,z)\,dz \text{ とも書かれる} \right).$$

3重積分はその定め方からわかるように，原理的に単一積分を3回繰り返すことによってその値を計算する．また，積分順序の交換可能性も成り立つ[6]．

例 6.4

次の3重積分の値を求めよ．

(1) $\displaystyle\iiint_{D=[0,1]\times[0,1]\times[0,1]} xyz\,dxdydz$

(2) $\displaystyle\iiint_D (-2x+3y+4z)\,dxdydz,$

$D = \{(x,y,z) : 0 \leqq x \leqq 1,\ 0 \leqq y \leqq 1,\ y \leqq z \leqq 1\}$

解 (1)
$$\text{与式} = \int_0^1 \left\{ \int_0^1 \left(\int_0^1 xyz\,dz \right) dy \right\} dx$$
$$= \int_0^1 \left(\int_0^1 \left[\frac{xyz^2}{2} \right]_{z=0}^{z=1} dy \right) dx = \int_0^1 \left(\int_0^1 \frac{xy}{2}\,dy \right) dx$$
$$= \int_0^1 \left[\frac{xy^2}{4} \right]_{y=0}^{y=1} dx = \int_0^1 \frac{x}{4}\,dx = \left[\frac{x^2}{8} \right]_{x=0}^{x=1} = \frac{1}{8}.$$

別解 被積分関数が例6.1 (2) のように**変数分離形**（各単独変数の関数どうしの積）で，積分領域が長方形であるから，計算は各関数ごとに単一積分を求めて，これらの積をとればよい．すなわち，

$$\text{与式} = \int_0^1 x\,dx \int_0^1 y\,dy \int_0^1 z\,dz = \left[\frac{x^2}{2} \right]_0^1 \left[\frac{y^2}{2} \right]_0^1 \left[\frac{z^2}{2} \right]_0^1 = \frac{1}{8}.$$

(2)
$$\text{与式} = \int_0^1 \left[\int_0^1 \left\{ \int_y^1 (-2x+3y+4z)\,dz \right\} dy \right] dx$$
$$= \int_0^1 \left(\int_0^1 \left[-2xz+3yz+2z^2 \right]_{z=y}^{z=1} dy \right) dx$$
$$= \int_0^1 \left[\int_0^1 \{ -5y^2 + (3+2x)y + 2 - 2x \}\,dy \right] dx$$

---

[6] その例については，参考文献 [5] の pp.163-164 参照．

$$= \int_0^1 \left[-\frac{5y^3}{3} + \left(\frac{3}{2} + x\right) y^2 + (2 - 2x)y\right]_{y=0}^{y=1} dx = \int_0^1 \left(\frac{11}{6} - x\right) dx$$

$$= \left[\frac{11x}{6} - \frac{x^2}{2}\right]_0^1 = \frac{4}{3}.$$

□

問 6.5 次の 3 重積分の値を求めよ.

(1) $\displaystyle\iiint_{D=[0,1]\times[1,2]\times[2,3]} (x+y+z)\, dxdydz$

(2) $\displaystyle\iiint_D e^{x+y+z}\, dxdydz,$

$D = \{(x,y,z) : 0 \leqq z \leqq 1 - x - y,\ 0 \leqq y \leqq 1 - x,\ 0 \leqq x \leqq 1\}$

次に，これまで得た 2 重積分や 3 重積分を含む一般的な形の重積分を定めるため，有界閉領域を a_i, b_i：定数として，

$$D = \{(x_1, \cdots, x_n) : a_1 \leqq x_1 \leqq b_1,\ a_2(x_1) \leqq x_2 \leqq b_2(x_1), \cdots,$$
$$a_n(x_1, \cdots, x_{n-1}) \leqq x_n \leqq b_n(x_1, \cdots, x_{n-1})\} \subsetneqq \mathbb{R}^n \quad (n \geqq 2)$$

とする．このとき，D 上の重積分を

$$\overbrace{\iint \cdots \int_D}^{n\text{ 重}} f(x_1, x_2, \cdots, x_n) dx_1 dx_2 \cdots dx_n$$
$$= \int_{a_1}^{b_1} \left[\cdots \left\{ \int_{a_{n-1}}^{b_{n-1}} \left(\int_{a_n}^{b_n} f(x_1, \cdots, x_{n-1}, x_n) dx_n \right) dx_{n-1} \right\} \cdots \right] dx_1$$

と定め，この積分を $f(x_1, x_2, \cdots, x_n)$ の D 上の n **重積分**という．$n \geqq 2$ の場合を一般に**重（複）積分**または**多重積分**という（$n = 1$ の場合は先に単一積分とよんだ）．これまで学んだものは，n =2，3 の場合であったといえる．実用的には n は高々 3 であることがほとんどである．$n \geqq 4$ の場合の重積分の計算も，単一積分を n 回繰り返して行われることはこれまでと同様である．

6.3 積分変数の変換

与えられた重積分を直接に計算することが困難なとき，積分変数の変換によって計算が容易になることもある．この方法は，1 変数の場合の置換積分法に相当する．

定理 6.5（2 重積分の場合） D' を uv 平面上の有界閉領域, D を xy 平面上の有界閉領域として, D', D の対応：$(u,v) \in D' \mapsto (x,y) \in D$ が 1 対 1 の変換：$x = \varphi(u,v)$,

$y = \psi(u,v) \in C^1$ によって与えられ，かつ $J(u,v) = \dfrac{\partial(x,y)}{\partial(u,v)} = \begin{vmatrix} x_u & x_v \\ y_u & y_v \end{vmatrix} \neq 0$ とすれば，D 上で連続な $f(x,y)$ の 2 重積分は次の公式で与えられる．

$$\iint_D f(x,y)\,dxdy = \iint_{D'} f(\varphi(u,v),\psi(u,v))|J(u,v)|\,dudv.$$

$J(u,v)$ を φ,ψ の u,v に関する**ヤコビ行列式**または**ヤコビアン**という．これは，**関数行列式**（要素の少なくとも一つは関数である行列式）の一種である（定義 5.7 参照）．

証明　概略を述べる．D' の任意分割による小閉領域 D'_i と，これに対応する D の任意分割による小閉領域 D_i（図 6.4）のそれぞれの面積を $\Delta S'_i, \Delta S_i$ とすれば，$\Delta S_i \cong |J(P'_i)|\Delta S'_i$，$P'_i = (u_i, v_i) \in D'_i$ であるから[7]，P'_i に対応する $P_i = (x_i, y_i) \in D$ をとれば，

$$\iint_D f(x,y)\,dxdy = \lim_{|\Delta|\to 0}\sum_{i=1}^{n} f(P_i)\Delta S_i = \lim_{|\Delta'|\to 0}\sum_{i=1}^{n} f(\varphi(P'_i),\psi(P'_i))|J(P'_i)|\Delta S'_i$$
$$= \iint_{D'} f(\varphi(u,v),\ \psi(u,v))|J(u,v)|\,dudv$$

となる．ただし，$|\Delta'| = \max_i \left\{|\Delta'_i| : D'_i \text{ 内の 2 点間の距離の最大値}\right\}$ とする．■

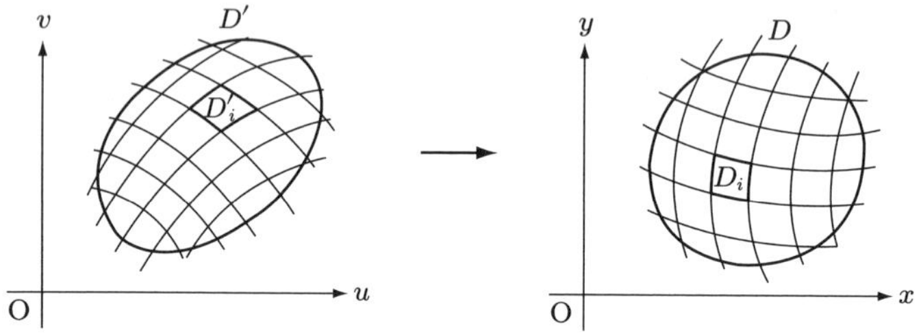

図 6.4　平面上の積分変数の変換

定理 6.5 から，応用上有用な次の結果を得る．

系　D', D は定理 6.5 の有界閉領域とする．

(1) 対応：$(u,v) \in D' \mapsto (x,y) \in D$ が**比例変換**：$x = au$，$y = bv$　$(a, b$：定数$)$ であれば，ヤコビアンの式から

$$\iint_D f(x,y)\,dxdy = \iint_{D'} f(au,bv)|ab|\,dudv.$$

(2) 対応：$(r,\theta) \in D' \mapsto (x,y) \in D$ が**極座標変換**：$x = r\cos\theta$，$y = r\sin\theta$ であれば，ヤコビアンの式から

7) たとえば，参考文献 [6] の pp.107-108 参照．

$$\iint_D f(x,y)\,dxdy = \iint_{D'} f(r\cos\theta,\ r\sin\theta)r\,drd\theta.$$

証明 変換のヤコビアンの値を示せばよい.

(1) $J(u,v) = x_u y_v - x_v y_u = ab$ から明らか.

(2) $J(r,\theta) = x_r y_\theta - x_\theta y_r = r\cos^2\theta - (-r\sin\theta)\sin\theta = r$ から明らか. ■

例 6.5

次の 2 重積分の値を求めよ.

(1) $\displaystyle\iint_D xy\,dxdy,$

$$D = \left\{(x,y) : x = e^u\cos v,\ y = e^u\sin v,\ 0 \leqq u \leqq \frac{1}{4},\ 0 \leqq v \leqq \frac{\pi}{2}\right\}$$

(2) $\displaystyle\iint_D dxdy, \quad D = \left\{(x,y) : \frac{x^2}{a^2} + \frac{y^2}{b^2} \leqq 1\right\} \quad (a, b > 0)$

(3) $\displaystyle\iint_D \sqrt{a^2 - x^2 - y^2}\,dxdy, \quad D = \{(x,y) : x^2 + y^2 \leqq a^2\} \quad (a > 0)$

解 (1) $J(u,v) = e^{2u}$.

$$\therefore \quad 与式 = \left(\int_0^{1/4} e^{4u}\,du\right)\left(\int_0^{\pi/2} \sin v\cos v\,dv\right)$$

$$= \left[\frac{e^{4u}}{4}\right]_0^{1/4} \int_0^{\pi/2} \frac{\sin 2v}{2}\,dv = \frac{e-1}{4} \cdot \left[\frac{-\cos 2v}{4}\right]_0^{\pi/2} = \frac{e-1}{8}.$$

(2) 系の (1) から

$$与式 = \iint_{D'} ab\,dudv, \quad D' = \{(u,v) : u^2 + v^2 \leqq 1\}.$$

また, 系の (2) から

$$与式 = \iint_{D''} abr\,drd\theta, \quad D'' = \{(r,\theta) : 0 \leqq r \leqq 1,\ 0 \leqq \theta \leqq 2\pi\}.$$

$$\therefore \quad 与式 = ab\int_0^1 r\,dr \int_0^{2\pi} d\theta = \pi ab.$$

これは, 楕円板の面積（または高さ 1 の楕円柱の体積）である.

(3) 系の (2) から

$$与式 = \int_0^{2\pi} d\theta \int_0^a \sqrt{a^2 - r^2}\,r\,dr = 2\pi\left[\frac{-(a^2 - r^2)^{3/2}}{3}\right]_0^a = \frac{2\pi a^3}{3}.$$

これは, 半球 : $\{(x,y,z) : x^2 + y^2 + z^2 \leqq a^2,\ z \geqq 0\}$ の体積である. □

問 6.6　次の2重積分の値を求めよ.

(1) $\displaystyle\iint_D (x^2+y^2)\,dxdy,\quad D=\{(x,y) : x^2+y^2 \leqq 2x\}$

(2) $\displaystyle\iint_D (x^2+y^2)\,dxdy,\quad D=\left\{(x,y) : \frac{x^2}{a^2}+\frac{y^2}{b^2} \leqq 1\right\}$

(3) $\displaystyle\iint_D (x^2+y^2)e^{-(x^2+y^2)}\,dxdy,\quad D=\{(x,y) : x^2+y^2 \leqq 1\}$

本節の最後として, 次の定理をあげておこう.

定理 6.6 (n 重積分の場合)　D' を $u_1\cdots u_n$ 空間内の有界閉領域, D を $x_1\cdots x_n$ 空間内の有界閉領域として, D', D の対応 : $(u_1,\cdots,u_n)\in D' \mapsto (x_1,\cdots,x_n)\in D$ が1対1の変換 : $x_1=\varphi_1(u_1,\cdots,u_n),\cdots,\varphi_n(u_1,\cdots,u_n)\in C^1$ によって与えられ, かつ

$$J(u_1,\cdots,u_n)=\frac{\partial(x_1,\cdots,x_n)}{\partial(u_1,\cdots,u_n)}=\left|x_{i,u_j};\ {}^{i\downarrow 1,\cdots,n}_{j\to 1,\cdots,n}\right|$$

$$\left(x_{i,u_j}=\frac{\partial x_i}{\partial u_j}\ \text{を}\ i\ \text{行}\ j\ \text{列要素とする行列式}\right)\neq 0$$

とすれば, D 上で連続な $f(x_1,\cdots,x_n)$ の n 重積分は次の公式で与えられる.

$$\iint\cdots\int_D f(x_1,\cdots,x_n)\,dx_1\cdots dx_n$$
$$=\iint\cdots\int_{D'} f\bigl(\varphi_1(u_1,\cdots,u_n),\cdots,\varphi_n(u_1,\cdots,u_n)\bigr)|J(u_1,\cdots,u_n)|\,du_1\cdots du_n.$$

証明は定理 6.5 と同様である. ただし, D', D の任意分割によるそれぞれの小閉領域 D_i', D_i の (**超**) **体積**[8)] をそれぞれ $\Delta V_i', \Delta V_i$ とすれば, $\Delta V_i \cong |J(P_i')|\Delta V_i'$, $P_i'=(u_{1,i},\cdots,u_{n,i})\in D_i'$ を示すことは, 2重積分の場合にくらべて煩雑である.

定理 6.6 から, 特に3重積分 ($n=3$) の場合の有用な公式を得る.

系　D', D は定理 6.6 における有界閉領域として, 定理 6.5 の系と同様,

(1) D' と D の1対1対応を**比例変換** : $x=au, y=bv, z=cw$ とすれば,

$$\iiint_D f(x,y,z)\,dxdydz=\iiint_{D'} f(au,bv,cw)|abc|\,dudvdw.$$

(2) D' と D の1対1対応を**極 (または球) 座標変換** : $x=r\sin\theta\cos\varphi$, $y=r\sin\theta\sin\varphi$, $z=r\cos\theta$ (図 6.5 (1)) とすれば,

---

8) $n=3$ の場合は通常の体積であり, $n \geqq 4$ の場合を超体積という.

$$\iiint_D f(x,y,z)\,dxdydz$$
$$= \iiint_{D'} f(r\cos\theta\sin\varphi,\ r\sin\theta\sin\varphi,\ r\cos\theta) \times r^2\sin\theta\,drd\theta d\varphi.$$

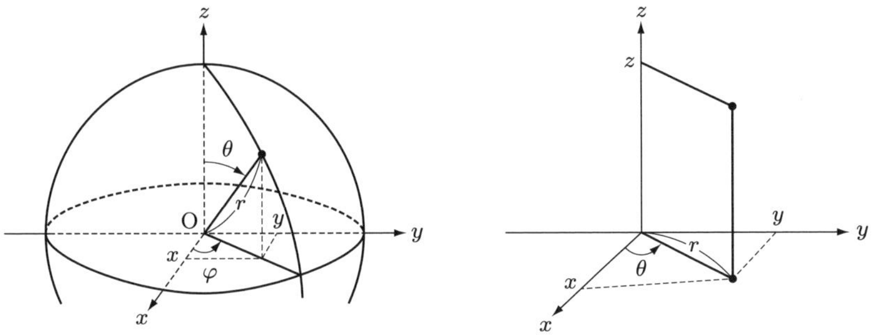

（1）極座標への変換　（2）円柱座標への変換

図 6.5 空間の積分変数の変換例

証明 ヤコビアンの値を計算すればよい[9].

(1) $J(u,v,w) = x_u y_v z_w$ (他の 6 個の要素 $x_v = \cdots = 0$) $= abc$.

(2) $$J(r,\theta,\varphi) = \begin{vmatrix} x_r & x_\theta & x_\varphi \\ y_r & y_\theta & y_\varphi \\ z_r & z_\theta & z_\varphi \end{vmatrix} = \begin{vmatrix} \sin\theta\cos\varphi & r\cos\theta\cos\varphi & -r\sin\theta\sin\varphi \\ \sin\theta\sin\varphi & r\cos\theta\sin\varphi & r\sin\theta\cos\varphi \\ \cos\theta & -r\sin\theta & 0 \end{vmatrix}$$
$$= r^2\sin\theta.$$ ■

例 6.6

3 重積分

$$\iiint_D dxdydz\ (a,b,c>0), \quad D：楕円体$$

の値を求めよ.

解 系の (1) から,

$$与式 = \iiint_{D'} abc\,dudvdw, \quad D' = \{(u,v,w) : u^2+v^2+w^2 \leqq 1\}$$

であるから, 系の (2) から,

9) 一般の n 重積分の場合でも, 系の (1), (2) に対して公式を導くことができる. ただし, (2) に対しては**超極**（または**超球**）**座標**（3 次元の極座標を 4 次元以上に一般化したもの）を用いなければならない.

$$与式 = abc\iiint_{D''} r^2\sin\theta\, drd\theta d\varphi,$$

$$D'' = \{(r,\theta,\varphi) : 0 \leqq r \leqq 1,\ 0 \leqq \theta \leqq \pi,\ 0 \leqq \varphi \leqq 2\pi\}.$$

$$\therefore\quad 与式 = abc\int_0^{2\pi} d\varphi \int_0^1 r^2\,dr \int_0^{\pi} \sin\theta\,d\theta = 2\pi\left[\frac{r^3}{3}\right]_0^1 \left[-\cos\theta\right]_0^{\pi} abc = \frac{4\pi abc}{3}.$$

これは楕円体の体積である. □

問 6.7　次の3重積分を求めよ.

(1) $\displaystyle\iiint_D (ax^2+by^2+cz^2)\,dxdydz,\ \ D = \{(x,y,z) : x^2+y^2+z^2 \leqq 1\}$

(2) $\displaystyle\iiint_D \log(x^2+y^2+z^2)^{\frac{1}{2}}\,dxdydz,\ \ D = \{(x,y,z) : x^2+y^2+z^2 \leqq a^2\}\quad (a>0)$

◆注意2◆　積分変数の変換はよく知られた座標系をはじめとして, 多くのものが考えられるが, 特に (1), (2) の他によく知られたものとして, **円柱**（または**筒**）**座標** (r,θ,z) への変換：$x = r\cos\theta,\ y = r\sin\theta,\ z = z$ がある（図 6.5 (2)).

これに対して, 変換のヤコビアンの値は次の式で与えられる.

$$J(r,\theta,z) = \begin{vmatrix} x_r & x_\theta & x_z \\ y_r & y_\theta & y_z \\ z_r & z_\theta & z_z \end{vmatrix} = \begin{vmatrix} \cos\theta & -r\sin\theta & 0 \\ \sin\theta & r\cos\theta & 0 \\ 0 & 0 & 1 \end{vmatrix} = r.$$

これも重積分の計算に有用である.

6.4　広義の重積分

これまで考えてきたものは, '有界閉領域' の上の '連続な' 多変数関数の定積分であったから, これらの計算は比較的容易であった. ただし, 一つだけ例外的なものは, 問 6.7 の (2) の積分である. D は有界閉領域であるが, 関数 $\log(x^2+y^2+z^2)^{\frac{1}{2}} = f(x,y,z)$ は原点 $(0,0,0)$ において連続ではない（$(x,y,z) \to (0,0,0)$ のとき, この関数の値 $\to -\infty$, かつ x,y,z は同時に 0 であってはならないから, $f(0,0,0)$ は定められない). すなわち, この関数は $D\backslash\{(0,0,0)\} = D'$ で連続であるから, この積分は正しくは

$$\lim_{D'\to D}\iiint_{D'} f(x,y,z)\,dxdydz$$

の意味で求めなければならない（これは具体的には球座標変換において, たとえば 0 を不連続点とする（動径）変数 r（$\leqq a$：正の定数）に関して $\forall\varepsilon > 0$ から a まで積分してから, $\varepsilon \to 0$ とすることに同値である. これは広義の単一積分（4.4 節参照）の手法を思い出せばよいであろう).

この節では，このような問題も含めて，領域が有界でなかったり，関数が領域上で不連続であったりする場合の重積分の計算法を考えよう．簡単のため，関数は 2 変数関数 $f(x,y)$，その積分領域を D とすることはこれまで通りである．基本的に考えられることは，次の二つの場合である．

(i) D：非有界（大きさが有限でない），$f(x,y)$：D 上連続の場合．
D に収束する D の有界閉部分領域の増加列 $\{D_n\}$，すなわち $D_1 \subset D_2 \subset \cdots \subset D_n \subset D_{n+1} \subset \cdots$ かつ $D_n \xrightarrow{n\to\infty} D$ をとる．

(ii) D：有界，$f(x,y)$：D 上不連続 (または非有界) な点集合をもつ場合．
$D_0 = D\backslash A$，$A : f(x,y)$ の不連続点の集合，とする．D_0 に収束する D_0 の有界閉部分領域の増加列 $\{D_n\}$，すなわち $D_1 \subset D_2 \subset \cdots \subset D_n \subset D_{n+1} \subset \cdots$ かつ $D_n \xrightarrow{n\to\infty} D_0 \subset D$ をとる．

(i)，(ii) のいずれの場合も，関数 $f(x,y)$ は有界閉領域 D_n $(n = 1,2,\cdots)$ 上で連続であるから，これまで考えてきた 2 重積分 $\displaystyle\iint_{D_n} f(x,y)\,dxdy$ が存在する．このとき，$\{D_n\}$ の選び方に関係なく

$$\lim_{n\to 0}\iint_{D_n} f(x,y)\,dxdy = K_0 \ \text{：確定} \quad \Rightarrow \quad K_0 = \iint_D f(x,y)\,dxdy$$

と書いて，この K_0 を D 上の $f(x,y)$ の**広義の 2 重積分（の値）**という．

広義積分の値が存在する一つの十分条件は，先の任意の一つの列 $\{D_n\}$ に対して K_0 が存在して，$f(x,y)$ は D または $D\backslash A$ で**定符号**，すなわち $f(x,y) \geqq 0$（または $f(x,y) \leqq 0$）である．また，非有界領域上の不連続関数の積分も (i)，(ii) を基本として定められる．

広義の多重積分も上と同様に定義されるから，改めて述べるまでもないであろう．

例 6.7

次の 2 重積分の値を求めよ．

(1) $K_0 = \displaystyle\iint_D (x^2+y^2+1)^{-\frac{5}{2}}\,dxdy, \quad D = R^2$

(2) $K_0 = \displaystyle\int_0^{\infty} e^{-x^2}\,dx$ （(単一) 無限積分）

(3) $K_0 = \displaystyle\iint_D (x-y)^{-\lambda}\,dxdy \quad (0 < \lambda < 1), \quad D = \{(x,y) : 0 \leqq y \leqq x \leqq 1\}$

解 (1) と (2) は積分領域が非有界で，被積分関数がその上で連続の場合であり，(3) は積分領域は有界であるが，被積分関数の不連続点集合を含む場合である．

(1) $K_n = \iint_{D_n} (x^2+y^2+1)^{-\frac{5}{2}}\,dxdy$,
$D_n = \{(x,y) : x^2+y^2 \leqq n^2\} \quad \Rightarrow \quad D_n \to D \quad (n \to \infty)$ （図 6.6(1)）.
定理 6.5 の系の (2) から,

$$K_n = \int_0^{2\pi}\int_0^n (r^2+1)^{-\frac{5}{2}} r\,drd\theta = 2\pi\left[\frac{-(r^2+1)^{-\frac{3}{2}}}{3}\right]_0^n$$
$$= 2\pi\left[1 - \frac{(n^2+1)^{-\frac{3}{2}}}{3}\right] \to \frac{2\pi}{3}(n \to \infty),$$

かつ D 上で $(x^2+y^2+1)^{-\frac{5}{2}} > 0$. $\therefore\ K_0 = \dfrac{2\pi}{3}$.

(2) $K_0^2 = \left(\int_0^\infty e^{-x^2}\,dx\right)\left(\int_0^\infty e^{-y^2}\,dy\right) = \iint_D e^{-x^2-y^2}\,dxdy$, $D = \{(x,y) : x, y \geqq 0\}$.

$$K_n = \iint_{D_n} e^{-x^2-y^2}\,dxdy, \quad D_n \to D\ (n \to \infty)$$

となる $D_n = \{(x,y) : x,\ y \geqq 0,\ x^2+y^2 \leqq n^2\}$ （図 6.6(2)）に対して, (1) と同様に,

$$K_n = \int_0^{\frac{\pi}{2}}\int_0^n e^{-r^2} r\,drd\theta (r^2 = s) = \frac{\pi}{4}\int_0^{n^2} e^{-s}\,ds = \frac{\pi(1-e^{-n^2})}{4} \to \frac{\pi}{4}\ (n \to \infty),$$

かつ D 上で $e^{-x^2-y^2} > 0$. $\therefore \quad K_0 = \dfrac{\sqrt{\pi}}{2}$.

(3) $K_n = \iint_{D_n} (x-y)^{-\lambda}\,dxdy$, $D_n = \left\{(x,y) : \dfrac{1}{n} \leqq x \leqq 1,\ 0 \leqq y \leqq x - \dfrac{1}{n}\right\}$ （図 6.6(3)）に対して,

$$K_n = \int_{1/n}^1\int_0^{x-1/n} (x-y)^{-\lambda}\,dydx = \int_{1/n}^1 \big[-(x-y)^{1-\lambda}/(1-\lambda)\big]_{y=0}^{y=x-1/n}\,dx$$
$$= \int_{1/n}^1 \left[-\left\{\left(\frac{1}{n}\right)^{1-\lambda} - x^{1-\lambda}\right\}\right] dx/(1-\lambda)$$
$$= -\left[\left(\frac{1}{n}\right)^{1-\lambda} x - x^{2-\lambda}/(2-\lambda)\right]_{1/n}^1 /(1-\lambda)$$
$$= -\left[\left(1-\frac{1}{n}\right)\left(\frac{1}{n}\right)^{1-\lambda} - \left\{1 - \left(\frac{1}{n}\right)^{2-\lambda}\right\}/(2-\lambda)\right]/(1-\lambda)$$
$$\to 1/(1-\lambda)(2-\lambda)\ (n \to \infty),$$

かつ $D \backslash \{(x,y) : 0 \leqq x \leqq 1,\ y = x\}$ 上で $(x-y)^{-\lambda} > 0$.
$\therefore \quad K_0 = 1/(1-\lambda)(2-\lambda)$. □

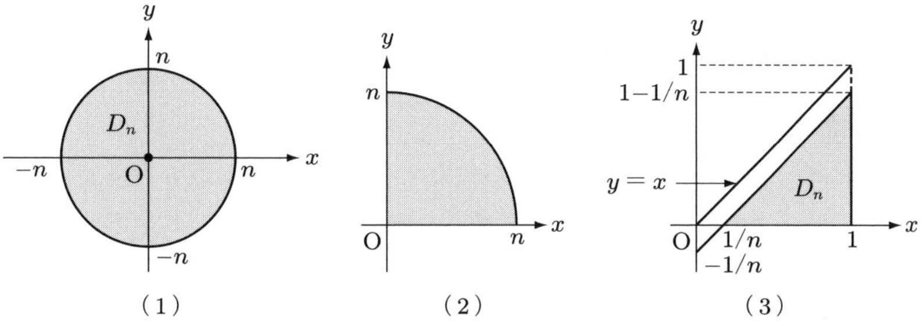

図 6.6 例 6.7 の積分領域の近似

◆注意 3◆ 1. (2) の結果から $\dfrac{2}{\sqrt{\pi}}\displaystyle\int_0^\infty e^{-x^2}\,dx = 1$，よって，$\dfrac{1}{\sqrt{\pi}}\displaystyle\int_{-\infty}^\infty e^{-x^2}\,dx = 1$．関数 $f(x) = \dfrac{1}{\sqrt{\pi}}e^{-x^2}$ または $\left(\dfrac{s^2}{2} = x^2 \text{ とおくことによって}\right)\ \dfrac{1}{\sqrt{2\pi}}e^{\frac{-x^2}{2}}$ のグラフは**確率変数**といわれる変数 x の**分布**を与えるもので，この分布を**標準正規分布**といい，$f(x)$ を（この分布の）**確率密度関数**という．これらは確率論や統計学，その他への応用において，基本的に重要な概念となる．

2. (3) の K_0 の値の存在については，上の場合 $(0 < \lambda < 1)$ の他に，$\lambda \leqq 0 \Rightarrow K_0$ は通常の積分（有界閉領域の上の連続関数の積分）としてその値が定まるが，$\lambda \geqq 1 \Rightarrow K_0$ の値は存在しない．

問 6.8 次の 2 重積分の値を求めよ．

(1) $\displaystyle\iint_D (x^2+y^2+1)^{-2}\,dxdy,\ \ D = R^2$

(2) $\displaystyle\iint_D (x+y+1)^{-3}\,dxdy,\ \ D = \{(x,y) : x,\ y \geqq 0\}$

(3) $\displaystyle\iint_D 4xye^{-(x^2+y^2)}\,dxdy,\ \ D = \{(x,y) : x \geqq 0,\ 0 \leqq y \leqq 1\}$

(4) $\displaystyle\iint_D xy\{(x^2+y^2)^2+1\}^{-2}\,dxdy,\ \ D = \{(x,y) : x,\ y \geqq 0\}$

問 6.9 次の 2 重積分の値を求めよ．

(1) $\displaystyle\iint_D (1-x^2-y^2)^{-\frac{1}{2}}\,dxdy,\ \ D = \{(x,y) : x^2+y^2 \leqq 1\}$

(2) $\displaystyle\iint_D \log(x^2+y^2)\,dxdy,\ \ D = \{(x,y) : x^2+y^2 \leqq 1\}$

(3) $\displaystyle\iint_D (x+y)(x^2+y^2)^{-1}\,dxdy,\ \ D = \{(x,y) : 0 \leqq x, y \leqq 1\}$

(4) $\displaystyle\iint_D (x^2+y^2)^{-\frac{\lambda}{2}}\,dxdy\ (\lambda > 0),\ \ D = \{(x,y) : x^2+y^2 \leqq a^2,\ 0 \leqq x \leqq y\}$

6.5　重積分の応用

(1)　図形の大きさ

重積分は単一積分と同様，その応用は広い．この節では，最も古くからある典型的な重積分の応用として，図形の面積，体積，表面積を求めることを考える．これらは基本的に，直交座標系 (x,y,z) で与えることにする．

(A)　面積

平面図形の面積は，次の定理で与えられる．

定理 6.7　平面上の図形 $A=\big\{(x,y):a \leqq x \leqq b,\ f(x) \leqq y \leqq g(x)\big\}$ および $B=\{(x,y):c \leqq y \leqq d,\ \varphi(y) \leqq x \leqq \psi(y)\}$ の面積をそれぞれ R,S とすれば，

$$R=\iint_A dxdy=\int_a^b dx\int_{f(x)}^{g(x)} dy=\int_a^b \{g(x)-f(x)\}\,dx,$$

$$S=\iint_B dxdy=\int_c^d dy\int_{\varphi(y)}^{\psi(y)} dx=\int_c^d \{\psi(y)-\varphi(y)\}\,dy$$

で与えられる．

証明　R，S はそれぞれ定理 6.4 ($f\equiv 1$) の (1)，(2) から明らかであろう[10)]．■

例 6.8

円 $=\big\{(x,y):x^2+y^2=a^2\big\}$ の面積 S を求めよう．定理 6.7（の，たとえば最初の公式）から，

$$S=\int_{-a}^{a}\left(\int_{-\sqrt{x^2-a^2}}^{\sqrt{x^2-a^2}} dy\right)dx=\int_{-a}^{a}2\sqrt{x^2-a^2}\,dx\quad (x=a\sin\theta\ \text{とおく})$$

$$=2a^2\int_{-\pi/2}^{\pi/2}\cos^2\theta\,d\theta=2a^2\left[\frac{\theta}{2}+\frac{\sin 2\theta}{4}\right]_{-\pi/2}^{\pi/2}=2a^2\frac{\pi}{2}=\pi a^2.$$

または，定理 6.5 の系の (2)（極座標変換）から，

$$S=\int_0^{2\pi}\left(\int_0^a r\,dr\right)d\theta=2\pi\frac{a^2}{2}=\pi a^2.$$

楕円の面積はすでに例 6.5 (2) で与えられた．直交座標で面積を求めることは，表し方の上では 2 重積分であっても，定理 6.7 の R,S の公式の最右辺の結果から，本質的には単一積分の問題とみなしてもよい．

---

10)　「$f\equiv 1$」は「f は 1 に‘恒等的に等しい’」の意味をもつ記号．

問 6.10　次の図形の面積を求めよ．

(1) 2 曲線 $y = x^2$ と $y = \sqrt{x}$ で囲まれた図形

(2) 曲線 $y = x^2$ と 3 直線 $y = x - 2$，$x = 2$，$x = -2$ で囲まれた図形

(B)　体積

体積については注意 1 の 2 で触れた他に，半球の体積（例 6.5 (3)）や楕円体の体積（例 6.6）をすでに得ておいた．これらは次の定理にまとめられる．

定理 6.8　立体 R の体積を V とする．V の求め方は，次のように (1) 特殊と (2) 一般の場合がある．

(1) R は，D を平面上の有界閉領域，$f(x,y)$ $(\geqq 0)$ を D 上の連続関数として，D の境界を導線とする z 軸に平行な直線を母線とする柱面，曲面 $z = f(x,y)$ および平面 $z = 0$ によって囲まれたものとする（図 6.7(1)）．このとき，

$$V = \iint_D f(x,y)\,dxdy.$$

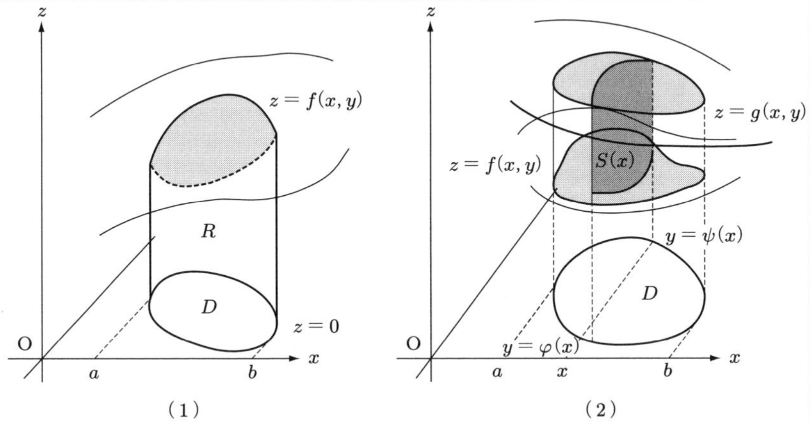

（1）　　　　　　　　（2）

図 6.7　立体の体積

(2) R は $D = \{(x,y) : a \leqq x \leqq b, \varphi(x) \leqq y \leqq \psi(x)\}$，2 曲面 $z = f(x,y), z = g(x,y)$（D 上，$f(x,y) \leqq g(x,y)$）で囲まれたものとする（図 6.7 (2)）．このとき，

$$V = \int_a^b dx \int_{\varphi(x)}^{\psi(x)} \{g(x,y) - f(x,y)\}\,dy = \int_a^b S(x)\,dx,$$

$$S(x) = \int_{\varphi(x)}^{\psi(x)} \{g(x,y) - f(x,y)\}\,dy.$$

ここで，$S(x)$ は yz 平面に平行な平面によるこの立体 R の切り口の面積である．

また，これから xy 平面上の連続曲線 $y = f(x)$ $(\geqq 0,\ a \leqq x \leqq b)$ を x 軸のまわりに一回転してできる立体の体積は，次式で与えられる．

$$V = \int_a^b \pi f^2(x)\,dx.$$

証明　(1) は2重積分の定義から明らか．(2) は $g(x,y) - f(x,y) \geqq 0$ から，(1) の場合に帰着する．また，回転体の体積は，その切り口の面積 $S(x) = \pi f^2(x)$ から従う．■

例 6.9

曲面 $4z = x^2 + y^2$ (放物面)，円柱 $x^2 + y^2 = 2x$ および平面 $z = 0$ で囲まれた部分の体積は，定理 6.8 の (2) から $V = \displaystyle\int_0^2 \left\{ \int_{-\sqrt{1-(x-1)^2}}^{\sqrt{1-(x-1)^2}} \frac{x^2+y^2}{4}\,dy \right\} dx.$
ここで，$\varphi(x)$，$\psi(x)$ は $x^2 + y^2 = 2x$ から，$\phi(x) = -\sqrt{1-(x-1)^2}$，$\psi(x) = \sqrt{1-(x-1)^2}$ (図 6.8)．よって，

$$\begin{aligned}
V &= \frac{1}{4}\int_0^2 \left[x^2 y + \frac{y^3}{3} \right]_{y=-\sqrt{1-(x-1)^2}}^{y=\sqrt{1-(x-1)^2}} dx \\
&= \frac{1}{4}\int_0^2 \frac{4}{3} x(x+1)\sqrt{x(2-x)}\,dx \quad (x-1=t) \\
&= \frac{1}{3}\int_{-1}^1 (2+t)(1+t)\sqrt{1-t^2}\,dt \quad (t=\sin\theta) \\
&= \frac{1}{3}\int_{-\pi/2}^{\pi/2} (-\sin^4\theta - 3\sin^3\theta - \sin^2\theta + 3\sin\theta + 2)\,d\theta \\
&= \frac{2}{3}\int_0^{\pi/2} (-\sin^4\theta - \sin^2\theta + 2)\,d\theta.
\end{aligned}$$

ここで，よく知られた公式

$$\int_0^{\pi/2} \sin^n\theta\,d\theta = \frac{n-1}{n}\frac{n-3}{n-2}\cdots\frac{3}{4}\frac{1}{2}\frac{\pi}{2} \quad (n：偶数)$$

によって，

$$V = \frac{2}{3}\left[-\frac{3}{4}\frac{1}{2}\frac{\pi}{2} - \frac{1}{2}\frac{\pi}{2} + 2\frac{\pi}{2} \right] = \frac{3}{8}\pi.$$

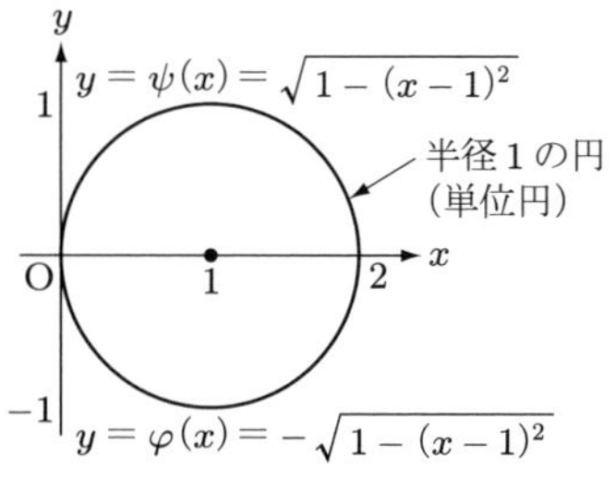

図 6.8

問 6.11 次を求めよ.

(1) 平面 $\dfrac{x}{a}+\dfrac{y}{b}+\dfrac{z}{c}=1$ $(a,b,c>0)$ と三つの座標面で囲まれた立体（四面体）の体積

(2) 上半球面 $x^2+y^2+z^2=16$ $(z \geqq 0)$ の 内部にある円柱 $x^2+y^2=9$ の体積

(C) 曲面積

立体表面または曲面上の有限部分の面積 (図 6.9) を求めることを考えよう.

有界閉領域 D の任意分割による小閉領域を D_i, D_i 上の曲面の部分閉領域を S_i, D_i 上の任意の点を (ξ_i,η_i), 曲面 S $(: z=f(x,y)\in C^1)$ 上の点 $(\xi_i,\eta_i,f(\xi_i,\eta_i))$ における接平面を π_i とし, π_i が D_i 上に立てた柱面によって切りとられる部分を μ_i, D_i の面積を ΔS_i, μ_i の面積を Δs_i とする. このとき, $\sum_i \Delta s_i$ は D 上の曲面の面積の近似値と考えられる. よって, 分割を無限に細かくするとき

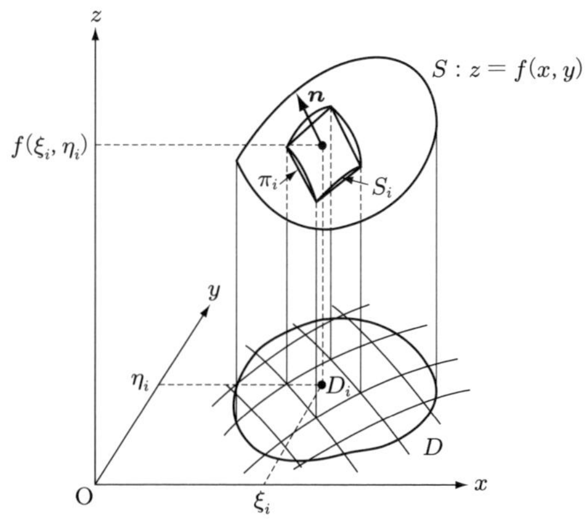

図 6.9 立体の曲面積

$$\sum_i \Delta s_i \to K \quad : 一定$$

であれば，この有限な値 K を D 上の**曲面積**と定める．

曲面積 K の求め方について，次の定理がある．

定理 6.9 xy 平面上の有界閉領域 D 上の滑らかな（x, y について何回も偏微分可能である）曲面 $S: z = f(x,y)\ (\in C^1)$ の曲面積を K とすれば，K は次の公式で与えられる．

$$K = \iint_D \sqrt{1 + f_x^2 + f_y^2}\, dxdy, \quad f_x = \frac{\partial f}{\partial x}, \quad f_y = \frac{\partial f}{\partial y}.$$

証明 曲面 S 上の点 $(\xi_i, \eta_i, f(\xi_i, \eta_i))$ における法線ベクトル $\boldsymbol{n}$ は，$\boldsymbol{n} = (f_x(\xi_i, \eta_i), f_y(\xi_i, \eta_i), -1)$ であるから，$\boldsymbol{n}$ と z 軸のなす角を θ_i とすれば，

$$\cos\theta_i = \frac{|\boldsymbol{n} \text{ の } z \text{ 成分}|}{|\boldsymbol{n}|} = \frac{1}{\sqrt{f_x(\xi_i, \eta_i)^2 + f_y(\xi_i, \eta_i)^2 + (-1)^2}}\ . \tag{6.1}$$

また，図 6.10（zx 平面に平行な断面図）から，

$$\Delta S_i = \Delta s_i \cos\theta_i\ . \tag{6.2}$$

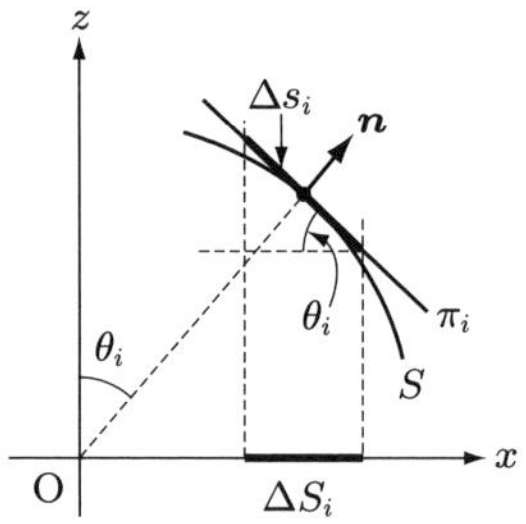

図 6.10 zx 平面に平行な平面による曲面 S の断面図

式 (6.1) と式 (6.2) から，

$$\sum_i \Delta s_i = \sum_i \sqrt{f_x(\xi_i, \eta_i)^2 + f_y(\xi_i, \eta_i)^2 + 1}\,\Delta S_i \xrightarrow{S\text{ の分割数}\to\infty} \iint_D \sqrt{1 + f_x^2 + f_y^2}\, dxdy\,.$$

仮定から D が有界閉集合，被積分関数は D 上で連続となるから，この式の右辺は2重積分として存在し，K の値が定まる． ■

定理 6.9 から次の結果を得る．

系　曲面 $S : z = f(r,\theta)(\in C^1)$，$(r,\theta) \in D$，$(r,\theta,z)$: 円柱座標（注意 2 参照）とすれば，

$$K = \iint_D \sqrt{1 + f_r^2 + \frac{f_\theta^2}{r^2}}\, r\, dr d\theta, \quad f_r = \frac{\partial f}{\partial r}, \quad f_\theta = \frac{\partial f}{\partial \theta}.$$

証明　$x = r\cos\theta$，$y = r\sin\theta$ から，$f_x^2 + f_y^2 = f_r^2 + \dfrac{f_\theta^2}{r^2}$．また，変換のヤコビアンが $|J| = r$ であることによる．■

定理 6.10　曲面 S を，xy 平面上の連続曲線 $y = f(x)$ $(a \leqq x \leqq b)$ を x 軸のまわりに一回転して得られる回転面とする．S の曲面積 K は

$$K = 2\pi \int_a^b |f(x)| \sqrt{1 + (f')^2}\, dx, \quad f' = \frac{df}{dx}.$$

証明　図 6.11 から，i 番目の小分割において，$(\Delta s_i)^2 = (\Delta x_i)^2 + (f'(x_i)\Delta x_i)^2$ とすれば，回転面 (S) の曲面積 K は

$$\begin{aligned} K &= \lim_{\Delta x_i \to 0} \sum_i 2\pi |f(\xi_i)| \Delta s_i \quad (x_i \leqq \xi_i \leqq x_i + \Delta x_i) \\ &= \int_a^b 2\pi |f(x)|\, ds = 2\pi \int_a^b |f(x)| \sqrt{1 + \{f'(x)\}^2}\, dx. \end{aligned}$$

■

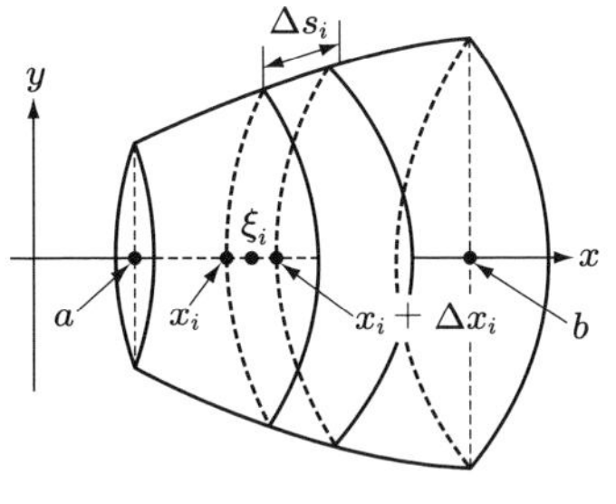

図 6.11　回転面の曲面積

例 6.10

次の曲面積を求めよ．

(1) 平面 $ax + by + cz + d = 0$ $(c \neq 0)$ の円柱 $x^2 + y^2 = a^2$ $(a > 0)$ の内部にある部分の面積 K.

(2) サイクロイド $x = a(\theta - \sin\theta)$，$y = a(1 - \cos\theta)$ $(a > 0,\ 0 \leqq \theta \leqq 2\pi)$ の x 軸中心の回転体の表面積 K.

解　(1) は定理 6.9，(2) は定理 6.10 を用いる．

(1)　$z_x = -\dfrac{a}{c}$，$z_y = -\dfrac{b}{c}$．よって，公式から

$$K = \frac{1}{|c|}\sqrt{a^2+b^2+c^2}\iint_D dxdy, \quad D = \{(x,y) : x^2+y^2 \leqq a^2\}.$$

2 重積分は D の面積であるから，

$$K = \frac{\pi a^2\sqrt{a^2+b^2+c^2}}{|c|}.$$

(2)　$\dfrac{dy}{dx} = \dfrac{\dfrac{dy}{d\theta}}{\dfrac{dx}{d\theta}}$，$dx = \dfrac{dx}{d\theta}\,d\theta$ に注意して，

$$\begin{aligned}
K &= 2\pi\int_0^{2\pi}|y|\sqrt{1+\left(\frac{dy}{d\theta}\Big/\frac{dx}{d\theta}\right)^2}\,\frac{dx}{d\theta}\,d\theta \quad (y \geqq 0) \\
&= 2\pi\int_0^{2\pi} y\sqrt{\left(\frac{dx}{d\theta}\right)^2+\left(\frac{dy}{d\theta}\right)^2}\,d\theta \\
&= 2\pi\int_0^{2\pi} y\sqrt{a^2(1-\cos\theta)^2+a^2\sin^2\theta}\,d\theta \\
&= 2\pi a^2\int_0^{2\pi}(1-\cos\theta)\sqrt{(1-\cos\theta)^2+\sin^2\theta}\,d\theta \\
&= 4\pi a^2\int_0^{2\pi}(1-\cos\theta)\sin\frac{\theta}{2}\,d\theta = 4\pi a^2\int_0^{2\pi}2\sin^3\frac{\theta}{2}\,d\theta \\
&= 4\pi a^2\int_0^{2\pi}2\left(1-\cos^2\frac{\theta}{2}\right)\sin\frac{\theta}{2}\,d\theta \quad \left(\cos\frac{\theta}{2} = t\right) \\
&= -16\pi a^2\int_1^{-1}(1-t^2)\,dt \\
&= 32\pi a^2\int_0^1(1-t^2)\,dt = 32\pi a^2\left[t-\frac{t^3}{3}\right]_0^1 = \frac{64\pi a^2}{3}.
\end{aligned}$$

□

◆注意 4◆　1. 曲面積の定義を ‘D 上の S の部分閉領域に内接する多面体の表面積の極限’ とすれば，部分閉領域の面積は無限大となることがある（H.A. シュワルツの例[11]）．このことによって，小閉領域 S_i の接平面への正射影 μ_i を媒介とした曲面積の定め方が妥当である．

2. 定理 6.9 および 6.10 はそれぞれ独立させた形で述べたが，これらは系も含めて曲面積を求める一般的な定理に統一される．それは空間内の曲面，したがって各座標を二つのパラメータで表すことによってそれらのヤコビアンを用いる方法である[12]．以下の問 6.13 においてこの定理の結果をあげ，その一般性を確かめることにしよう．

---

[11]　参考文献 [3] の pp.243-244 参照．また，[4] の pp.120-121 にも同じ例がある．

[12]　参考文献 [4] の pp.118-120 参照．

問 6.12　次を求めよ．

(1) 平面 $2x+2y+z=4$ の第 1 象限上の面積

(2) 円錐面 $3z^2=x^2+y^2$ の xy 平面より上にあって，円柱 $x^2+y^2=4y$ の内部にある部分の面積

(3) 曲面 $z=\sqrt{2xy}$ の $D=\{(x,y):0\leqq x\leqq 3,\ 0\leqq y\leqq 6\}$ 上の曲面積

問 6.13　曲面 S のパラメータ表示：$x=x(s,t),\ y=y(s,t),\ z=z(s,t)\in C^1(D'),\ s,t\in D'$ に対して，これらのヤコビアン：$\alpha=\partial(y,z)/\partial(s,t),\ \beta=\partial(z,x)/\partial(s,t),\ \gamma=\partial(x,y)/\partial(s,t)$ のすべては 0 でないとすれば，D' 上の曲面 S の曲面積 K は次の公式で与えられる．

$$K=\iint_{D'}\sqrt{\alpha^2+\beta^2+\gamma^2}\,dsdt$$

この式を用いて次を導け．

(1) $z=f(x,y), x=s, y=t$ として，定理 6.9

(2) $x=r\cos\theta,\ y=r\sin\theta,\ z=f(r,\theta),\ r=s,\theta=t$ として，定理 6.9 の系

(3) $x=x,\ y=f(x)\cos\theta,\ z=f(x)\sin\theta,\ x=s,\ \theta=t$ として，定理 6.10

(2) 物理学的基本量

この項では，平均値，重心，慣性能率といった物理学における基本的概念を定義する．

これらの概念の対象となるものは，通常は質点系といわれる質量をもった点（物質）の離散系（個々に存在する点の集合）であり，次に連続体としての剛体（物体の任意の 2 点間の距離が不変，すなわちその任意の部分の形が不変である物体）であるが，ここでは剛体に対するものから入っていくことにする．図形におけるこれらの概念は，物質系における特殊な場合に当たる．

(A) 平均

この項で解説する概念のうち，平均が最も基本的な量である．D を物体（または空間内の有界閉領域）として，$f(x,y,z),\ \rho(x,y,z)\ (\geqq 0)$ は D 上連続であるとする．また，D を互いに交差する曲面によって小閉領域 D_i に任意分割し，その体積を ΔV_i，D_i の任意の点を $\mathrm{P}_i=(x_i,y_i,z_i)$ として，D_i の質量（いわゆる**重み**）を $\rho(\mathrm{P}_i)\Delta V_i$ とする $\rho(\mathrm{P})\ (\mathrm{P}=(x,y,z))$ は，**密度**（**関数**）とよばれる．このとき，下記の第 1 式において物体 D の分割を無限に細かくすること $(\Delta V_i\to 0\ \Leftrightarrow\ n\to\infty)$ によって，$\overline{f}$ を定義する．

$$\frac{\sum_i f(x_i,y_i,z_i)\rho(x_i,y_i,z_i)\Delta V_i}{\sum_i \rho(x_i,y_i,z_i)\Delta V_i}\ \xrightarrow{n\to\infty}\ \overline{f}=\frac{\iiint_D f(x,y,z)\rho(x,y,z)\,dV}{\iiint_D \rho(x,y,z)\,dV}$$

この $\overline{f}$ を密度関数 ρ に対する物体 D における f の**平均**（**値**）という．$\rho =$ 一定 のとき，$\overline{f}$ は図形 D における f の平均であり，定義式の分母は一般に D の**全質量**を表す．密度は D が 1，2，3 次元のそれぞれの場合に**線密度**，**面**（**積**）**密度**，**体積密度**ともいわれる．

上で述べた定義は 3 次元の場合であるが，D が平板な物体（または平面上の有界閉領域），あるいは曲面状の物体（または空間内の曲面）の場合は，$\rho = \rho(x, y)$ に対する $f = f(x, y)$ の平均 $\overline{f}$ も 2 重積分として求めることができる．また，D が直線状の物体（または有界閉区間）や曲線状の物体の場合も，$\rho = \rho(x)$ に対する $f = f(x)$ の平均 $\overline{f}$ を単一積分として求めることができる．平均を n $(\geqq 4)$ 次元に拡張すれば，n 重積分を用いて定めることもできるが，実用的には $n = 1, 2, 3$ の場合に限られる．

例 6.11

円 $x^2 + y^2 = a^2$ $(a > 0)$ の中心から円内の任意の点までの距離の 2 乗 f の平均 $\overline{f}$ を求めれば，$D = \{(x, y) : x^2 + y^2 \leqq a^2\}$，$\rho =$ 一定 として，円の中心から円内の任意の点までの距離の 2 乗 f は $f = \left(\sqrt{x^2 + y^2}\right)^2 = x^2 + y^2$ であるから，

$$\overline{f} = \frac{\displaystyle\iint_D (x^2 + y^2)\,dxdy}{\displaystyle\iint_D dxdy} = \frac{\displaystyle\int_0^{2\pi} d\theta \int_0^a r^2 r\,dr}{\pi a^2} = \frac{2\pi a^4/4}{\pi a^2} = \frac{a^2}{2}.$$

問 6.14　次のものの平均を求めよ．

(1) 半径 a の上半円周上の点からその直径におろした垂線の長さ

(2) 半径 a の円板 $x^2 + y^2 \leqq a^2$ の上の半球面 $z = \sqrt{a^2 - x^2 - y^2}$

(B) 重心

物体 D，関数 $f(x, y, z)$，密度関数 $\rho(x, y, z)$ は (A) の場合と同じであるとする．いま，$f(x, y, z) = x, y, z$ それぞれの場合に対する平均（座標平均）を $\overline{x}$，$\overline{y}$，$\overline{z}$ とすれば，

$$\overline{x}(\overline{y}, \overline{z}) = \frac{\displaystyle\iiint_D x(y, z)\rho(x, y, z)\,dV}{\displaystyle\iiint_D \rho(x, y, z)\,dV} \quad (dV = dxdydz).$$

すなわち，点 $\mathrm{P} = (x, y, z) \in D$ の各座標平均を座標とする点 $\overline{\mathrm{P}} = (\overline{x}, \overline{y}, \overline{z})$ を物体 D の**重心**という．物体 D が図形の場合は，$\rho =$ 一定 として，その重心が求められることは平均を求める (A) の場合に類似し，その他の注意も同様である．

例 6.12

密度が一様な半円板 $x^2+y^2 \leqq a^2$, $y \geqq 0$ の重心 $\overline{\mathrm{P}}$ は，$\rho = $ 一定 として，

$$\frac{\text{分母}}{\rho} = \iint_{0 \leqq y \leqq \sqrt{a^2-x^2}} dxdy \quad (\text{半円板の面積}) = \frac{\pi a^2}{2}.$$

分子については

$$\begin{aligned}\frac{\overline{x}}{\rho} &= \iint_{0 \leqq y \leqq \sqrt{a^2-x^2}} x\,dxdy = \int_{-a}^{a}\left(\int_0^{\sqrt{a^2-x^2}} dy\right) x\,dx \\ &= \int_{-a}^{a} \sqrt{a^2-x^2}x\,dx = \left[-\frac{1}{3}(a^2-x^2)^{\frac{3}{2}}\right]_{-a}^{a} = 0,\end{aligned}$$

および

$$\begin{aligned}\frac{y}{\rho} &= \iint_{0 \leqq y \leqq \sqrt{a^2-x^2}} y\,dxdy = \int_{-a}^{a}\left(\int_0^{\sqrt{a^2-x^2}} y\,dy\right) dx \\ &= \int_{-a}^{a} \frac{1}{2}(a^2-x^2)\,dx = \frac{1}{2}\left[a^2x - \frac{1}{3}x^3\right]_{-a}^{a} = \frac{2}{3}a^3.\end{aligned}$$

したがって

$$\overline{x} = 0,\ \overline{y} = \frac{2a^3}{3}\Big/\frac{\pi a^2}{2} = \frac{4a}{3\pi}. \quad \therefore \quad \overline{\mathrm{P}} = \left(0, \frac{4a}{3\pi}\right).$$

問 6.15　次の物体の重心を求めよ．

(1) 密度が一様な半円周 $x^2+y^2 = a^2$, $y \geqq 0$

(2) 密度が $\rho = \lambda x$（λ：定数）である半円板 $x^2+y^2 \leqq a^2$, $x \geqq 0$, $a > 0$

◆注意 5◆　問 6.15 (1) のように物体または図形が曲線 $y = f(x)$ $(a \leqq x \leqq b)$ で与えられているときは，曲線の長さを考慮して，

$$\text{分母} = \int_a^b \rho(x)\sqrt{1+f'(x)^2}\,dx$$

として，分子は分母の被積分関数に x, y それぞれを乗じて $\overline{x}, \overline{y}$ を求めることができる．

(C)　慣性能率

重心と同様，慣性能率も平均値に基づいて定義される．空間内の物体 D の点 $\mathrm{P} = (x, y, z)$ から一つの定直線 l までの距離を $r(x, y, z)$（図 6.12）として，D 上連続な密度 $\rho(x, y, z)$ をもった質量分布があるとき，$r^2(x, y, z)$ の平均 $\overline{r^2}$ は，3 重積分

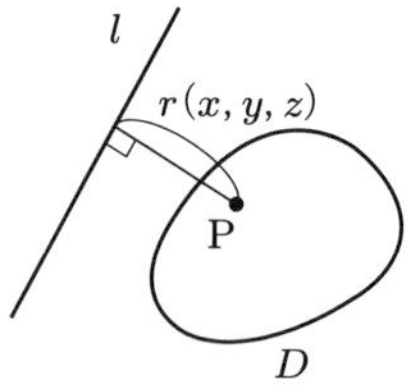

図 6.12　物体 D の回転半径と慣性能率の関係

$$\frac{\iiint_D r^2(x,y,z)\rho(x,y,z)\,dxdydz}{\iiint_D \rho(x,y,z)\,dxdydz}$$

によって定められる．$\overline{r^2} = R^2$，分母 $= M$，分子 $= I$ とおけば，$I/M = R^2$ から $R = \sqrt{I/M}$ となる．I を直線 l のまわりの物体 D の**慣性能率**（または**慣性モーメント**）といい，R を**回転半径**という．

各座標軸のまわりの D の慣性能率 I_x, I_y, I_z は，それぞれ I の定め方から

$$I_x = \iiint_D (y^2+z^2)\,dV, \quad I_y = \iiint_D (z^2+x^2)\,dv, \quad I_z = \iiint_D (x^2+y^2)\,dV.$$

また，D が xy 平面内にあれば，I_x, I_y, I_z はそれぞれ

$$I_x = \iint_D y^2\,dV, \quad I_y = \iint_D x^2\,dV, \quad I_z = \iint_D (x^2+y^2)\,dV.$$

これからまた，$I_x + I_y = I_z$ となる．

例 6.13

密度 ρ が一様な半径 a の円板の直径のまわりの，慣性能率と回転半径を求めてみよう．慣性能率を $I_x = I$ として，

$$\begin{aligned} I &= \iint_{x^2+y^2\leqq a^2} y^2\rho\,dxdy = \int_{-a}^{a}\left(\int_{-\sqrt{a^2-x^2}}^{\sqrt{a^2-x^2}} y^2\rho\,dy\right)dx \\ &= \frac{2}{3}\rho\int_{-a}^{a}(a^2-x^2)^{\frac{3}{2}}\,dx \quad (x = a\sin\theta) \\ &= \frac{4}{3}a^4\rho\int_0^{\pi/2}\cos^4\theta\,d\theta = \frac{4}{3}a^4\rho\frac{3\cdot 1}{4\cdot 2}\frac{\pi}{2} = \frac{\pi}{4}a^4\rho \end{aligned}$$

となる．また，全質量 M は $M = \int_{x^2+y^2\leqq a^2}\rho\,dxdy = \rho \times$ 円板の面積 $= \pi a^2\rho$

であるから，回転半径 R は

$$R = \sqrt{I/M} = \sqrt{\frac{\pi}{4}a^4\rho \Big/ \pi a^2 \rho} = \frac{a}{2}$$

となる．

問 6.16　次を求めよ．

(1) 密度 ρ が一様な長さ $2l$ の線分の垂直二等分線のまわりの，慣性能率と回転半径

(2) 密度が $\rho = \mu y$（μ：定数）である半円板 $x^2 + y^2 \leqq a^2$ $(y \geqq 0,\ a > 0)$ の，x 軸のまわりの慣性能率と回転半径

(3) 密度 ρ が一様な楕円板 $\dfrac{x^2}{a^2} + \dfrac{y^2}{b^2} \leqq 1$ $(a > b > 0)$ の，y 軸のまわりの慣性能率と回転半径

◆注意 6◆　注意 5 で述べたように，物体や図形が曲線 $y = f(x)$ $(a \leqq x \leqq b)$ で与えられているときは，全質量である分母は同じ式で与えられるが，慣性能率 I_x, I_y はそれぞれ

$$I_x = \int_a^b f(x)^2 \rho \sqrt{1 + f'(x)^2}\,dx, \quad I_y = \int_a^b x^2 \rho \sqrt{1 + f'(x)^2}\,dx$$

で与えられる．問題 6.16 の (1) はここでの I_y に当たる．

演習問題 6

1. 次の重積分の値を求めよ．

(1) $\displaystyle\iint_D (x + y^2)\,dxdy, \quad D = \left\{(x, y) : 0 \leqq x \leqq 2, 0 \leqq y \leqq \frac{x}{1+x}\right\}$

(2) $\displaystyle\iint_D r^2 \sin\theta\,drd\theta, \quad D = \{(r, \theta) : 0 \leqq \theta \leqq \pi,\ r \leqq a(1 + \cos\theta)\}$[13)]

(3) $\displaystyle\iint_D |\sin(x + y)|\,dxdy, \quad D = \{(x, y) : x + y \leqq 2\pi, x, y \geqq 0\}$

(4) $\displaystyle\iiint_D e^{x-2y+z}\,dxdydz, \quad D = \{(x, y, z) : 0 \leqq x \leqq 1,\ x \leqq 2y \leqq 2x,\ 0 \leqq z \leqq x+2y\}$

(5) $\displaystyle\int_0^a dx \int_0^x dy \int_0^y (x^2 + yz)\,dz$

(6) $\displaystyle\iiint_D z^2\,dxdydz, \quad D = \{(x, y, z) : x^2 + y^2 + z^2 \leqq 4\}$

2. 変数変換によって次の重積分の値を求めよ．

(1) $\displaystyle\iint_D \tan^{-1}\left(\frac{y}{x}\right)dxdy, \quad D = \{(x, y) : x^2 + y^2 \leqq a^2, x, y \geqq 0\}$

(2) $\displaystyle\iint_D (x + y)\sin(x - y)\,dxdy, \quad D = \{(x, y) : 0 \leqq x + y \leqq \pi,\ 0 \leqq x - y \leqq \pi\}$

---

13) カージオイド（心臓形）の上半分の曲線と，始線（固定した原点を始点とする半直線であって，この半直線から正方向（反時計回り）に測った角 θ を用いて，曲線上の点の位置を極座標表示する基準的な半直線）で囲まれた領域．

(3) $\displaystyle\iint_D (1+x^2+y^2)^{-2}\,dxdy, \quad D=\{(x,y):(x^2+y^2)^2 \leqq x^2-y^2,\ x \geqq 0\}$

(4) $\displaystyle\iiint_D x^2\,dxdydz, \quad D=\{(x,y,z):x^2+y^2 \leqq 1,\ 0 \leqq z \leqq 1\}$

(5) $\displaystyle\iiint_D (x-z)\,dxdydz, \quad D=\{(x,y,z):x^2+y^2+z^2 \leqq 4, x, y \geqq 0\}$

(6) $\displaystyle\iiint_D z^2\,dxdydz, \quad D=\{(x,y,z):x^2+y^2+z^2 \leqq 4\}$

3. 有界閉領域 D 上で与えられた連続関数 $f(x,y)$ に対して，関数 $F(x,y)$ は次の方程式[14)]

$$\frac{\partial^2 F(x,y)}{\partial x \partial y} = f(x,y)$$

を満たすとする．

(1) 次の式が成り立つことを示せ．

$$\iint_D f(x,y)\,dxdy = F(\beta,\delta)-F(\alpha,\delta)-F(\beta,\gamma)+F(\alpha,\gamma), \quad D=[\alpha,\beta]\times[\gamma,\delta]$$

(2) (1) の式を用いて次の 2 重積分の値を求めよ．

$$\iint_D e^{-x-y}\,dxdy, \quad D=[0,1]\times[0,1]$$

4. 広義の単一積分である二つの積分 $\displaystyle\int_0^1 x^{p-1}(1-x)^{q-1}\,dx = B(p,q)$：ベータ関数と $\displaystyle\int_0^\infty e^{-x}x^{s-1}\,dx = \Gamma(s)$：ガンマ関数 $(s>0,\ \Gamma(s+1)=s\Gamma(s))$ の関係

$$B(p,q)=\frac{\Gamma(p)\Gamma(q)}{\Gamma(p+q)}$$

を使って，2 重積分 $\displaystyle\iint_D x^{p-1}y^{q-1}\,dxdy,\ D=\{(x,y):x+y \leqq 1, x, y \geqq 0\}$ の値をガンマ関数を用いて表せ．

5. 次の 2 重積分の値を求めよ．

(1) $\displaystyle\iint_D \frac{e^y}{y}\,dxdy, \quad D=\{(x,y):0 \leqq x \leqq y \leqq 1\}$

(2) $\displaystyle\iint_D (x^2+y^2)^{-2}\,dxdy, \quad D=\{(x,y):x^2+y^2 \geqq 1\}$

(3) $\displaystyle\iint_D (x^2+y^2)^{-\frac{\alpha}{2}}\,dxdy, \quad D=\{(x,y):x^2+y^2 \geqq 1\}$　(α：定数)

6. 次の立体の体積を求めよ．

(1) 円柱 $x^2+y^2=9$，二つの平面 $z=0$，$z=x+y-5$ によって囲まれた立体

(2) 柱面 $x^2+y^2=2x$，放物面 $x^2+y^2=3z$，平面 $z=0$ によって囲まれた立体

(3) 二つの柱面 $x^2+y^2=a^2$ と $x^2+z^2=a^2 (a>0)$ によって囲まれた立体

---

14) $F(x,y)$ を未知関数とする 2 階の偏微分方程式とよばれるが，解 $F(x,y)$ は 1 変数の場合の原始関数に対応する 2 変数の場合の原始関数とみなされる．

7. 球面 $x^2+y^2+z^2=16$ の，二つの平面 $z=0$ と $z=2$ の間にはさまれた部分の曲面積を求めよ．

8. アステロイド $x=a\cos^3\theta$，$y=a\sin^3\theta$ $(a>0,\ 0\leqq\theta\leqq 2\pi)$ が x 軸のまわりに一回転してできる回転面の曲面積を求めよ．

9. 球座標で表された曲面 $r=f(\theta,\varphi)$ の曲面積 K は，次の公式で与えられることが知られている[15)]．

$$K=\iint_D\sqrt{r^2\sin^2\theta+r_\theta^2\sin^2\theta+r_\varphi^2}\,r\,d\theta d\varphi,$$

$$D:\theta,\varphi \text{ のなす積分領域},\quad r_\theta=\frac{\partial f}{\partial\theta},\quad r_\varphi=\frac{\partial f}{\partial\varphi}.$$

(1) 上の公式が成り立つことを示せ．

(2) この公式を用いて，曲面 $(x^2+y^2+z^2)^2=a^2(x^2-y^2)$ の曲面積を求めよ．

10. ある球の密度が中心からの距離に比例または反比例するとき，この球の平均密度は表面における密度の 0.75 倍または 1.5 倍であることを示せ．

11. 楕円体の上半分 $\dfrac{x^2}{a^2}+\dfrac{y^2}{b^2}+\dfrac{z^2}{c^2}\leqq 1$，$z\geqq 0$ の重心を求めよ．

12. 密度が ρ の円柱体 $x^2+y^2\leqq a^2$，$0<z\leqq h$ の z 軸に関して，次を求めよ．

(1) 慣性能率　　(2) 回転半径

13. 密度が一様な楕円体 $\dfrac{x^2}{a^2}+\dfrac{y^2}{b^2}+\dfrac{z^2}{c^2}\leqq 1$ の各座標軸に関して，次を求めよ．

(1) 慣性能率　　(2) 回転半径

---

15) 参考文献 [7] の p.146 参照

付　録

極限の理論入門

本書の第 1 章と第 2 章で，数列の収束・発散および関数の連続性について述べた．ただし,「限りなく近づく」（収束，連続）や「限りなく大きくなる」（発散）ということについての厳密な論証は省いてきた．この付録では，これら極限の考え方を厳密に取り扱う方法の入門部分を概説する．

A.1　数列の収束・発散

関数 $f : \mathbb{N} \to \mathbb{R}$ を**数列**という．すなわち，自然数 $i = 1, 2, 3, \cdots$ に対応して $f(i) = a_i$ が定まっているとき，これらを

$$a_1, a_2, a_3, \cdots, a_n, \cdots$$

と並べて書いて，数列 $\{a_n\}$ などと表すのであった．

数列 $\{a_n\}$ が数 α に限りなく近づくとは，$n \to \infty$ のとき $|a_n - \alpha|$ が限りなく 0 に近づくことである．このことは，どんなに小さな正の数 ε に対しても，番号 n を大きくとれば，必ず $|a_n - \alpha| < \varepsilon$ となることと解釈できる．そこで，数列の収束を次のように定義する[1]．

定義 A.1　数列 $\{a_n\}$ が実数 α に**収束する**とは，

任意の $\varepsilon > 0$ に対して自然数 N が存在して $n > N$ のとき，つねに

$$|a_n - \alpha| < \varepsilon \tag{A.1}$$

が成り立つことである．

◆注意 1◆　1．数列 $\{a_n\}$ が実数 α に収束しないとは，

$\varepsilon_0 > 0$ が存在して, N をどんなに大きくとっても

$$N \text{ より大きい } n \text{ で } |a_n - \alpha| \geqq \varepsilon_0 \tag{A.2}$$

となることである．

2．収束の定義 A.1 は，正数 ε をどんなに小さく選んでも，高々有限個を除いては他のすべての a_k が区間 $(\alpha - \varepsilon,\ \alpha + \varepsilon)$ に属していることを述べている（図 A.1）．

---

[1] 以下のような定義と論理展開を，ε–N **論法**とよぶことが多い．

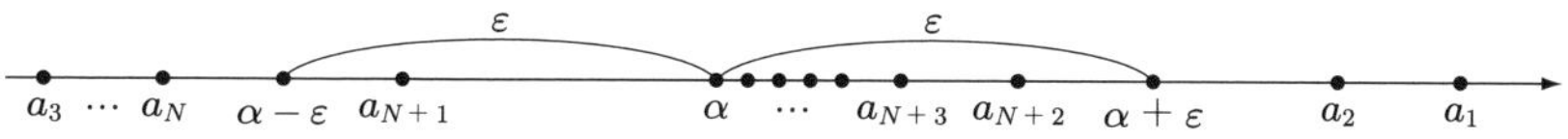

図 A.1　数列の収束

3. 定義 A.1 の内容は，論理記号を用いて以下のように記述すると簡便である．

$$\forall\varepsilon>0,\ \exists N\in\mathbb{N}\ :\ n>N\ \Rightarrow\ |a_n-\alpha|<\varepsilon \tag{A.1$'$}$$

ここで，$\forall$ は「任意の（Any）」，$\exists$ は「存在する（Exist）」，そして：は「以下のような」の意味である．同様に，収束しないことは次のように記述される．

$$\exists\varepsilon_0>0\ :\ \forall N,\ \exists n>N\ :\ |a_n-\alpha|\geqq\varepsilon_0 \tag{A.2$'$}$$

次の性質は，実数の連続性の公理とよばれる実数の基本性質より導かれるものであるが，しばしば使われる．

公理 A.1（アルキメデスの原理）　任意の二つの正数 a,b に対し，$na>b$ となる自然数 n が存在する．

例 A.1

$\displaystyle\lim_{n\to\infty}\frac{1}{n}=0$ であることを，定義 A.1 に従って証明せよ．

解　$\varepsilon>0$ を任意に選ぶ．アルキメデスの原理により，$N\varepsilon>1$ なる自然数 N が存在する．そこで，$n>N$ ならば $\left|\dfrac{1}{n}-0\right|=\dfrac{1}{n}<\dfrac{1}{N}<\varepsilon$ となる．すなわち，数列 $\{a_n\}=\left\{\dfrac{1}{n}\right\}$ は式 (A.1) を満たしているので，0 に収束する．□

例 A.2

$\displaystyle\lim_{n\to\infty}\frac{n^2-n}{n^2+1}=1$ を定義 A.1 に従って証明せよ．

解　$\left|\dfrac{n^2-n}{n^2+1}-1\right|=\dfrac{n+1}{n^2+1}\leqq\dfrac{n+n}{n^2}=\dfrac{2}{n}$．よって，任意の $\varepsilon>0$ に対して $N\varepsilon>2$ と N を選べば，$n>N$ のとき $\left|\dfrac{n^2-n}{n^2+1}-1\right|<\dfrac{2}{n}<\dfrac{2}{N}<\varepsilon$．□

問 A.1　定義 A.1 に従って，次を示せ．

(1) $\displaystyle\lim_{n\to\infty}C=C$ （C は定数）　(2) $\displaystyle\lim_{n\to\infty}\frac{1}{n^k}=0$ $(k\in\mathbb{N})$　(3) $\displaystyle\lim_{n\to\infty}\frac{3n+1}{n+1}=3$

収束する数列は，次のような性質をもつ．

定理 A.1（収束列の有界性）　収束する数列は有界である．

証明　$\lim_{n\to\infty} a_n = \alpha$ とする．$\varepsilon = 1$ に対して，$n > N \Rightarrow |a_n - \alpha| < 1$ となる自然数 N がとれる．そこで，$|a_1|$, $|a_2|, \cdots$, $|a_N|$, $|\alpha|+1$ の中で最大のものを M とおくと，$n = 1, 2, \cdots, N$ のとき $|a_n| \leqq M$ であり，$n > N$ のときは $|a_n| \leqq |a_n - \alpha| + |\alpha| < 1 + |\alpha| \leqq M$ である．すなわち，任意の n に対して $|a_n| \leqq M$ であるから，$\{a_n\}$ は有界である．■

定理 A.2　数列の収束に関する定理 1.1 が成り立つ．

証明　紙数の関係で，(1) のみ示す．$\lim_{n\to\infty} a_n = \alpha$, $\lim_{n\to\infty} b_n = \beta$ とする．任意の $\varepsilon > 0$ に対し，$\varepsilon' = \dfrac{\varepsilon}{2}$ とおく．仮定より

$$\varepsilon' > 0,\ \exists N_1 \in \mathbb{N} : n > N_1 \Rightarrow |a_n - \alpha| < \varepsilon' \tag{A.3}$$

$$\varepsilon' > 0,\ \exists N_2 \in \mathbb{N} : n > N_2 \Rightarrow |b_n - \beta| < \varepsilon' \tag{A.4}$$

である．任意の $\varepsilon > 0$ に対して $N = \max\{N_1, N_2\}$ とおけば[2)]，式 (A.3) と式 (A.4) により，$n > N$ ならば

$$|(a_n + b_n) - (\alpha + \beta)| \leqq |a_n - \alpha| + |b_n - \beta| < 2\varepsilon' = \varepsilon.$$ ■

次に，数列の発散について考えよう．

定義 A.2　数列 $\{a_n\}$ が**正の（負の）無限大に発散する**とは，

任意の実数 $K(L)$ に対して自然数 N が存在して

$n > N$　のとき，つねに　$a_n > K$　$(a_n < L)$

が成り立つことである．論理記号を用いて表現すれば

$$\forall K > 0,\ \exists N \in \mathbb{N} : n > N \Rightarrow a_n > K$$

などである．

2) $\max\{N_1, N_2\}$ は，N_1 と N_2 のうち大きいほうを意味する記号．$\min\{N_1, N_2\}$ は小さいほうである．

例 A.3

$\lim_{n\to\infty} n = \infty$ を定義 A.2 に従って示せ.

解　これはアルキメデスの原理そのものといってよい. すなわち, $a = 1$ と $b = K > 0$ に対して, $N > K$ なる自然数 N が存在するから, $n > N$ ならば $n > K$ である. □

例 A.4

$\lim_{n\to\infty} a^n = \infty \ (a > 1)$ を定義 A.2 に従って示せ.

解　$a = 1 + h \ (h > 0)$ とおくと, 二項定理により

$$a^n = (1+h)^n = 1 + nh + {}_nC_2h^2 + \cdots + h^n > nh$$

である. アルキメデスの原理により, $K > 0$ のとき $Nh > K$ なる自然数 N が存在するから, $n > N$ ならば $a^n > nh > Nh > K$ である. □

問 A.2　$\lim_{n\to\infty} \sqrt{n} = \infty$ であることを示せ.

A.2　関数の極限

関数の極限についても, 以下のように定義し議論を進めていく[3)].

定義 A.3（関数の極限）　$0 < |x - a| < \delta_0$ で定義されている関数 $f(x)$ が, $x \to a$ のとき α に**収束する**（$\lim_{x\to a} f(x) = \alpha$）とは, 任意の $\varepsilon > 0$ に対して $\delta > 0 \ (\delta < \delta_0)$ が定まり, $0 < |x - a| < \delta$ ならば $|f(x) - \alpha| < \varepsilon$ となることである（図 A.2). すなわち,

$$\forall\varepsilon > 0,\ \exists\delta > 0\ (\delta < \delta_0)\ :\ 0 < |x - a| < \delta\ \Rightarrow\ |f(x) - \alpha| < \varepsilon \qquad \text{(A.5)}$$

となることである.

◆注意 2◆　$f(x)$ が α に収束しないとは,「ある $\varepsilon_0 > 0$ があって, どんなに小さな $\delta > 0$ をとっても $0 < |x_\delta - a| < \delta$ かつ $|f(x) - \alpha| \geqq \varepsilon_0$ となる x_δ が存在する」ことである.

---

3) これ以下のような定義と論理展開を, ε–δ **論法**ということが多い.

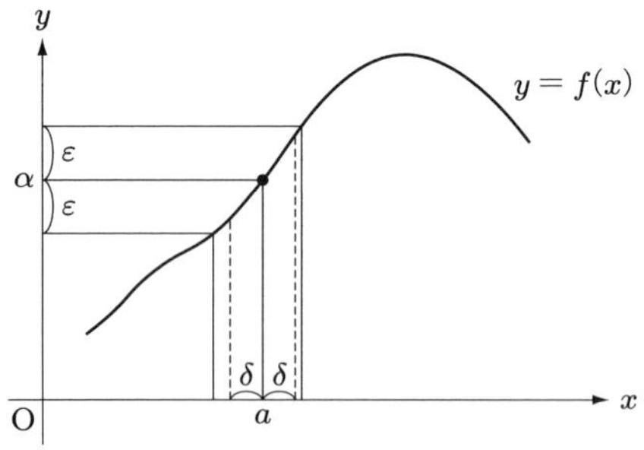

図 A.2　α への収束

例 A.5

$f(x) = x$ のとき，$\lim_{x \to a} x = a$ であることを，定義 A.3 に従って示せ．

解　任意の $\varepsilon > 0$ に対し，$\delta = \varepsilon$ ととれば，$0 < |x - a| < \delta$ のとき $|f(x) - a| = |x - a| < \delta = \varepsilon$ となる．□

例 A.6

$\lim_{x \to 1} x^2 = 1$ であることを，定義 A.3 に従って示せ．

解　$|x^2 - 1| = |(x-1)^2 + 2(x-1)| \leqq |x-1|^2 + 2|x-1|$ であるから，$0 < |x - 1| < \delta$ ならば $|x-1|^2 + 2|x-1| \leqq \delta^2 + 2\delta$．そこで，$\forall \varepsilon > 0$ に対して $\delta = \min\left\{1, \dfrac{\varepsilon}{3}\right\}$ ととれば，$\delta^2 \leqq \delta$ であるから，$|x-1|^2 \leqq \delta + 2\delta = 3\delta \leqq \varepsilon$ となる．□

例 A.7

$\lim_{x \to 0} x \sin \dfrac{1}{x} = 0$ を定義 A.3 に従って示せ．

解　任意の $\varepsilon > 0$ に対して $\delta = \varepsilon$ ととると，$0 < |x - 0| < \delta$ ならば $\left| x \sin \dfrac{1}{x} - 0 \right| \leqq |x| < \delta = \varepsilon$ となる．□

問 A.3　次を示せ．

(1) $\lim_{x \to 0} \sqrt{x+1} = 1$　　(2) $\lim_{x \to 0} \cos x = 1$

定義 A.4（右極限値，左極限値） $0 < x-a < \delta_0$ で定義されている関数 $f(x)$ が次を満たすとき，α を $x \to a+0$ のときの $f(x)$ の**右極限値**といい，$\lim_{x \to a+0} f(x) = \alpha$ と表す．

$$\forall\varepsilon > 0,\ \exists\delta > 0\ (\delta < \delta_0)\ : 0 < x - a < \delta\ \Rightarrow\ |f(x) - \alpha| < \varepsilon \tag{A.6}$$

同様に，

$$\forall\varepsilon > 0,\ \exists\delta > 0\ (\delta < \delta_0)\ : 0 < a - x < \delta\ \Rightarrow\ |f(x) - \beta| < \varepsilon \tag{A.7}$$

のとき，β を $x \to a-0$ のときの $f(x)$ の**左極限値**といい，$\lim_{x \to a-0} f(x) = \beta$ と表す．

例 A.8

$\lim_{x \to +0} x \sin(\log x) = 0$ を示せ．

解 $\forall\varepsilon > 0$ に対して $\delta = \varepsilon$ ととると，$0 < x - 0 < \delta$ ならば $|x \sin(\log x) - 0| \leqq |x| = x < \delta = \varepsilon$ となる． □

問 A.4 次を示せ．

(1) $\lim_{x \to +0} x^n = 0$　(2) $\lim_{x \to +0} \frac{|x|}{x} = 1,\quad \lim_{x \to -0} \frac{|x|}{x} = -1$

(3) $\lim_{x \to +0} H(x) = 1,\quad \lim_{x \to -0} H(x) = 0$ （$H(x)$ はヘビサイドの関数（2.1 節））

定理 A.3 次の (1)，(2) は同値である．

(1) $\lim_{x \to a} f(x) = \alpha$

(2) $\lim_{x \to a+0} f(x) = \lim_{x \to a-0} f(x) = \alpha$

証明 極限の定義（定義 A.3）より，(1) ⇒ (2) は明らか．(2) ⇒ (1) を示す．仮定により次式が成り立っている．

$$\forall\varepsilon > 0,\ \exists\delta_1 > 0\ :\ 0 < x - a < \delta_1\ \Rightarrow |f(x) - \alpha| < \varepsilon \tag{A.8}$$

$$\forall\varepsilon > 0,\ \exists\delta_2 > 0\ :\ 0 < a - x < \delta_2\ \Rightarrow |f(x) - \alpha| < \varepsilon \tag{A.9}$$

ここで，$\delta = \min\{\delta_1, \delta_2\}$ ととると，式 (A.9)，(A.10) より $x < a$，$x > a$ にかかわらず

$$\forall\varepsilon > 0,\ \exists\delta > 0\ :\ 0 < |x - a| < \delta\ \Rightarrow |f(x) - \alpha| < \varepsilon$$

が成り立つ．すなわち，式 (A.5) が示された． ■

次の定理は重要である.

定理 A.4（関数の極限と数列の極限の関係）　次の (1), (2) は同値である.

(1) $\lim_{x \to a} f(x) = \alpha$

(2) $x_n \to a\ (n \to \infty)\ (x_n \neq a)$ である任意の数列 $\{x_n\}$ に対して, $\lim_{n \to \infty} f(x_n) = \alpha$

証明　(1) ⇒ (2) を示す. (1) より,

$$\forall \varepsilon > 0,\ \exists \delta > 0\ :\ 0 < |x - a| < \delta\ \Rightarrow\ |f(x) - \alpha| < \varepsilon \qquad \text{(A.5)}$$

が成り立っている. 一方, $x_n \to a\ (n \to \infty)\ (x_n \neq a)$ より, 上の $\delta > 0$ に対して自然数 N がとれて, $n > N$ のとき $|x_n - a| < \delta$ である. これらを組み合わせると, 任意の $\varepsilon > 0$ に対し自然数 N がとれて, $n > N$ のとき $|f(x_n) - \alpha| < \varepsilon$ とできる. すなわち, $\lim_{n \to \infty} f(x_n) = \alpha$ が示された.

(2) ⇒ (1) を背理法で示す. (1) が成り立たないと仮定する. すなわち, ある $\varepsilon_0 > 0$ が存在して, $\delta > 0$ をどのようにとっても $0 < |x_\delta - a| < \delta$ で $|f(x_\delta) - \alpha| \geqq \varepsilon_0$ となる x_δ が存在すると仮定する. ここで, $\delta = \dfrac{1}{n}$ とおけば（x_δ の代わりに x_n と書いて),

$$0 < |x_n - a| < \frac{1}{n} \quad \text{で} \quad |f(x_n) - \alpha| \geqq \varepsilon_0 \qquad \text{(A.10)}$$

なる点 x_n が存在する. ところで, この $\{x_n\}$ $(x_n \neq a)$ は a に収束するから $\lim_{n \to \infty} f(x_n) = \alpha$ であるが, これは式 (A.10) に矛盾する. ■

関数の極限に関して, 数列の極限に関する定理 1.1 に対応する結果が得られる.

定理 A.5　関数の極限に関する定理 2.1 が成り立つ.

証明　定理 A.4 と定理 A.2 を組み合わせればよい. ■

A.3　関数の連続性

この節では, 関数の連続性について学ぶ.

定義 A.5（1 点での連続性）　関数 $f(x)$ は a を含む区間で定義されているとする. このとき, $f(x)$ が点 a で**連続**とは, 極限 $\lim_{x \to a} f(x)$ が存在し $\lim_{x \to a} f(x) = f(a)$ となることである.

◆注意 3◆　このことを ε–δ 式に述べれば, 次のようになる.

$$\forall \varepsilon > 0,\ \exists \delta > 0\ :\ |x-a| < \delta\ \Rightarrow\ |f(x) - f(a)| < \varepsilon \tag{A.11}$$

関数の極限の定義（定義 A.3）においては，a が $f(x)$ の定義域に属している必要はないが，連続性の定義においては，$f(a)$ が存在することが前提である．したがって，式 (A.5) において $0 < |x-a| < \delta$ と書いてある部分は，式 (A.11) におけるように $|x-a| < \delta$ となっているのである．

関数の連続性は，次のようにいい表すこともできる．

定理 A.6 関数 $f(x)$ が点 a で連続となるための必要十分条件は，$\lim_{n\to\infty} x_n = a$ となるすべての点列 $\{x_n\}$ に対して $\lim_{n\to\infty} f(x_n) = f(a)$ が成り立つことである．

証明 定義 A.5 と定理 A.4 を組み合わせればよい． ■

定理 A.7 連続関数の和や積の連続性に関する定理 2.3 が成り立つ．

証明 連続性の定義 A.5 と定理 A.5 よりわかる． ■

定理 A.8（近傍での同符号性） 関数 $f(x)$ は区間 I において連続であり，点 $a \in I$ において $f(a) > 0$ とする．このとき，a の適当な近傍 $I_{\delta'} = (a-\delta',\ a+\delta')$ $(\delta' > 0)$ においても $f(x)$ は正である: $f(x) > 0$ $(x \in I_{\delta'})$（図 A.3）．

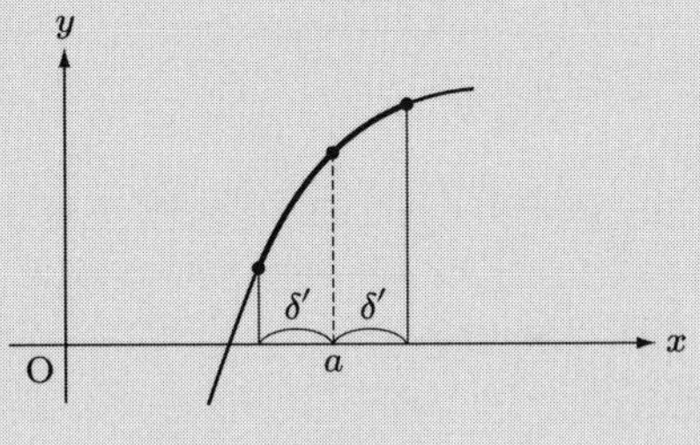

図 A.3 近傍での同符号性

証明 $f(x)$ は a で連続であるから，式 (A.11) が成り立つ．よって，

$$f(a) - \varepsilon < f(x) < f(a) + \varepsilon.$$

そこで，ε を $\varepsilon = \dfrac{f(a)}{2} > 0$ にとり，これに対して $\delta' > 0$ を決めれば，式 (A.11) より，$|x-a| < \delta'$ なるすべての x について

$$f(a) - \frac{f(a)}{2} < f(x) < f(a) + \frac{f(a)}{2}$$

である．すなわち

$$\frac{f(a)}{2} < f(x) < \frac{3}{2}f(a).$$

$f(a) > 0$ であるから，$f(x) > 0$ $(x \in (a - \delta',\ a + \delta'))$. ■

◆注意 4◆　1．この定理は，たとえば関数の極値を判定するときなどに利用される（定理 3.18 参照）.

2．この付録では定理 1.1 や定理 2.1，2.3 などの基本的な定理の証明しか述べなかったが，ε–N 論法と ε–δ 論法を用いて，第 1，2 章の他の定理，たとえば中間値の定理（定理 2.4），最大値，最小値の存在定理（定理 2.5）や指数関数を実数全体で定義すること（2.4 節）などを厳密に証明することができる.

問・演習問題の解答

第1章

問 1.1 (1) 1/4 に収束　(2) 1/2 に収束　(3) $-\infty$ に発散　(4) 0 に収束　(5) 1 に収束

問 1.2 (1) 0　(2) 0

問 1.3 $a = 1 + h$ $(h > 0)$ とおけばよい．

問 1.4 $a > 1$ のとき $\sqrt[n]{a} = 1 + \lambda_n$ $(\lambda_n > 0)$ とおけば，$a = (1+\lambda_n)^n > n\lambda_n$．ゆえに，$0 < \lambda_n < a/n$．

問 1.5 (1) $\lim_{n\to\infty} a_n = 1/2 \neq 0$ より ∞ に発散　(2) $S_n = \log(1+n)$ より ∞ に発散

問 1.6 (1) の対偶である．

問 1.7 (1) 発散　(2) 発散　(3) 発散　(4) 収束

演習問題 1

1. (1) 1（a_n の分母分子に $\sqrt{n^2+n+1} + \sqrt{n^2-n-1}$ を掛けて変形せよ．）

(2) $\dfrac{1}{4}$ $\left(\dfrac{1}{n(n+1)(n+2)} = \dfrac{1}{2}\left(\dfrac{1}{n(n+1)} - \dfrac{1}{(n+1)(n+2)}\right)\right.$ と変形せよ．$\Big)$

(3) $\dfrac{1}{3}$　(4) 0 $\big(-1/n \leqq \sin n/n \leqq 1/n$ とはさみうちの原理から．$\big)$

2. (1) $a_n = 1/n^2$，$b_n = 1/n$ など　(2) $a_n = 1/n^2$，$b_n = n$ など

3. (1) 数学的帰納法を用いて $a_{n+1} - \sqrt{2} > 0$ を示せばよい．

(2) $a_{n+1} - a_n = \dfrac{1}{2}\left(a_n - \dfrac{2}{a_n}\right) - a_n = \dfrac{(\sqrt{2}+a_n)(\sqrt{2}-a_n)}{2a_n} < 0$

(3) (1)，(2) より $\{a_n\}$ は下に有界で単調減少であるから，定理 1.5 により収束する．その極限値を α とし，与式の極限をとると，$\alpha = \dfrac{1}{2}\left(\alpha + \dfrac{2}{\alpha}\right)$．これを解いて，$\alpha = \sqrt{2}$．

4. 定義より $a_n > 0$，$b_n > 0$．よって，相加相乗平均の定理より $a_n \geqq b_n$ $(n \geqq 2)$ であり，仮定よりこれは $n = 1$ のときも成り立っている．ここで，

$$a_{n+1} - a_n = \frac{a_n + b_n}{2} - a_n = \frac{b_n - a_n}{2} \leqq 0$$

$$b_{n+1} - b_n = \sqrt{a_n b_n} - a_n = \sqrt{b_n}(\sqrt{a_n} - \sqrt{b_n}) \geqq 0$$

つまり，$\{a_n\}$ は単調減少，$\{b_n\}$ は単調増加である．一方，

$$a_1 \geqq a_2 \geqq a_3 \geqq \cdots \geqq a_{n-1} \geqq a_n \geqq b_n \geqq b_{n-1} \geqq \cdots \geqq b_3 \geqq b_2 \geqq b_1$$

より，$\{a_n\}$，$\{b_n\}$ はともに有界である．よって，定理 1.5 より $\lim_{n\to\infty} a_n = \alpha$，$\lim_{n\to\infty} b_n = \beta$ が定まる．与式で $n \to \infty$ とすれば $\alpha = \dfrac{\alpha+\beta}{2}$，すなわち $\alpha = \beta$ である．

5. (1) $\displaystyle\lim_{n\to\infty} \frac{a_{n+1}}{a_n} = \lim_{n\to\infty} \frac{1}{n+1}\left(1+\frac{1}{n}\right)^k = 0$．よって，定理 1.11 より収束．

(2) $\dfrac{a_{n+1}}{a_n} = 2\left(\dfrac{n}{n+1}\right)^n = 2\left(1+\dfrac{1}{n}\right)^{-n} \quad \to \quad \dfrac{2}{e} < 1$ より収束．

(3) (2) と同様に考えて，$\dfrac{a_{n+1}}{a_n} \quad \to \quad \dfrac{3}{e} > 1$ であるから発散．

6. $\alpha = 1$ のときは例 1.12 で示した．$\alpha < 1$ のとき：$\dfrac{1}{2^\alpha} > \dfrac{1}{2}$，$\dfrac{1}{3^\alpha} > \dfrac{1}{3}, \cdots, \dfrac{1}{n^\alpha} > \dfrac{1}{n}$ より $S_n > 1 + \dfrac{1}{2} + \dfrac{1}{3} + \cdots + \dfrac{1}{n} + \cdots$．よって，定理 1.10 より発散する．$\alpha > 1$ のとき：$\dfrac{1}{2^\alpha} + \dfrac{1}{3^\alpha} < \dfrac{2}{2^\alpha} = \dfrac{1}{2^{\alpha-1}}$，$\dfrac{1}{4^\alpha} + \dfrac{1}{5^\alpha} + \dfrac{1}{6^\alpha} + \dfrac{1}{7^\alpha} < \dfrac{4}{4^\alpha} = \left(\dfrac{1}{2^{\alpha-1}}\right)^2, \cdots, \dfrac{1}{(2^m)^\alpha} + \dfrac{1}{(2^m+1)^\alpha} + \cdots + \dfrac{1}{(2^{m+1}-1)^\alpha} < \dfrac{2^m}{(2^m)^\alpha} = \left(\dfrac{1}{2^{\alpha-1}}\right)^m$．よって，任意の n に対して $S_n = 1 + \dfrac{1}{2^\alpha} + \cdots + \dfrac{1}{n^\alpha} < 1 + \dfrac{1}{2^{\alpha-1}} + \left(\dfrac{1}{2^{\alpha-1}}\right)^2 + \cdots = \dfrac{2^{\alpha-1}}{2^{\alpha-1}-1}$ であり有界．一方，S_n は単調増加であるから，定理 1.5 により収束する．

7. $a_n \geqq 0$ なので $\sqrt{a_n a_{n+1}} \leqq \dfrac{a_n + a_{n+1}}{2}$．一方，$\displaystyle\sum_{n=1}^{\infty} \frac{a_n + a_{n+1}}{2}$ は収束するので，定理 1.10 より収束する．

8. 十分大きな n に対して $\dfrac{k}{2} < \dfrac{b_n}{a_n} < 2k$，すなわち $\dfrac{k}{2}a_n < b_n < 2ka_n$ が成り立つ．よって，定理 1.10 より結果が成り立つ．

第 2 章

問 2.1 (1) $D(f) = \left\{x \in \mathbb{R} \,\middle|\, x \neq \dfrac{2n+1}{2}\pi,\ n \in \mathbb{Z}\right\}$，$R(f) = (-\infty, \infty)$

(2) $D(f) = (-\infty, \infty)$，$R(f) = (0, \infty)$　　(3) $D(f) = (-1, \infty)$，$R(f) = (-\infty, \infty)$

(4) $D(f) = (-1, 1)$，$R(f) = [1, \infty)$

問 2.2　下図のようになる．

（1）

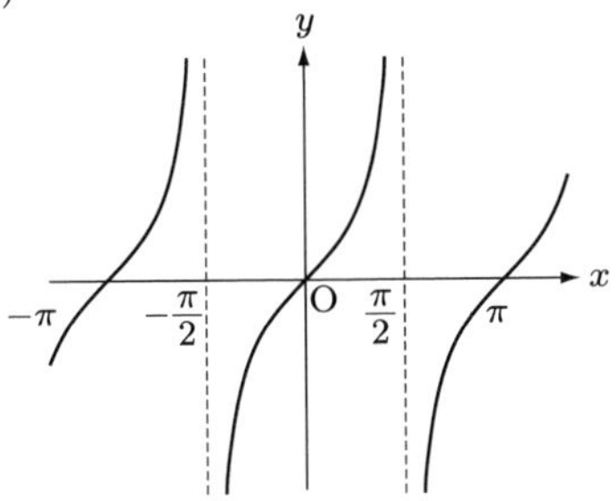

（2）

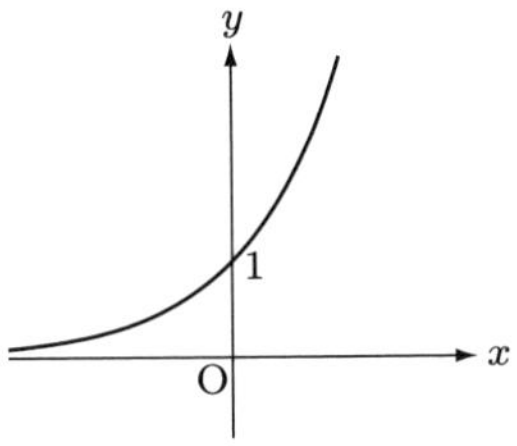

（3）

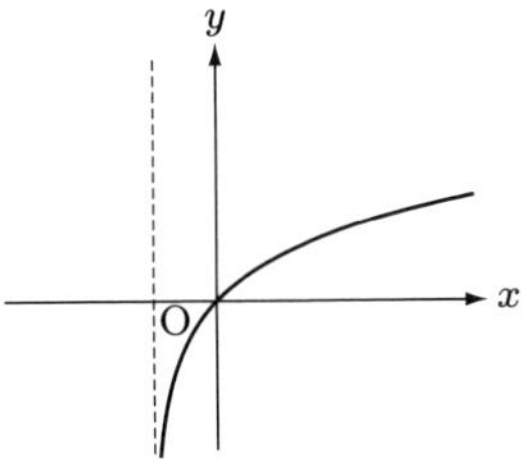

（4）

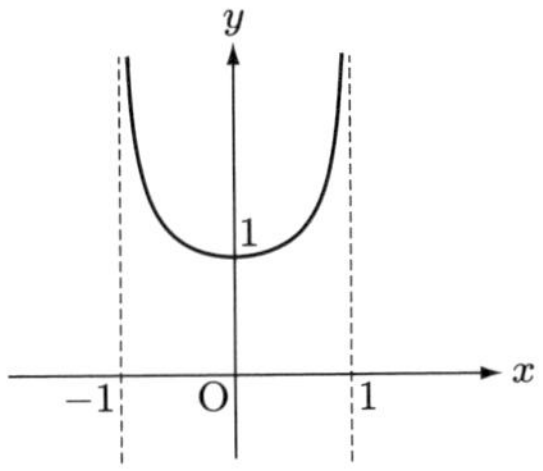

問 2.3　下図のようになる．

（1）

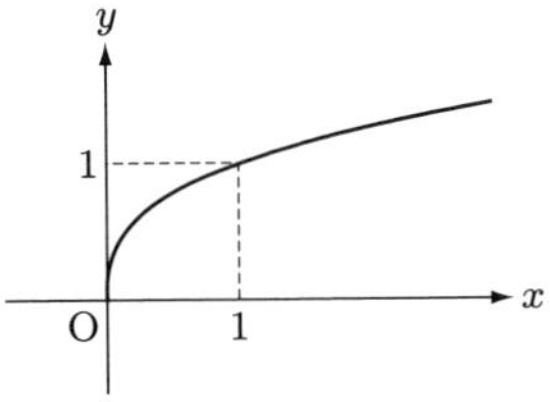

（2）

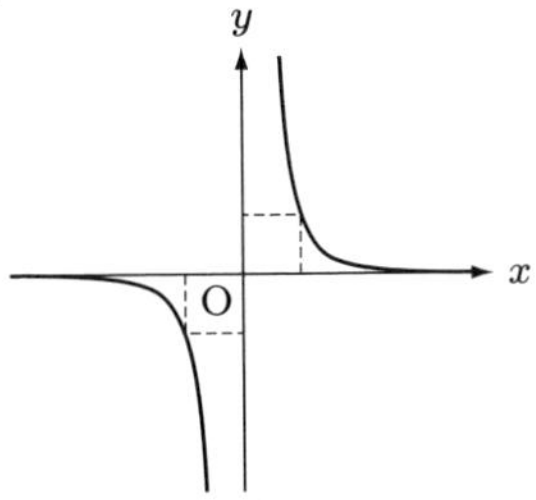

（3）

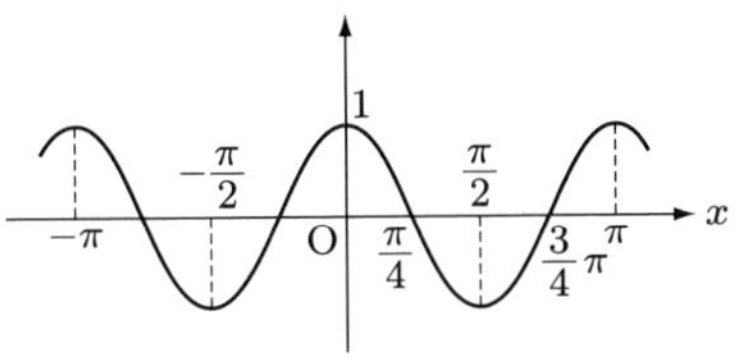

（4）

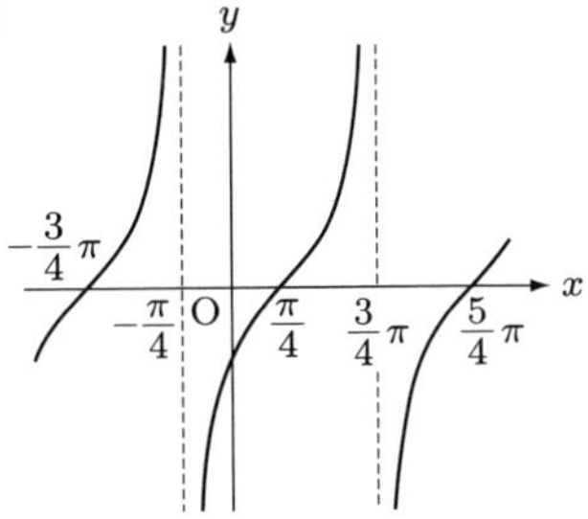

（5）

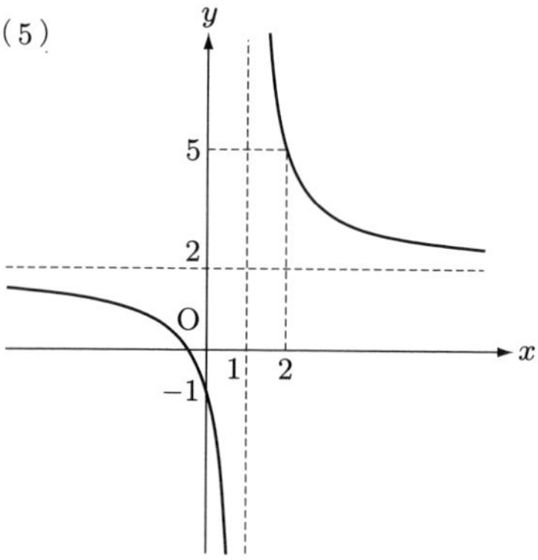

（6）

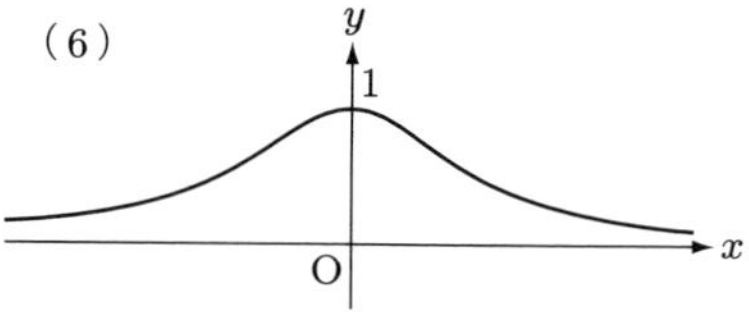

（7）

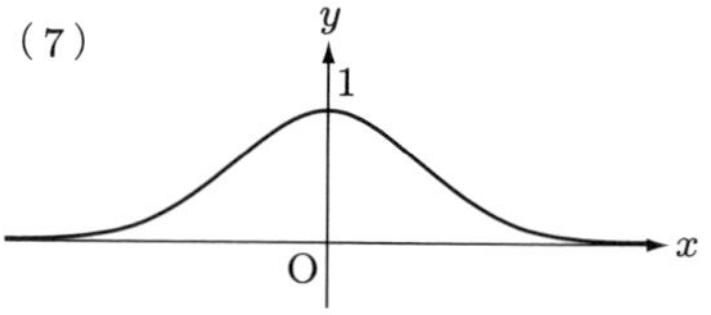

問 2.4 (1) $y = \log(1+x^2)$, $D(f) = (-\infty, \infty)$, $R(f) = (-\infty, \infty)$

(2) $y = \sin x^2$, $D(f) = (-\infty, \infty)$, $R(f) = [0, 1]$

(3) $y = e^{-x^2}$, $D(f) = (-\infty, \infty)$, $R(f) = (0, 1]$

(4) $y = \dfrac{1}{x^2 - x - 2}$, $D(f) = \{x \in \mathbb{R} \mid x \neq -1, 2\}$, $R(f) = (-\infty, \infty)$

（1）

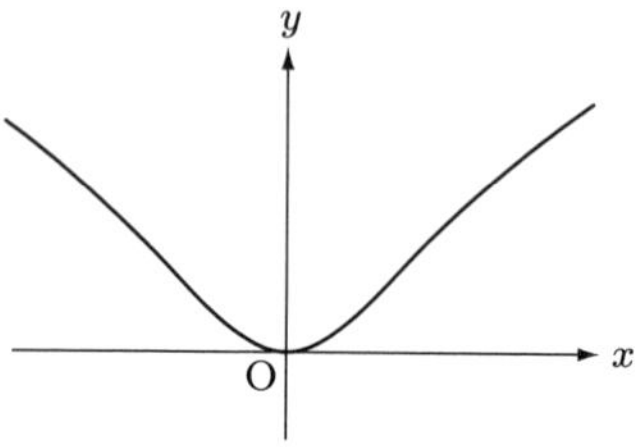

（2）

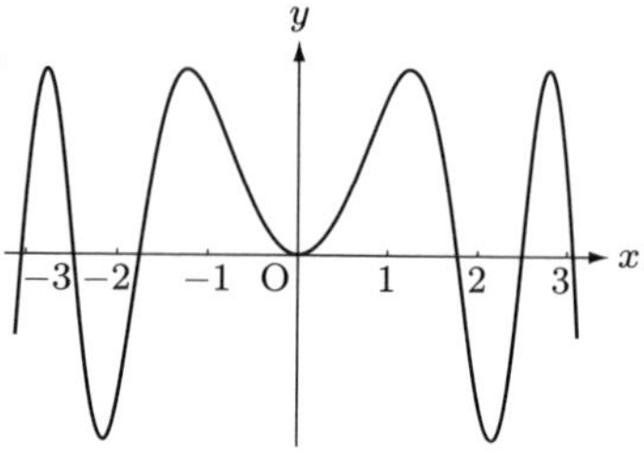

（3）

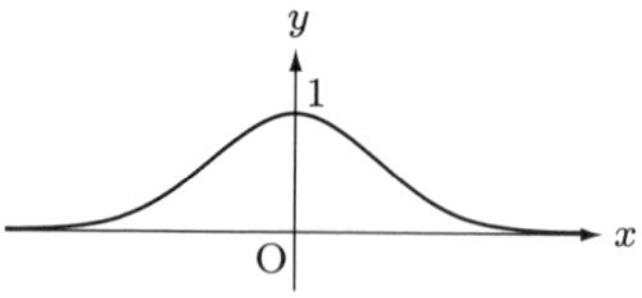

（4）

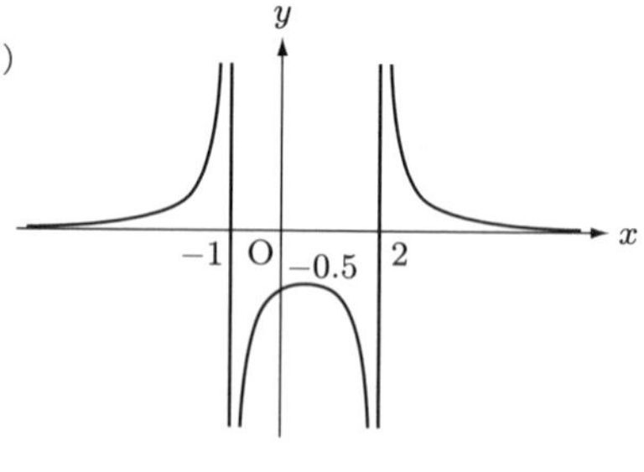

問 2.5 (1) $y = x - 1$　　(2) $y = \dfrac{-y+2}{y-1}$　　(3) $y = \sqrt{1+x^2}$

(4) $y = \dfrac{2x + 1 + \sqrt{4x+5}}{2}$

問 2.6 (1) 1　　(2) $-\sqrt{a}$

問 2.7 (1) 1　　(2) 1

問 2.8 $1/x = t$ とおくと，$x \to \pm\infty \Leftrightarrow t \to 0$

問 2.9 $f(x) = x - e^{-x}$ とおき，$f(0)$ と $f(1)$ の符号を調べる．

問 2.10 (1) $a^{\frac{1}{n}} b^{\frac{1}{n}} = (ab)^{\frac{1}{n}}$ など．

問 2.11 $a^0 = 1$ より，$0 = \log_a 1$ など．

問 2.12 (1) $\pi/2$ (2) $-\pi/2$ (3) $\pi/3$

問 2.13 (1) $\theta = \sin^{-1} x$ とおくと，$x = \sin\theta$，$\sin(-\theta) = -\sin\theta = -x$ より $-\theta = \sin^{-1}(-x)$． (2) (1) と同様． (3) $x = \sin t$ とおくと，$t = \sin^{-1} x$，一方，$\sqrt{1-x^2} = \sqrt{1-\sin^2 t} = \cos t = \cos(\sin^{-1} x)$． (4) (3) と同様．

問 2.14 定義に従って計算すればよい．

演習問題 2

1\. (1)

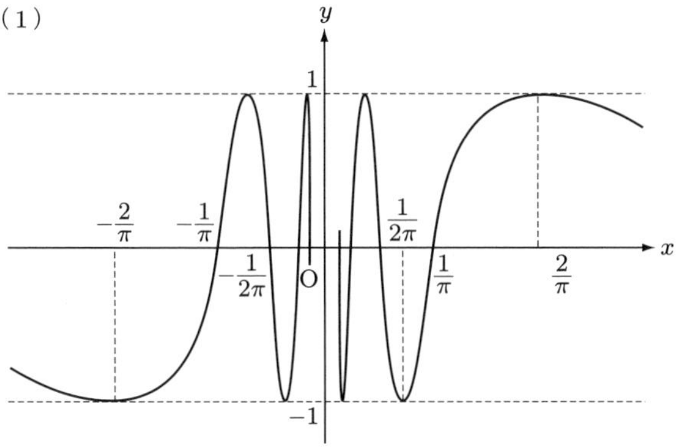

(2)

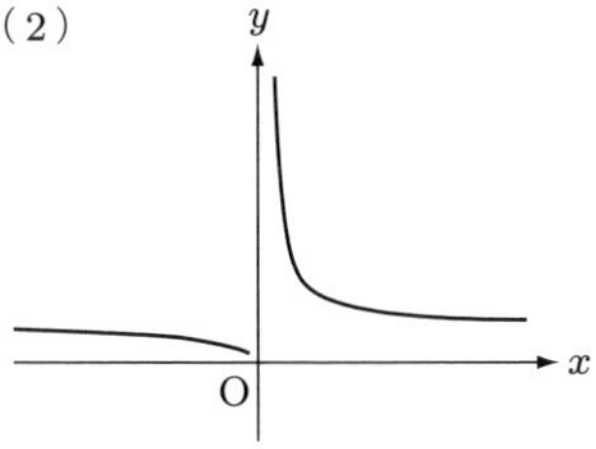

(3)

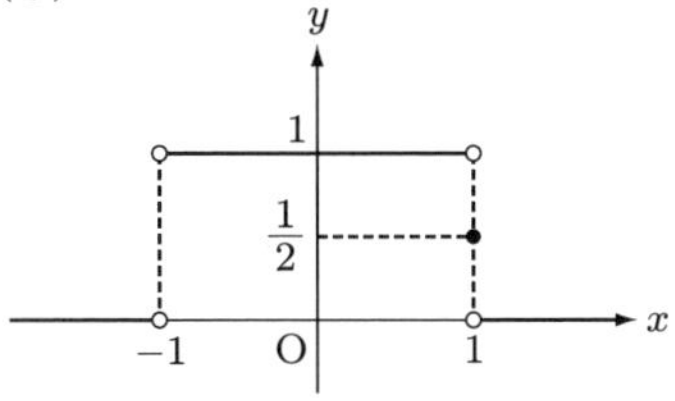

2\. (1) $与式 = \lim_{x \to 0} \dfrac{\log(1+x)}{\log a} \cdot \dfrac{1}{x} = \dfrac{1}{\log a} \lim_{x \to 0} \log(1+x)^{\frac{1}{x}} = \dfrac{\log e}{\log a} = \dfrac{1}{\log a}$

(2) $与式 = \lim_{x \to 0} \dfrac{b}{a} \cdot \dfrac{ax}{bx} \cdot \dfrac{\sin bx}{\sin ax} = \dfrac{b}{a}$ (3) $m > n$ のとき 0，$m = n$ のとき 1，$m < n$ のとき $\pm\infty$（分母分子に $\sqrt{1+x^m} + \sqrt{1-x^m}$ を掛けて計算せよ．）

3\. (1) $\lim_{x \to +0} e^{\frac{1}{x}} = \infty$，$\lim_{x \to -0} e^{\frac{1}{x}} = \lim_{x' \to +0} e^{-\frac{1}{x'}} = 0$ であるから，$与式 = \lim_{x \to +0} \dfrac{1 - e^{-\frac{1}{x}}}{1 + e^{-\frac{1}{x}}} = \dfrac{1-0}{1+0} = 1$ (2) $与式 = \dfrac{0-1}{0+1} = -1$

(3) 与式 $= \lim_{x\to+0} e^{x\log x} = \exp\{\lim_{x\to+0}(x\log x)\} = e^0 = 1$. ここで，$\lim_{x\to+0}(x\log x) = 0$ を用いた.

4. (1) $g(-x) = f(-x)+f(-(-x)) = f(x)+f(-x) = g(x)$, $h(-x) = f(-x)-f(-(-x)) = f(-x) - f(x) = -h(x)$

(2) $f(x) = \dfrac{f(x)+f(-x)}{2} + \dfrac{f(x)-f(-x)}{2} = (\text{偶関数}) + (\text{奇関数})$

5. (1) π　(2) 2π $\left(\sin x + \cos x = \sqrt{2}\sin\left(x+\dfrac{\pi}{4}\right)\right)$

6. I 上の任意の実数 x，y に対し，定理 2.11 より $\lim_{n\to\infty} x_n = x$，$\lim_{n\to\infty} y_n = y$ なる有理数の数列 $\{x_n\}$，$\{y_n\}$ がある．$f(x)$，$g(x)$ の連続性より $\lim_{n\to\infty} f(x_n) = f(x)$，$\lim_{n\to\infty} g(x_n) = g(x)$ であるから，I 上の任意の実数 x，y に対して $f(x) = g(x)$ である.

7. (1) $f(x) = x^n - a$ とおく．$a > 1$ のとき, $f(0) = -a < 0$, $f(a) = a^n - a = a(a^{n-1}-1) > 0$ であるから，平均値の定理より正の解をもつ．$0 < a < 1$ のときは，$f(0) = -a < 0$, $f(1) = 1 - a > 0$.

(2) $f(x) = x^n\left(1+\dfrac{a_1}{x}+\dfrac{a_2}{x^2}+\cdots+\dfrac{a_n}{x^n}\right)$ とおくと, $1+\dfrac{a_1}{x}+\dfrac{a_2}{x^2}+\cdots+\dfrac{a_n}{x^n} \to 1$ $(x\to\pm\infty)$ であり，n は奇数であるから，$f(\infty) = \infty$，$f(-\infty) = -\infty$. 絶対値が十分大きい正負の数を両端とする区間を考え，中間値の定理を使う.

8. (1) $\tan^{-1} x = \theta$ とおくと，$x = \tan\theta$ $\left(-\dfrac{\pi}{2} \leqq \theta \leqq \dfrac{\pi}{2}\right)$ である．一方，$\tan\left(\dfrac{\pi}{2}-\theta\right) = \dfrac{1}{\tan\theta} = \dfrac{1}{x}$ であるから，$\dfrac{\pi}{2} - \theta = \tan^{-1}\dfrac{1}{x}$. よって，(与式) $= \theta + \left(\dfrac{\pi}{2}-\theta\right) = \dfrac{\pi}{2}$.

(2) $\sin^{-1} x = \theta$ とおくと，$-\dfrac{\pi}{2} \leqq \theta \leqq \dfrac{\pi}{2}$ で $\sin\theta = x$. この区間で $x \to 0$ のとき $\theta \to 0$ であるから，(与式) $= \lim_{\theta\to0}\dfrac{\theta}{\sin\theta} = \lim_{\theta\to0}\left(1\Big/\dfrac{\sin\theta}{\theta}\right) = 1$.

9. (1) $y = \dfrac{e^x - e^{-x}}{2}$ において $e^x = t$ とおくと, $y = t - t^{-1}$, すなわち $t^2 - 2yt - 1 = 0$ である. よって，$t = y \pm \sqrt{y^2+1}$. ここで，$t > 0$, $y - \sqrt{y^2+1} < 0$ であるから，$t = y + \sqrt{y^2+1}$. ゆえに，$x = \log(y + \sqrt{y^2+1})$.

(2)，(3) も同様.

第3章

問 3.1 $2a$，$y = 2ax - a^2$

問 3.2 (1) $y' = \lim_{h\to0}\dfrac{\sqrt{x+h}-\sqrt{x}}{h} = \dfrac{1}{2\sqrt{x}}$　(2) $\dfrac{1}{(2x+1)^2}$　(3) $-\dfrac{1}{2\left(\sqrt{x}\right)^3}$

問 3.3 略

問 3.4 (1) 両辺の対数をとると，$\log y = \dfrac{1}{3}\log(x+1) + \dfrac{2}{3}\log(x-2)$ である．この両辺を微分すると，$\dfrac{y'}{y} = \dfrac{1}{3(x+1)} + \dfrac{2}{3(x-2)}$ を得る．したがって，$y' = \dfrac{x}{\sqrt[3]{(x+1)^2(x-2)}}$.

(2) $y' = (\tan x)^x \left\{ \dfrac{2x}{\sin 2x} + \log(\tan x) \right\}$　(3) $y' = -2\dfrac{1+2x^2}{\{(1-x)(1+2x)\}^2}$

問 3.5 (1) $-\dfrac{1}{\sqrt{1-x^2}}$　(2) $-\dfrac{1}{1+x^2}$　(3) $\dfrac{a}{a^2+x^2}$　(4) $-\dfrac{2}{\sqrt{a^2-x^2}}\cos^{-1}\dfrac{x}{a}$

(5) $\sqrt{a^2-x^2}$

問 3.6 (1) $\dfrac{dx}{dt} = 2t-2$, $\dfrac{dy}{dt} = 1$．定理 3.6 により，$\dfrac{dy}{dx} = \dfrac{1}{2t-2}$　(2) $\dfrac{dy}{dx} = t$

(3) $\dfrac{dy}{dx} = \dfrac{\sin t}{1-\cos t}$

◆注意◆ (2) は放物線，(3) はサイクロイド曲線のパラメータ表示である．

問 3.7 (1) $(\cos x)' = -\sin x = \cos\left(x + \dfrac{\pi}{2}\right)$ を用いて，$(\cos x)^{(n)} = \cos\left(x + n\cdot\dfrac{\pi}{2}\right)$

(2) 略　(3) 略

問 3.8 (1) $\dfrac{1}{1-x^2} = \dfrac{1}{2}\left(\dfrac{1}{1+x} + \dfrac{1}{1-x}\right)$ と変形することによって，

$\left(\dfrac{1}{1-x^2}\right)^{(n)} = \dfrac{n!}{2}\left\{\dfrac{(-1)^n}{(1+x)^{n+1}} + \dfrac{1}{(1-x)^{n+1}}\right\}$ を得る．

(2) ライプニッツの公式を用いて，$e^x\{x^2+2nx+n(n-1)+1\}$

(3) $n=1$ のとき $\log x + 1$，$n \geqq 2$ のとき $\dfrac{(-1)^n(n-2)!}{x^{n-1}}$

(4) $(e^x \sin x)' = e^x(\sin x + \cos x) = e^x\sqrt{2}\sin\left(x + \dfrac{\pi}{4}\right)$ より，

$(e^x \sin x)^{(n)} = (\sqrt{2})^n e^x \sin\left(x + n\cdot\dfrac{\pi}{4}\right)$

(5) $\sin^2 x = \dfrac{1}{2}(1-\cos 2x)$ より，

$(\sin^2 x)^{(n)} = -2^{n-1}\cos\left(2x + n\cdot\dfrac{\pi}{2}\right) = 2^{n-1}\sin\left\{2x + (n-1)\cdot\dfrac{\pi}{2}\right\}$

問 3.9 (1) $\dfrac{1}{2}$　(2) $\log\dfrac{a}{b}$　(3) 1　(4) $\dfrac{1}{3}$ $\left(\dfrac{1}{\sin^2 x} - \dfrac{1}{x^2} = \dfrac{x^2-\sin^2 x}{x^2\sin^2 x}\right.$ と変形してロピタルの定理を適用する.$\left.\right)$　(5) $\dfrac{1}{n}$　(6) $y = \lim\limits_{x\to1} x^{\frac{1}{1-x}}$ の対数をとると，$\log y = \log \lim\limits_{x\to1} x^{\frac{1}{1-x}} = \lim\limits_{x\to1}\dfrac{\log x}{1-x} = -1$ より，$y = \lim\limits_{x\to1} x^{\frac{1}{1-x}} = \dfrac{1}{e}$

問 3.10 略

問 3.11 $e^x e^y = (\cos x + i\sin x)(\cos y + i\sin y) = \cos x\cos y - \sin x\sin y + i(\sin x\cos y + \cos x\sin y)$．一方，$e^{(x+y)} = \cos(x+y) + i\sin(x+y)$ であるから，両者が等しいことから加法定理を得る．

問 3.12　(1) ① $\cosh x = 1 + \dfrac{x^2}{2!} + \dfrac{x^4}{4!} + \cdots$　　② $\sin^{-1} x = x + \dfrac{x^3}{6} + \dfrac{3x^5}{40} + \cdots$

③ $e^x \sin x = x + x^2 + \dfrac{x^3}{3} + \cdots$

(2) ① $\displaystyle\lim_{x\to 0} \frac{e^x - 1 - x}{x^2} = \lim_{x\to 0} \frac{1}{x^2} \left\{ \left(1 + x + \frac{x^2}{2!} + \frac{x^3}{3!} + \cdots \right) - 1 - x \right\}$

$\displaystyle= \lim_{x\to 0} \left(\frac{1}{2!} + \frac{x}{3!} + \cdots \right) = \frac{1}{2}$

② (1) の②を用いて 1/6　　③ 2

(3) $\log(a+h) = \log a \left(1 + \dfrac{h}{a}\right) = \log a + \log\left(1 + \dfrac{h}{a}\right) \approx \log a + \dfrac{h}{a}$

また，$\log 2.02 = \log(2 + 0.02) \approx \log 2 + \dfrac{0.02}{2} = 0.703147$．誤差は 5×10^{-5} 程度．

問 3.13　略

問 3.14　(1) $x = 1$ で極大値 $f(1) = 6$，$x = 2$ で極小値 $f(2) = 5$ をとる．変曲点はなし．

(2) $x = -1$ で極大値 $f(-1) = -2$，$x = 1$ で極小値 $f(1) = 2$ をとる．さらに，$x \to \pm 0$ のとき $f(x)$ と y 軸の距離は限りなく 0 に近づく（このとき y 軸を**漸近線**という）．また，$|f(x) - x| = \dfrac{1}{|x|} \to 0$ $(x \to \pm\infty)$ であるから，直線 $y = x$ も $x \to \pm\infty$ のときの漸近線である．グラフの概形は，図 (2) のようになる．

(3) $x = 2$ で極大値 $f(2) = 4e^{-2}$，$x = 0$ で極小値 $f(0) = 0$ をとる．$f''(x) = \{x - (2 + \sqrt{2})\}\{x - (2 - \sqrt{2})\}e^x$ より，$x = 2 \pm \sqrt{2}$ は変曲点となる．また，$\displaystyle\lim_{x\to\infty} x^2 e^{-x} = 0$ であるから，x 軸は $x \to \infty$ のとき $f(x)$ の漸近線．$\displaystyle\lim_{x\to -\infty} x^2 e^{-x} = \infty$．以上のことからグラフの概形は，図 (3) のようになる．

(2)

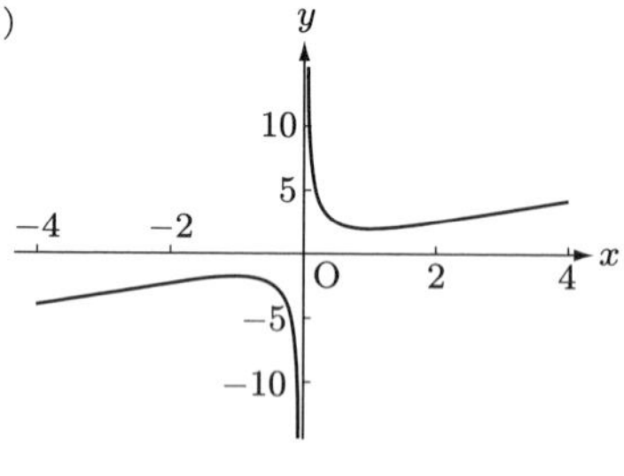

(3)

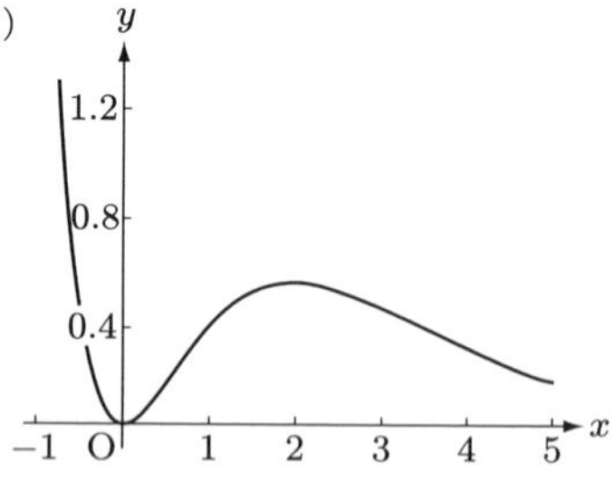

演習問題 3

1. (1) $f'(0) = \displaystyle\lim_{h\to 0} \frac{f(h) - f(0)}{h} = \lim_{h\to 0} \frac{1}{h}\left(h^2 \cos\frac{1}{h} - 0\right) = \lim_{h\to 0} h \cos\frac{1}{h} = 0$ であるから，原点で微分可能である．

(2) $\displaystyle\lim_{h\to +0} \frac{1}{1 + e^{1/h}} = 0$，$\displaystyle\lim_{h\to -0} \frac{1}{1 + e^{1/h}} = 1$ だから，$f'(0) = \displaystyle\lim_{h\to 0} \frac{1}{1 + e^{1/h}}$ は存在しない．ゆえに，原点で微分不可能である．

2. (1) $\dfrac{e^x}{2\sqrt{1+e^x}}$　(2) $e^{-x}(3\cos 3x - \sin 3x)$　(3) $\dfrac{1}{\cosh^2 x}$　(4) $\dfrac{a^2}{\left(\sqrt{a^2-x^2}\right)^3}$

(5) $\dfrac{\sin^{-1} x}{\left(\sqrt{1-x^2}\right)^3}$　(6) $x^{\sin x - 1}(\sin x + x\cos x \log x)$

3. (1) $e^x(x^3+9x^2+18x+6)$　(2) $x\cos(x+5\pi/2)+5\cos(x+2\pi) = -x\sin x + 5\cos x$

(3) $-\dfrac{96}{(2x+1)^4}$　(4) $\dfrac{2(2x-1)}{(1+x^2)^3}$

4. (1) 1　(2) 1　(3) 0　(4) 1/2　(5) $1/\sqrt{e}$

(6) $\sqrt{e}$ $\left(\log \lim_{x\to 0}\left(\dfrac{e^x-1}{x}\right)^{\frac{1}{x}} = \lim_{x\to 0}\dfrac{1}{x}\log\left(\dfrac{e^x-1}{x}\right) = \dfrac{1}{2}\right)$

5. $y' = -\gamma e^{-\gamma t}\sin(\omega t+\alpha) + \omega e^{-\gamma t}\cos(\omega t+\alpha)$，$y'' = (\gamma^2-\omega^2)e^{-\gamma t}\sin(\omega t+\alpha) - 2\gamma\omega e^{-\gamma t}\cos(\omega t+\alpha)$ を代入すればよい．

6. (1) $\dfrac{1}{1+x^2} = 1 - x^2 + x^4 - x^6 + \cdots = \sum_{n=0}^{\infty}(-1)^n x^{2n}$　(2) $\tanh^{-1} x = \dfrac{1}{2}\{\log(1+x)-\log(1-x)\}$ とすると，$\tanh^{-1} x = x + \dfrac{x^3}{3} + \dfrac{x^5}{5} + \cdots = \sum_{n=0}^{\infty}\dfrac{x^{2n+1}}{2n+1}$.

7. $1/\sqrt{1+x}$ の展開式において $x\to -x^2$ とすることによって，$\dfrac{1}{\sqrt{1-x^2}} = \sum_{n=0}^{\infty}\dfrac{(2n)!}{2^{2n}(n!)^2}x^{2n}$ を得る．これにより，$\sin^{-1} x = \displaystyle\int_0^x \sum_{n=0}^{\infty}\frac{(2n)!}{2^{2n}(n!)^2}t^{2n}\,dt = \sum_{n=0}^{\infty}\frac{(2n)!}{2^{2n}(n!)^2}\int_0^x t^{2n}\,dt$
$= \displaystyle\sum_{n=0}^{\infty}\frac{(2n)!}{2^{2n}(n!)^2(2n+1)}x^{2n+1}$.

8. 略（例 3.24 参照）

9. 略（例 3.27，問 3.14 参照）

10. 略

11. $\displaystyle\int_0^x f^{(1)}(t)\,dt = f(x)-f(0)$ より，$f(x) = f(0) + \displaystyle\int_0^x f^{(1)}(t)\,dt = f(0) + R_1$.
$\dfrac{d}{dt}(x-t)f^{(1)}(t) = -f^{(1)}(t) + (x-t)f^{(2)}(t)$ を用いて R_1 に代入すると，$f(x) = f(0) + f^{(1)}(0)x + \displaystyle\int_0^x f^{(2)}(t)\,dt$ を得る．これより R_2 がわかる．これを繰り返すことで R_n を求められる．

12. 直円柱の底面の半径を r，高さを l とすると，直円柱の体積 $V = \pi r^2 l =$ 一定．表面積は $S = 2\pi r^2 + 2\pi r l = 2\pi r^2 + 2\dfrac{V}{r}$．$r$ の関数とすると $S' = 4\pi r - 2\dfrac{V}{r^2}$ であるから，$r = \dfrac{V}{2\pi r^2} = \dfrac{l}{2}$ で S は最小となる．すなわち，$l = 2r$ となる直円柱が体積一定の下で表面積最小である．

13. (1) $y = x\tan\theta - \dfrac{g}{2v_0^2\cos^2\theta}x^2$　(2) $v_x = v_0\cos\theta$，$v_y = v_0\sin\theta - gt$

(3) (1) を x で微分すると，$y' = \tan\theta - \dfrac{g}{v_0^2\cos^2\theta}x$. 一方，$\dfrac{v_y}{v_x} = \tan\theta - \dfrac{g}{v_0\cos\theta}t$. これに $t = \dfrac{x}{v_0\cos\theta}$ を代入すると，y' に一致する．

14. $$\frac{dE}{dt} = \frac{d}{dt}\left\{\frac{1}{2}m\left(\frac{dx}{dt}\right)^2 + U(x)\right\} = m\frac{dx}{dt}\frac{d^2x}{dt^2} + \underbrace{\frac{dx}{dt}\frac{dU}{dx}}_{\text{合成関数の微分}} = \frac{dx}{dt}\underbrace{\left(m\frac{d^2x}{dt^2} + \frac{dU}{dx}\right)}_{\text{運動方程式}} = 0$$

第4章

問 4.1 (1) "⇐" は微分の定義より明らか．"⇒" について．任意の $t \in (a,b]$ に対して $F(t) = F(a)$ となることを示す．$F(x)$ は $[a,t]$ で連続，(a,t) で微分可能で，平均値の定理から $F(t) - F(a) = F'(c)(t-a)$ を満たす $c \in (a,t)$ がある．仮定より $F'(c) = 0$ であり，$F(t) = F(a)$ が示される．

(2) 関数 $F(x) - G(x)$ に (1) を用いればよい．

問 4.2 (1) $\dfrac{1}{a}\tan^{-1}\left(\dfrac{x}{a}\right) + C$　　(2) $\sinh^{-1}\left(\dfrac{x}{a}\right) + C$

問 4.3 (1) $-\dfrac{1}{a}\log|1-ax| + C$　　(2) $-\dfrac{1}{2}e^{-x^2} + C$

問 4.4 (1) $\dfrac{1}{9}x^3(3\log x - 1) + C$　　(2) $\dfrac{2}{15}(3x-2)(x+1)^{\frac{3}{2}} + C$

問 4.5 (1) $\dfrac{1}{2}(x-1)^2e^{2x} + C$　　(2) $(12x - x^3)\cos x + (6x^2 - 12)\sin x + C$

問 4.6 公式 (4.5) は $t = x - \alpha$，公式 (4.6) は $t = x^2 + r^2$ として置換積分．

問 4.7 (1) $I_{n-1} = \displaystyle\int \frac{dx}{(x^2+r^2)^{n-1}} = \frac{x}{(x^2+r^2)^{n-1}} - \int \frac{2(1-n)x^2}{(x^2+r^2)^n}dx = \frac{x}{(x^2+r^2)^{n-1}}$ $-2(1-n)\{I_{n-1} - r^2I_n\}$ を I_n について解く．　(2) $x = r\tan t$ として置換積分．

(3) $\dfrac{x}{8(x^2+2)^2} + \dfrac{3x}{32(x^2+2)} + \dfrac{3\sqrt{2}}{64}\tan^{-1}\left(\dfrac{\sqrt{2}x}{2}\right)$

問 4.8 $g(x) \geqq 0$ とする（$g(x) \leqq 0$ のときは，$g(x)$ を $-g(x)$ で置き換えて以下の議論を行う）．$f(x) \equiv$ 一定 や $g(x) \equiv 0$ のときは自明．それ以外の場合について．$m = \displaystyle\min_{a \leqq x \leqq b} f(x)$，$M = \displaystyle\max_{a \leqq x \leqq b} f(x)$ とおくと，$g(x) \geqq 0$ より $\displaystyle\int_a^b mg(x)\,dx \leqq \int_a^b f(x)g(x)\,dx \leqq \int_a^b Mg(x)\,dx$. さらに，$g(x) \not\equiv 0$ より $\displaystyle\int_a^b g(x)\,dx > 0$ であり，$m \leqq \dfrac{\int_a^b f(x)g(x)\,dx}{\int_a^b g(x)\,dx} \leqq M$. $[a,b]$ における $f(x)$ の最小，最大点を c_m，c_M とすれば，中間値の定理から $f(c) = \dfrac{\int_a^b f(x)g(x)\,dx}{\int_a^b g(x)\,dx}$ を満たす c が c_m と c_M の間に，したがって，$[a,b]$ に存在する．さらに，このような点 c が (a,b)

にもあることをいう．たとえば，$c=a$ なら $a \leqq c_m \leqq c$ または $a \leqq c_M \leqq c$ から，$c=c_m$ または $c=c_M$ となる．前者の場合 $f(c)=m$ であり，$\int_a^b f(x)g(x)\,dx = m\int_a^b g(x)\,dx$．このときは $g(x) \neq 0 \Rightarrow f(x)=m$ がいえて，$g(x) \not\equiv 0$ から $f(\tilde{c})=m$ となる点 $\tilde{c}$ が (a,b) にあることが示される．後者の場合，さらには，$c=b$ の場合も同様．

問 4.9 (1) $x=\dfrac{1}{2}\pi - t$ と置換すればよい．

(2) $n \geqq 2$ のとき，$\sin^{n-1} 0 = \cos\dfrac{\pi}{2} = 0$，$\cos^2 x = 1-\sin^2 x$ に注意して，

$$I_n = \left[-\sin^{n-1} x \cos x\right]_0^{\pi/2} + \int_0^{\pi/2} (n-1)\sin^{n-2} x\cos^2 x\,dx = (n-1)(I_{n-2}-I_n)$$

となり，漸化式 $I_n = \dfrac{n-1}{n} I_{n-2}$ を得る．$I_0 = \dfrac{\pi}{2}$，$I_1 = 1$ とあわせて漸化式を解けば，n が偶数 $2m$ のときと奇数 $2m+1$ のときに分けて

$$I_{2m} = \frac{2m-1}{2m}\cdot\frac{2m-3}{2m-2}\cdots\frac{3}{4}\cdot\frac{1}{2}\cdot\frac{\pi}{2},\quad I_{2m+1} = \frac{2m}{2m+1}\cdot\frac{2m-2}{2m-1}\cdots\frac{4}{5}\cdot\frac{2}{3}.$$

(3) ① $8/15$　② $\pi/32$（与式は $I_4 - I_6$ と書けることに注意.）

問 4.10 (1) -1　(2) $+\infty$, p.v. も発散　(3) 収束しない, p.v. は $3/8$　(4) π

問 4.11 (1) $+\infty$　(2) 1　(3) $+\infty$, p.v. も発散　(4) 収束しない, p.v. は 0

問 4.12 いずれの被積分関数も $[0,1]$ では連続で定積分可能．$[1,\infty)$ における広義積分の収束を比較判定法で調べる．

(1) $x \geqq 1$ のとき $\dfrac{1}{\sqrt[3]{1+x^4}} < \dfrac{1}{\sqrt[3]{x^4}}$ であり，$\displaystyle\int_1^\infty \frac{dx}{\sqrt[3]{x^4}} = 3 < \infty$ より収束

(2) $x \geqq 1$ のとき $\dfrac{1}{\sqrt[4]{2x^3}} \leqq \dfrac{1}{\sqrt[4]{1+x^3}}$ であり，$\displaystyle\int_1^\infty \frac{dx}{\sqrt[4]{2x^3}} = +\infty$ より発散

(3) $x \geqq 1$ のとき $e^{-x^2} \leqq e^{-x}$ であり，$\displaystyle\int_1^\infty e^{-x}\,dx = e^{-1} < +\infty$ より収束

問 4.13 $\left|\dfrac{\sin x}{x^a}\right| \leqq x^{1-a}$ $(x>0)$ と $\displaystyle\int_0^1 x^{1-a}\,dx$ の収束性から，(1)，(2) とも $(0,1]$ における広義積分は絶対収束．(1) は $\left|\dfrac{\sin x}{x^a}\right| \leqq \dfrac{1}{x^a}$ $(x \geqq 1)$ と $\displaystyle\int_1^\infty \frac{dx}{x^a}$ の収束性から $[1,\infty)$ でも絶対収束．一方，(2) は $\left|\dfrac{\sin x}{x^a}\right| \geqq \left|\dfrac{\sin x}{x}\right|$ $(x \geqq 1)$ であることと定理 4.13 の後の注意 6 にあげた例から，$[1,\infty)$ では絶対収束しないとわかる．ただし，部分積分により $\displaystyle\int_1^\infty \frac{\cos x}{x^{a+1}}\,dx$ に帰着させて考えると，$\left|\dfrac{\cos x}{x^{a+1}}\right| \leqq \dfrac{1}{x^{a+1}}$ と $\displaystyle\int_1^\infty \frac{dx}{x^{a+1}}$ の収束性から，広義積分自体の収束性はいえる．まとめると，(1) は絶対収束，(2) は絶対収束はしないが積分は収束する．

問 4.14 x，y のパラメータ表示を公式 (4.20)，(4.21) に代入すると，それぞれ $\displaystyle\int_0^{2\pi} ab\cos^2 t\,dt$，$\displaystyle\int_0^{2\pi} \frac{ab}{2}\,dt$ となり，いずれも結果は πab.

問 4.15 $V = \int_0^h \left(\frac{h-x}{h}\right)^2 S_0 \, dx = \frac{1}{3} h S_0$

問 4.16 $L = \int_{-r}^{r} \sqrt{1 + \frac{x^2}{r^2 - x^2}} \, dx = \left[r \sin^{-1} \frac{x}{r} \right]_{-r}^{r} = \pi r$

演習問題 4

1. (1) $\sum_{k=0}^{n} \frac{a_k}{k+1} x^{k+1} + C$　(2) $\frac{e^{ax}}{a^2+b^2}(a \sin bx - b \cos bx) + C$

(3) $\frac{e^{ax}}{a^2+b^2}(a \cos bx + b \sin bx) + C$　(4) $x\{(\log x)^2 - 2\log x + 2\} + C$

(5) $x \log(x^2+1) - 2x + 2\tan^{-1} x + C$

2. (1) $\frac{3}{4} \log|x-1| + \frac{1}{4} \log|x+3| + C$　(2) $\frac{1}{4} \log\left|\frac{x-1}{x+1}\right| - \frac{1}{2} \tan^{-1} x + C$

(3) $x + 2\log|x-1| + \frac{3}{x-1} + \frac{2}{(x-1)^2} + C$　(4) $\frac{2}{1 - \tan\frac{x}{2}} + C$

(5) $2\log\left|\tan\frac{x}{2} + 1\right| - \tan\frac{x}{2} + C$　(6) $\frac{1}{2} \log\left|\frac{1+\tan x}{1-\tan x}\right| + C$

(7) $\frac{1}{6} \log\left|\frac{\tan x - 1}{\tan x + 1}\right| + \frac{\sqrt{2}}{6} \tan^{-1}\left(\sqrt{2}\tan x\right) + C$

(8) $\frac{1}{2} \log|\sin^2 x + 1| + C$　(9) $\frac{1}{\sin x} - \frac{1}{3\sin^3 x} + C$

(10) $\log\left|\sqrt{(x+1)(x+3)} - (x+2)\right| + \sqrt{(x+1)(x+3)} + C$

(11) $\frac{3}{7}(x+6)(x-1)\sqrt[3]{x-1} + C$　(12) $-\frac{\sqrt{x^2+1}}{x} + C$

(13) $(x^2 - x + 1)e^{2x} + C$　(14) $x \sin 2x - x^2 \cos 2x + C$

(15) $(x^3+x)\log x - \frac{1}{3}x^3 - x + C$　(16) $(x^3+x)\tan^{-1} x - \frac{1}{2}x^2 + C$

(17) $x - \frac{1}{3}\log(e^{3x}+1) + C$　(18) $e^x - e^{-x} - x + C$

(19) $x\{(\log x)^2 - \log x + 2\} + C$　(20) $x\left\{(\log 2x)^2 + 2\log\frac{3}{2} + 1\right\} + C$

3. (1) 2　(2) $\frac{a^2}{4}\pi$　(3) $\left(\sqrt{2} - 1\right)a$　(4) $\frac{1}{2}\log 2$　(5) $\frac{1}{4}\pi$　(6) $\frac{1}{2}\log 3$

(7) $\frac{1}{2}\pi - 1$　(8) 2π　(9) $\frac{2}{15}$　(10) $8\log 2 - 4$　(11) $\frac{1}{2e}$　(12) $\log 2 - 2 + \frac{1}{2}\pi$

4. (1) $S = \int_0^2 |1 - x^2| \, dx = \int_0^1 (1-x^2) \, dx + \int_1^2 (x^2-1) \, dx = \frac{2}{3} + \frac{4}{3} = 2$

(2) 交点の x 座標は -1，2．$S = \int_{-1}^{2} |(x^2-1) - (x+1)| \, dx = \frac{9}{2}$.

(3) 曲線は原点対称．$S = \int_{-\infty}^{\infty} |xe^{-x^2}| \, dx = 2\int_0^{\infty} xe^{-x^2} \, dx = 1$.

5. $0 \leqq \theta \leqq 2\pi$ で $\cos 2\theta \geqq 0$ となるのは，$\left[0,\ \frac{1}{4}\pi\right]$，$\left[\frac{3}{4}\pi,\ \frac{5}{4}\pi\right]$，$\left[\frac{7}{4}\pi,\ 2\pi\right]$ の区間上．対称性を考えて，$S = 4\int_0^{\pi/4} \frac{1}{2}r^2\,d\theta = 2\int_0^{\pi/4} a^2\cos 2\theta\,d\theta = a^2$.

6. $V = \pi\int_{-a}^{a} y^2\,dx = \pi\int_{-a}^{a} b^2\left(1 - \frac{x^2}{a^2}\right)dx = \frac{4}{3}\pi ab^2$

7. (1) $L = \int_0^{\infty} \sqrt{\{e^{-t}(-\cos t - \sin t)\}^2 + \{e^{-t}(-\sin t + \cos t)\}^2}\,dt = \sqrt{2}$

(2) $L = \int_0^{2\pi} \sqrt{a^2\sin^2 t + a^2\cos^2 t + b^2}\,dt = 2\pi\sqrt{a^2+b^2}$

8. アステロイドは x，y 軸対称.

(1) $L = 4\int_0^{\pi/2} \sqrt{9a^2\cos^4\theta\sin^2\theta + 9a^2\sin^4\theta\cos^2\theta}\,d\theta = 6a$

(2) $S = 4\int_0^{\pi/2} 3a^2\cos^2\theta\sin^4\theta\,d\theta = \frac{3}{8}\pi a^2$

(3) $V = 2\int_0^{\pi/2} 3\pi a^3\sin^7\theta\cos^2\theta\,d\theta = \frac{32}{105}\pi a^3$

9. (1) $L = \int_0^{2\pi} \sqrt{a^2(1+\cos\theta)^2 + a^2\sin^2\theta}\,d\theta = 8a$

(2) $S = \int_0^{2\pi} \frac{1}{2}a^2(1+\cos\theta)^2\,d\theta = \frac{3}{2}\pi a^2$

第5章

問 5.1 (1) $\sqrt{17}$　(2) 3

問 5.2

(1)

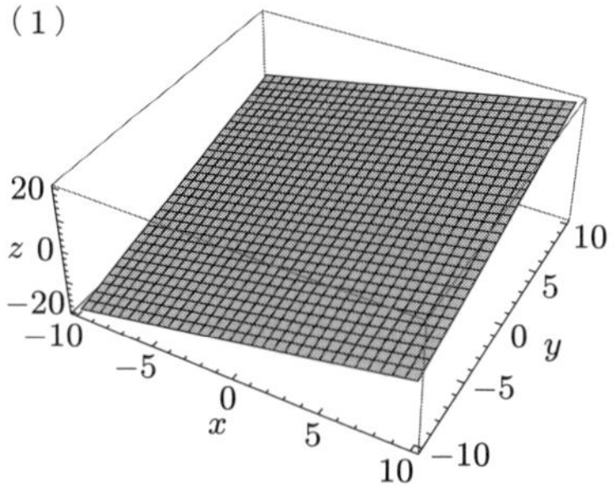

(2)

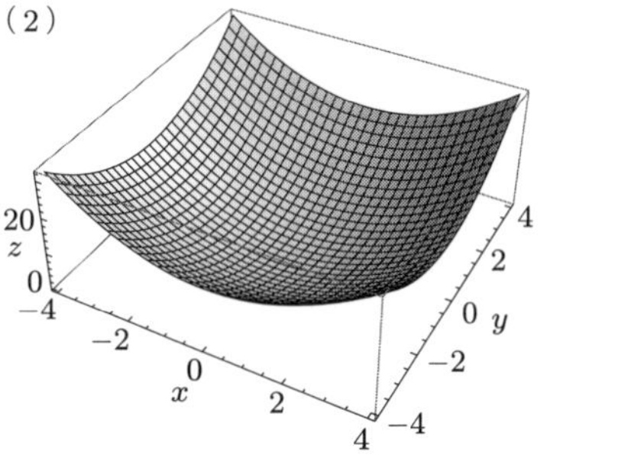

問 5.3 $|f(x,y) - 0| = |x^2 + y^2| = (x-0)^2 + (y-0)^2 = \|(x,y) - (0,0)\|_2^2 \to 0$

問 5.4 (1) $f_x = 2x + y$，$f_y = x + 2y$　(2) $f_x = \frac{y^3 - x^2y}{(x^2+y^2)^2}$，$f_y = \frac{x^3 - xy^2}{(x^2+y^2)^2}$

(3) $f_x = \frac{x}{\sqrt{x^2+y^2}}$，$f_y = \frac{y}{\sqrt{x^2+y^2}}$　(4) $f_x = y\cos(xy)$，$f_y = x\cos(xy)$

(5) $f_x = \dfrac{1}{x}$，$f_y = \dfrac{1}{y}$　(6) $f_x = -2xe^{-(x^2+y^2)}$，$f_y = -2ye^{-(x^2+y^2)}$

(7) $f_x = e^x(\cos x - \sin x + \sin y)$，$f_y = e^x \cos y$

(8) $f_x = \dfrac{2e^{x+y}}{(e^x+e^y)^2}$，$f_y = \dfrac{-2e^{x+y}}{(e^x+e^y)^2}$　(9) $f_x = yx^{y-1}$，$f_y = x^y \log x$

(10) $f_x = -\dfrac{1}{\sqrt{y^2-x^2}}$，$f_y = \dfrac{x}{y\sqrt{y^2-x^2}}$

問 5.5　$f_{xx} = \dfrac{2xy}{(x^2+y^2)^2}$，$f_{yy} = \dfrac{-2xy}{(x^2+y^2)^2}$

問 5.6　$\dfrac{dz}{dt} = \dfrac{2x}{x^2+y^2}e^t + \dfrac{2y}{x^2+y^2}(-e^{-t}) = \dfrac{2(e^{2t}-e^{-2t})}{e^{2t}+e^{-2t}}$

問 5.7　(1) 公式 (5.5) を 2 回使えばよい．　(2) 公式 (5.6) を 2 回使えばよい．

問 5.8　与式 $= \left(\dfrac{\partial^2}{\partial r^2} + \dfrac{1}{r^2}\dfrac{\partial^2}{\partial \theta^2} + \dfrac{1}{r}\dfrac{\partial}{\partial r}\right)\log r = -\dfrac{1}{r^2} + \dfrac{1}{r^2} = 0$

問 5.9　$\mathrm{OH} = r\sin\theta$ よりすぐわかる．

問 5.10　(1) $\sqrt{x^2+y^2} = \sqrt{5} + \dfrac{1}{\sqrt{5}}(x-1) + \dfrac{2}{\sqrt{5}}(y-2) +$

$$+\frac{1}{10\sqrt{5}}\{4(x-1)^2 - 4(x-1)(y-2) + (y-2)^2\} + \cdots$$

(2) $\sin(x+y) = x + y - \dfrac{1}{3!}(x^3 + 3x^2y + 3xy^2 + y^3) + \cdots$

問 5.11　略

問 5.12　(1) $(0,0)$ で極小値 0 をとる．　(2) $a<0$ のとき $(0,0)$ で極小値 0 をとり，$a>0$ のときは極値をもたない．

問 5.13　接平面：$x_0x + y_0y + z_0z = a^2$，法線：$\dfrac{z_0}{x_0}(x-x_0) = \dfrac{z_0}{y_0}(y-y_0) = z - z_0$

問 5.14　(1) $dz = \dfrac{2x}{x^2+y^2}dx + \dfrac{2y}{x^2+y^2}dy$　(2) $dz = yx^{y-1}dx + x^y\log x\,dy$

演習問題 5

1.　(1) 平均値の定理より，$f(x,y) - f(0,y) = x\dfrac{\partial f}{\partial x}(c,y)$ $(0<c<x)$．一方，仮定より $\dfrac{\partial f}{\partial x} = 0$ であるから，$f(x,y) - f(0,y) = 0$．すなわち，$f(x,y) = f(0,y) = \varphi(y)$．

(2) $(f_x)_y = 0$ より，f_x は x のみの関数である．すなわち，$f_x = \varphi(x)$．この両辺を x で積分すると，$f(x,y) = \displaystyle\int \varphi(x)\,dx + \psi(y) = \tilde{\varphi}(x) + \psi(y)$．つまり，$f(x,y)$ は $f(x,y) = g(x) + h(y)$ なる形の関数である．

(3) マクローリンの定理 5.7 と仮定より，$z(x,y) = z(0,0) + xz_x(0,0) + yz_y(0,0) + \dfrac{1}{2}\{x^2z_{xx}(\theta x,\ \theta y) + 2xyz_{xy}(\theta x, \theta y) + y^2z_{yy}(\theta x, \theta y)\} = z(0,0) + xz_x(0,0) + yz_y(0,0) = c + ax + by$，つまり，$x$ と y の 1 次関数である．

2. $z_x = \dfrac{1}{\sqrt{2\pi x}} e^{-\frac{y^2}{2x}} \left(-\dfrac{1}{2x} + \dfrac{y^2}{2x^2} \right)$ などを計算すればよい．

3. $z_x = f'(x+ay)+g'(x-ay)$, $z_y = af'(x+ay)-ag'(x-ay)$, $z_{xx} = f''(x+ay)+g''(x-ay)$, $z_{yy} = a^2(f''(x+ay)+g''(x-ay))$.

4. 略

5. 問 5.7 (2) の公式と $\dfrac{\partial^2 x}{\partial u^2} = \dfrac{\partial^2 y}{\partial u^2} = 0$, $\dfrac{\partial^2 x}{\partial v^2} = \dfrac{\partial^2 y}{\partial v^2} = 0$ を利用して，

$$\frac{\partial^2 z}{\partial u^2} = \cos^2\theta \frac{\partial^2 z}{\partial x^2} + 2\cos\theta\sin\theta \frac{\partial^2 z}{\partial x \partial y} + \sin^2\theta \frac{\partial^2 z}{\partial y^2},$$
$$\frac{\partial^2 z}{\partial v^2} = \sin^2\theta \frac{\partial^2 z}{\partial x^2} - 2\sin\theta\cos\theta \frac{\partial^2 z}{\partial x \partial y} + \cos^2\theta \frac{\partial^2 z}{\partial y^2}.$$

6. (1) $e^x \sin y = y + xy + \dfrac{1}{3!}(3x^2y + y^3) + \dfrac{1}{4!}(4x^3y - 4xy^3) + \cdots$

(2) $e^{x+y} \sin z = z + \dfrac{1}{2} e^{\theta(x+y)} \{(x^2+y^2-z^2+2xy)\sin\theta z + 2(yz+zx)\cos\theta z\}$　$(0 < \theta < 1)$

7. $1 - \dfrac{1}{2}(x+y) + \dfrac{3}{8}(x^2 + 6xy + 3y^2)$

8. (1) $(1,-1)$ と $(-1,1)$ で最小値 -2 をとる．

(2) $(0,\pi)$ と $(2\pi,\pi)$ で最大値 2 をとり，$(\pi,0)$ と $(\pi,2\pi)$ で最小値 -2 をとる．

(3) $\left(\pi, \dfrac{3}{2}\pi\right)$ で最大値 e^2，$\left(0, \dfrac{\pi}{2}\right)$ と $\left(2\pi, \dfrac{\pi}{2}\right)$ で最小値 e^{-2} をとる．

9. ヘロンの公式を用いて，$S = \sqrt{s(s-x)(s-y)(s-z)}$，$x+y+z=2s$（一定）と書ける．よって，$f(x,y) = (s-x)(s-y)(s-z) = (s-x)(s-y)(x+y-s)$ を最大にする条件を求めればよい．定理 5.9 に当てはめると，$x = y(= z) = \dfrac{2}{3}s$ のとき $f(x,y)$ は極大（最大）となる．

第 6 章

問 6.1　(1) $\dfrac{1}{6}$　(2) $\dfrac{(e^{pa}-1)(e^{qb}-1)}{pq}$　(3) $\dfrac{(b-a)(d-c)(a+b+c+d)}{2}$　(4) $\dfrac{28}{3}$

問 6.2　(1) 1　(2) $3/2 - \log 2$　(3) $1/96$

問 6.3　(1) $\displaystyle\int_0^1 dx \int_x^{\sqrt{x}} f(x,y)\,dy$

(2) $\displaystyle\int_1^2 dy \int_1^y f(x,y)\,dx + \int_2^3 dy \int_1^2 f(x,y)\,dx + \int_3^6 dy \int_{y/3}^2 f(x,y)\,dx$

(3) $\displaystyle\int_1^e dx \int_{\log x}^1 f(x,y)\,dy + \int_{e^{-1}}^1 dx \int_{\log x}^x f(x,y)\,dy + \int_{-1}^{e^{-1}} dx \int_{-1}^x f(x,y)\,dy$

問 6.4　(1) $2\log 2 - 1$　(2) $1/2$　(3) 0

問 6.5　(1) $9/2$　(2) $e/2 - 1$

問 6.6　(1) $\dfrac{3\pi}{2}$　(2) $\dfrac{|ab|(a^2+b^2)\pi}{4}$　(3) $\pi\left(1-\dfrac{2}{e}\right)$

問 6.7　(1) $\dfrac{4\pi(a+b+c)}{15}$　(2) $\dfrac{4(3\log a-1)\pi a^3}{9}$

問 6.8　(1) π　(2) $1/2$　(3) $1-1/e$　(4) $1/4$

問 6.9　(1) 2π　(2) $-\pi$　(3) $\dfrac{\pi}{4}+\log\sqrt{2}$　(4) $\dfrac{\pi a^{2-\lambda}}{4(2-\lambda)}$ $(\lambda<2)$, $-\infty$ $(\lambda \geqq 2)$

問 6.10　(1) $1/3$　(2) $40/3$

問 6.11　(1) $\dfrac{3\pi}{8}$　(2) $\dfrac{2(64-7\sqrt{7})\pi}{3}$

問 6.12　(1) 6　(2) $8\pi/\sqrt{3}$　(3) 36

問 6.13　(1) $\alpha=f_s, \beta=f_t, \gamma=1$ から．(2) $\alpha=f_\theta\sin\theta-rf_r\cos\theta$，$\beta=-rf_r\sin\theta-f_\theta\cos\theta$，$\gamma=r$ から．　(3) $\alpha=ff_s$，$\beta=-f\cos\theta$，$\gamma=-f\sin\theta$ から．

問 6.14　(1) $a\pi/4$　(2) $2a/3$

問 6.15　(1) $\overline{\mathrm{P}}=(0, 2a/\pi)$　(2) $\overline{\mathrm{P}}=(3a\pi/16, 0)$

問 6.16　(1) $2\rho l^3/3$，$l/\sqrt{3}$　(2) $2\mu a^3/3$，$\sqrt{10}a/5$　(3) $\pi a^3 b\rho/4$，$a/2$

演習問題 6

1. (1) $\dfrac{32}{27}$　(2) $\dfrac{4a^3}{3}$　(3) 4π　(4) $\dfrac{1+e^2}{4}-\dfrac{1}{2e}$　(5) $\dfrac{a^5}{8}$　(6) $\dfrac{4\pi^2}{5}$

2. (1) $\left(\dfrac{a\pi}{4}\right)^2$　(2) $\dfrac{\pi^2}{2}$　(3) $\dfrac{\pi-2}{4}$　(4) $\dfrac{\pi}{4}$　(5) 2π　(6) $\dfrac{128\pi}{15}$

3. (1) 方程式から，$\displaystyle\int_\gamma^\delta f(x,y)\,dy=\left[\frac{\partial F}{\partial x}\right]_{y=\gamma}^{y=\delta}=\frac{\partial F(x,\delta)}{\partial x}-\frac{\partial F(x,\gamma)}{\partial x}$．よって，$\displaystyle\iint_D f(x,y)\,dxdy=\int_\alpha^\beta\left(\int_\gamma^\delta f(x,y)\,dy\right)dx=\big[F(x,\delta)-F(x,\gamma)\big]_{x=\alpha}^{x=\beta}$ から右辺を得る．
(2) $\dfrac{\partial^2 F(x,y)}{\partial x\partial y}=e^{-x-y}$ から，これを満たす $F(x,y)$ の一つ，$F(x,y)=e^{-x-y}$ を用いて，与式 $=F(1,1)-F(0,1)-F(1,0)+F(0,0)=e^{-2}-2e^{-1}+1=(1-e^{-1})^2$

4. 与式 $\displaystyle=\int_0^1 x^{p-1}\left(\int_0^{1-x}y^{q-1}\,dy\right)dx=q^{-1}\int_0^1 x^{p-1}(1-x)^{q+1-1}\,dx=\frac{B(p,q+1)}{q}=\frac{\Gamma(p)\Gamma(q+1)}{q\Gamma(p+q+1)}=\frac{\Gamma(p)\Gamma(q)}{\Gamma(p+q+1)}$

5. (1) $e-1$　(2) π　(3) $\dfrac{2\pi}{\alpha-2}$ $(\alpha>2)$，∞ $(\alpha\leqq 2)$

6. (1) $45\pi/4-18$　(2) $\pi/2$　(3) $16a^3/3$

7. $36\sqrt{3}\pi$

8. $12a^2\pi/5$

9. (1) たとえば，問 6.13 の方法を用いる．$r = f(\theta, \varphi)$ として，球座標：$x = f\sin\theta\cos\varphi$, $y = f\sin\theta\sin\varphi$，$z = f\cos\theta$ に対して，$\alpha = \dfrac{\partial(y,z)}{\partial(\theta,\varphi)}$，$\beta = \dfrac{\partial(z,x)}{\partial(\theta,\varphi)}$，$\gamma = \dfrac{\partial(x,y)}{\partial(\theta,\varphi)}$ を求めて，それぞれの値の 2 乗の和をとれば，$\alpha^2 + \beta^2 + \gamma^2 = f^2(f^2\sin^2\theta + f_\theta^2\sin^2\theta + f_\varphi^2)$．よって，公式を得る．
(2) 曲面の式を球座標で表すことによって，$r = a\sin\theta(\cos 2\varphi)^{\frac{1}{2}}$ を公式に代入すれば，$K = \dfrac{\pi^2 a^2}{2}$

10. 密度は (1) kr または (2) k/r (k：定数, $r = \sqrt{x^2+y^2+z^2}$：中心からの距離) とする．(1) の場合：平均密度 $= \iiint_{球} kr\,dxdydz \Big/ \dfrac{4}{3}\pi a^3 = \displaystyle\int_0^{2\pi}\int_0^{\pi}\int_0^{a} kr^3\sin\theta\,drd\theta d\varphi \Big/ \dfrac{4}{3}\pi a^3 = 3ka/4$（$a$：球の半径），表面密度 $= ka$．よって，平均密度は表面密度の $3/4 = 0.75$ 倍．
(2) の場合：平均密度 $= \iiint_{球} (k/r)\,dxdydz \Big/ \dfrac{4}{3}\pi a^3 = \displaystyle\int_0^{2\pi}\int_0^{\pi}\int_0^{a} kr\sin\theta\,drd\theta d\varphi \Big/ \dfrac{4}{3}\pi a^3 = 3k/2a$，表面密度 $= k/a$．よって，平均密度は表面密度の $3/2 = 1.5$ 倍．

11. $\overline{\mathrm{P}} = (0, 0, 3|c|/8)$

12. (1) $a^4 h\rho\pi/2$　(2) $|a|/\sqrt{2}$

13. (1) $I_x = \dfrac{(b^2+c^2)m}{5}$，$I_y = \dfrac{(c^2+a^2)m}{5}$，$I_z = \dfrac{(a^2+b^2)m}{5}$　(m: 楕円体の全質量)
(2) $R_x = 2\sqrt{\dfrac{a^5\pi}{15m}}$，$R_y = 2\sqrt{\dfrac{b^5\pi}{15m}}$，$R_z = 2\sqrt{\dfrac{c^5\pi}{15m}}$

付　録

問 A.1 (1) $\forall\varepsilon > 0$, $\forall n \in \mathbb{N}$ に対し，$|a_n - C| = |C - C| = 0 < \varepsilon$.
(2) $\forall\varepsilon > 0$ に対して $1 < \varepsilon N^k$ なる N を選べば，$n > N$ のとき，

$$\left|\frac{1}{n^k} - 0\right| = \frac{1}{n^k} < \frac{1}{N^k} < \varepsilon.$$

(3) $\forall\varepsilon > 0$ に対して $3 < \varepsilon N$ なる N を選べば，$n > N$ のとき，

$$\left|\frac{3n+1}{n+1} - 3\right| = \frac{3}{n+1} < \frac{3}{n} < \frac{3}{N} < \varepsilon.$$

問 A.2 $\forall K > 0$ に対し $\sqrt{N} > K$ なる N を選べば，$n > N$ のとき，

$$a_n = \sqrt{n} > \sqrt{N} > K.$$

問 A.3 (1) $\forall\varepsilon > 0$ に対し $\delta = \varepsilon$ ととると，$0 < |x - 0| < \delta$ のとき，

$$|\sqrt{x+1} - 1| = \left|\frac{x}{\sqrt{x+1}+1}\right| \le |x| < \delta = \varepsilon.$$

(2) $\forall\varepsilon > 0$ に対し $\dfrac{\delta^2}{2} = \varepsilon$ と δ をとると，$0 < |x - 0| < \delta$ のとき，

$$|\cos x - 1| = 2\left|\sin^2 \frac{x}{2}\right| \leqq 2\left(\frac{x}{2}\right)^2 = \frac{x^2}{2} \leqq \frac{\delta^2}{2} = \varepsilon.$$

問 A.4 (1) $0 < x < \delta$ に対し，$|x^n - 0| = x^n < \delta^n = \varepsilon$.

(2) の前半： $0 < x < \delta$ に対し，$\left|\dfrac{|x|}{x} - 1\right| = \left|\dfrac{x}{x} - 1\right| = |1 - 1| = 0 < \varepsilon$.

(3) の後半： $0 < -x < \delta$ に対し，$|H(x) - (-1)| = |-1 + 1| = 0 < \varepsilon$.

参考文献

[1] 田島一郎：「解析入門」（岩波全書），1981
[2] 加藤久子：「概説微分積分」（サイエンス社），1999
[3] 占部実等編：「理工科系一般教育 微分・積分教科書」（共立出版），1965
[4] 宮下熊夫ほか：「基礎数学 微分積分」（共立出版），1978
[5] 阿部剛久ほか：「理工系基礎 微分積分」（学術図書出版社），1991
[6] 小林巌，宇内泰編：「基礎 微分積分学」（朝倉書店），1987
[7] 小松勇作：「新編 微分積分学」（廣川書店），1964

索　引

た 行

な 行

は 行

ま　行

や　行

ら　行

わ　行

著 者 紹 介

阿部　剛久（あべ・たけひさ）
芝浦工業大学　名誉教授

井戸川　知之（いどがわ・ともゆき）
芝浦工業大学システム理工学部　教授

古城　知己（こじょう・ともみ）
芝浦工業大学　名誉教授

本澤　直房（ほんざわ・なおふさ）
芝浦工業大学システム理工学部　講師

編集担当　上村紗帆（森北出版）
編集責任　富井　晃（森北出版）
印　　刷　モリモト
製　　本　ブックアート

例題で学ぶ微分積分学

2011 年 6 月 28 日　第 1 版第 1 刷発行
2022 年 3 月 10 日　第 1 版第 8 刷発行

著　　者　阿部剛久・井戸川知之・古城知己・本澤直房
発 行 者　森北博巳
発 行 所　**森北出版株式会社**
東京都千代田区富士見 1-4-11（〒 102-0071）
電話 03-3265-8341 ／ FAX 03-3264-8709
https://www.morikita.co.jp/
日本書籍出版協会・自然科学書協会　会員
JCOPY ＜（一社）出版者著作権管理機構 委託出版物＞

落丁・乱丁本はお取替えいたします.

Printed in Japan ／ ISBN978-4-627-07691-4

MEMO